初めて学ぶ

線形代数

宮崎 直・勝野恵子・酒井祐貴子
共著

培風館

まえがき

本書は初めて線形代数を学ぶ人のための入門書です．線形代数は現代数学の基礎をなすものであり，自然科学や工学のみならず，経済学や経営学を含む社会科学を学ぶうえでも重要な前提知識となります．本書を執筆するにあたっては，主に理工系の学生を対象に，大学1年次で身につけるべき基本事項に内容を限定し，それらをしっかりと理解してもらうことに重点をおきました．なるべく多くの具体例をとり入れて，重要な概念や計算の手順を丁寧に説明することを心がけています．また，論理的な思考力を養成することも重視して，定理にはできる限り証明や説明を付けるようにしました．

本書は，高校数学から線形代数の学習にスムーズに移行できることを意識した構成になっています．高校の数学Ⅱ・Bを履修した大学1年生を読者として想定していますが，高校の教科書とは記法が異なる点があることに配慮し，平面上や空間内のベクトルの復習から始めました．また，学習指導要領の改訂により，高校で「行列」が扱われなくなったことを踏まえて，2次正方行列についても詳しく扱っています．

本書は1章～5章の本編と付録から構成され，3章までで行列の基本的な扱い方を学び，5章まで理解することで線形代数の思想および一通りの計算技術が身につけられるようになっています．1章では，平面上や空間内のベクトルについての復習から始め，行列の相等・和・スカラー倍・積や転置行列，逆行列などの基本的な定義を学びます．2章と3章では，主に連立1次方程式の解法と逆行列の求め方について学びます．2章では掃き出し法，3章では行列式を用いる方法を紹介しています．4章では，線形空間や線形写像について学びます．これらは線形代数の本質を理解するために欠かせないものですが，すべてを一般的に説明しようとすると抽象度が高くなり，理解するのに苦労する人も少なくありません．本書では主にユークリッド空間やその部分空間を扱い，説明が抽象的になり過ぎないようにしています．5章では，固有値と固有ベクトルに関する理論を学びます．5章の内容を理解するには4章までで学ぶすべての知識が必要であり，この章を理解することが本書の目標です．付録では，線形代数の多変量解析 (統計学) への応用を紹介しています．線形代数の 1 つの活用方法として読んでいただければと思います．

数学全般についていえることですが，線形代数の学習内容を身につけるためには，学習者自身が手を動かして問題演習を行うことが不可欠です．本書では，節末に基礎を確認してもらうための「練習問題」，章末に応用力を身につけてもらうための「章末問題」を配置しました．講義用の教科書として利用する場合には，半期のカリキュラムで用いることを想定していますが，巻末には練習問題と章末問題の解答を付けてありますので，教科書としてのみならず，自学自習にもお使いいただけるのではないかと思います．

本書で学んだ内容を足掛かりとして，読者のみなさんが専門分野の中で線形代数の理論を活用・応用してくれることを願っています．線形代数のより発展的な内容を知りたい場合には参考文献の [5], [8] などを参考にしてください．また，付録で扱っている多変量解析について詳しく知りたい場合は参考文献の [3], [6] などを参考にしてください．

本書の刊行に際し，ご尽力いただいた培風館編集部の皆様に深く感謝いたします．また，北里大学一般教育部の伊藤真吾教授から多くのご助言を賜りました．厚くお礼申し上げます．

2017 年 8 月

著 者 一 同

目　次

1
行　　列

1.1　ベクトルとその演算

まず，高校でも学ぶ平面上や空間内のベクトルについて復習しよう．これらの幾何的なベクトルに関する知識は，線形代数を学ぶうえでの前提知識としてなくてはならないものである．

平面上または空間内において，点 A から点 B までの移動は，図 1.1 のように，線分 AB に向きを示す矢印をつけたもので表すことができる．このような向きのついた線分を**有向線分**という．有向線分 AB において，A を**始点**，B を**終点**といい，線分 AB の長さを有向線分 AB の**大きさ**または**長さ**という．

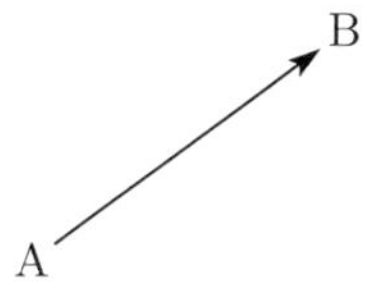

図 1.1　有向線分

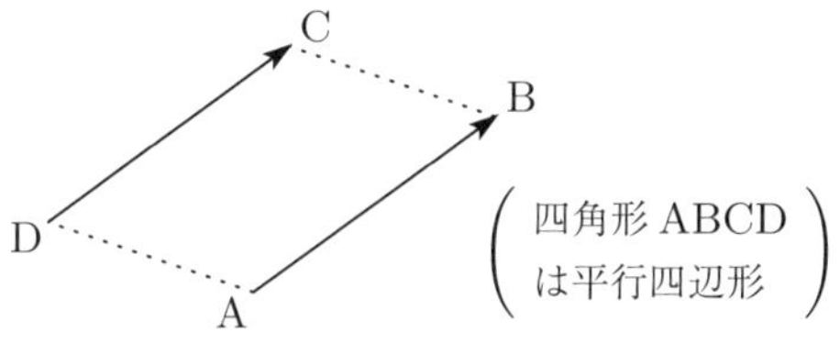

図 1.2　対等な有向線分

移動の向きと大きさだけに着目して点の位置を考えないことにすると，図 1.2 の 2 つの有向線分 AB と DC は同じ「移動」を表していると考えられる．このように，有向線分の向きと大きさだけに着目して，位置を無視したものを**ベクトル**といい，有向線分 AB の表すベクトルを $\overrightarrow{\mathrm{AB}}$ と表す．

本書では，ベクトルを主に $\boldsymbol{a}, \boldsymbol{b}$ などの太い小文字で表す．$\boldsymbol{a}$ が有向線分 AB の表すベクトルであるとき，すなわち，$\boldsymbol{a} = \overrightarrow{\mathrm{AB}}$ であるとき，有向線分 AB の向きと大きさをそれぞれベクトル $\boldsymbol{a}$ の**向き**と**大きさ**といい，$\boldsymbol{a}$ の大きさを $\|\boldsymbol{a}\|$ で表す．2 つのベクトル $\boldsymbol{a}, \boldsymbol{b}$ の向きと大きさが一致するとき，$\boldsymbol{a}$ と $\boldsymbol{b}$ は**等しい**といい，$\boldsymbol{a} = \boldsymbol{b}$ と表す．また，大きさ 1 のベクトルを**単位ベクトル**という．

始点と終点がともに点Aである特別な有向線分AAの表すベクトル $\overrightarrow{\mathrm{AA}}$ を**零ベクトル**といい，$\mathbf{0}$ で表す．零ベクトル $\mathbf{0}$ の大きさは $\|\mathbf{0}\| = 0$ とし，向きは考えないものとする．また，ベクトル $\boldsymbol{a}$ と大きさが同じで，向きは反対であるベクトルを $\boldsymbol{a}$ の**逆ベクトル**といい，$-\boldsymbol{a}$ で表す (図 1.3)．$\boldsymbol{a} = \overrightarrow{\mathrm{AB}}$ のときには，$-\boldsymbol{a} = \overrightarrow{\mathrm{BA}}$ となる．

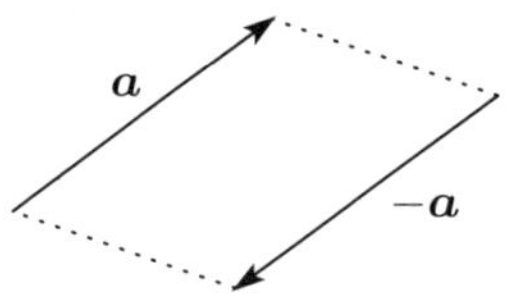

図 1.3　逆ベクトル

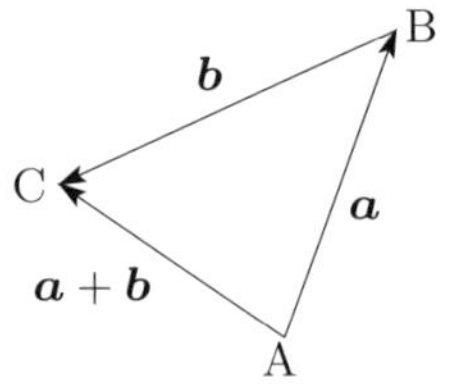

図 1.4　ベクトルの和

ベクトル $\boldsymbol{a}, \boldsymbol{b}$ に対し，点Aを始点として，$\boldsymbol{a} = \overrightarrow{\mathrm{AB}}, \boldsymbol{b} = \overrightarrow{\mathrm{BC}}$ となるように点B, Cをとる．このとき，$\overrightarrow{\mathrm{AC}}$ を $\boldsymbol{a}$ と $\boldsymbol{b}$ の**和**といい，$\boldsymbol{a}+\boldsymbol{b}$ で表す (図 1.4)．ベクトルの和について，次の定理が成り立つ．

定理 1.1 (ベクトルの和の性質)

ベクトル $\boldsymbol{a}, \boldsymbol{b}, \boldsymbol{c}$ に対し，次の等式が成り立つ：

$$\boldsymbol{a}+\mathbf{0}=\boldsymbol{a}, \qquad \boldsymbol{a}+(-\boldsymbol{a})=\mathbf{0},$$

$$\boldsymbol{a}+\boldsymbol{b}=\boldsymbol{b}+\boldsymbol{a} \qquad \text{(交換法則)},$$

$$(\boldsymbol{a}+\boldsymbol{b})+\boldsymbol{c}=\boldsymbol{a}+(\boldsymbol{b}+\boldsymbol{c}) \qquad \text{(結合法則)}.$$

ベクトルの和についての交換法則と結合法則を図で説明しよう．図 1.5 のように4点A, B, C, Dをとると，$\boldsymbol{a}+\boldsymbol{b}$ と $\boldsymbol{b}+\boldsymbol{a}$ はともに $\overrightarrow{\mathrm{AC}}$ であるので，交換法則が成り立つことがわかる．

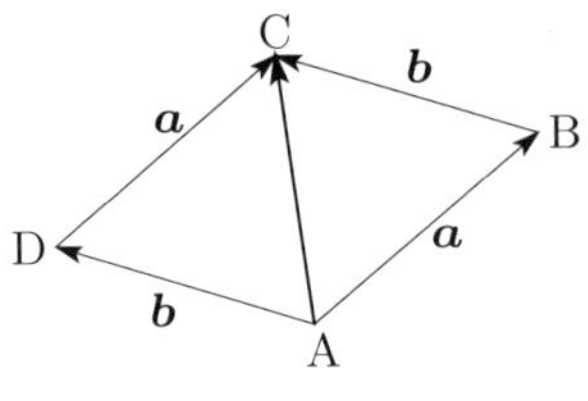

図 1.5　交換法則

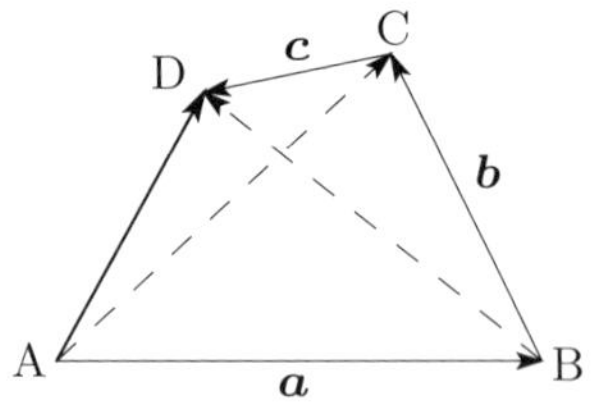

図 1.6　結合法則

また，図 1.6 のように4点A, B, C, Dをとると，

$$(\boldsymbol{a}+\boldsymbol{b})+\boldsymbol{c}=\overrightarrow{\mathrm{AC}}+\boldsymbol{c}=\overrightarrow{\mathrm{AD}}, \qquad \boldsymbol{a}+(\boldsymbol{b}+\boldsymbol{c})=\boldsymbol{a}+\overrightarrow{\mathrm{BD}}=\overrightarrow{\mathrm{AD}}$$

となるので，結合法則が成り立つことがわかる．結合法則より，$(\boldsymbol{a}+\boldsymbol{b})+\boldsymbol{c}$ と $\boldsymbol{a}+(\boldsymbol{b}+\boldsymbol{c})$ は等しいから，括弧を省略して $\boldsymbol{a}+\boldsymbol{b}+\boldsymbol{c}$ と書くことができる．

2つのベクトル $\boldsymbol{a}, \boldsymbol{b}$ に対し，$\boldsymbol{a}+(-\boldsymbol{b})$ を $\boldsymbol{a}$ と $\boldsymbol{b}$ の差といい，$\boldsymbol{a}-\boldsymbol{b}$ で表す．すなわち，

$$\boldsymbol{a}-\boldsymbol{b}=\boldsymbol{a}+(-\boldsymbol{b})$$

とする (図 1.7).

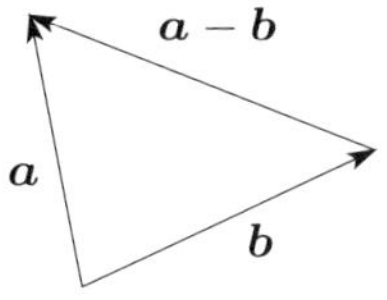

図 **1.7**　ベクトルの差

ベクトルに対して実数を**スカラー**といい，ベクトルの実数倍を**スカラー倍**という．実数 r に対し，$\boldsymbol{0}$ でないベクトル $\boldsymbol{a}$ のスカラー倍 $r\boldsymbol{a}$ を

- $r>0$ のとき，$\boldsymbol{a}$ と同じ向きで，$\|\boldsymbol{a}\|$ の r 倍の大きさのベクトル，
- $r<0$ のとき，$\boldsymbol{a}$ と反対の向きで，$\|\boldsymbol{a}\|$ の $|r|$ 倍の大きさのベクトル，
- $r=0$ のとき，零ベクトル $\boldsymbol{0}$,

と定義する (図 1.8)．また，$\boldsymbol{a}=\boldsymbol{0}$ のときは $r\boldsymbol{0}=\boldsymbol{0}$ （r は実数）と定めておく．

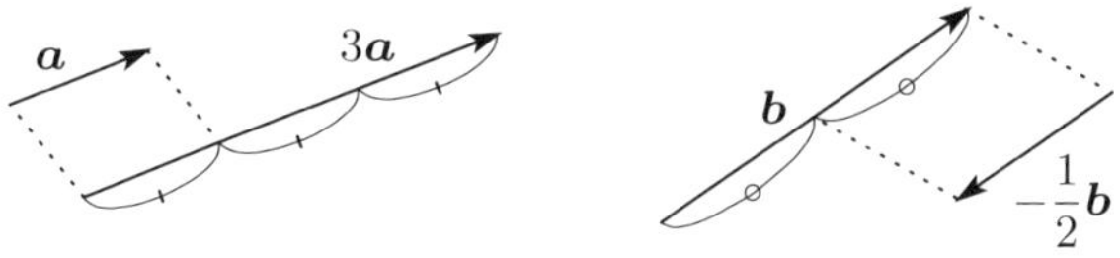

図 **1.8**　ベクトルのスカラー倍

ベクトル $\boldsymbol{a}$ と 0 でない実数 r に対し，$\dfrac{1}{r}\boldsymbol{a}$ は $\dfrac{\boldsymbol{a}}{r}$ と表されることがある．

定理 1.2 (ベクトルのスカラー倍の性質)

ベクトル $\boldsymbol{a}, \boldsymbol{b}$ と実数 r, s に対し，次の等式が成り立つ：

$$r(\boldsymbol{a}+\boldsymbol{b})=r\boldsymbol{a}+r\boldsymbol{b}, \qquad (r+s)\boldsymbol{a}=r\boldsymbol{a}+s\boldsymbol{a},$$

$$(rs)\boldsymbol{a}=r(s\boldsymbol{a}), \qquad 1\boldsymbol{a}=\boldsymbol{a}, \qquad (-1)\boldsymbol{a}=-\boldsymbol{a}.$$

例 1.1　定理 1.1, 定理 1.2 より，$\boldsymbol{a}$ と $\boldsymbol{b}$ をベクトルとすると，

$$5\boldsymbol{a}+4\boldsymbol{a}-7\boldsymbol{a}=(5+4-7)\boldsymbol{a}=2\boldsymbol{a},$$

$$\begin{aligned}3(5\boldsymbol{a}+2\boldsymbol{b})-2(3\boldsymbol{a}-4\boldsymbol{b})&=15\boldsymbol{a}+6\boldsymbol{b}-6\boldsymbol{a}+8\boldsymbol{b}\\&=(15-6)\boldsymbol{a}+(6+8)\boldsymbol{b}=9\boldsymbol{a}+14\boldsymbol{b}\end{aligned}$$

などと計算できる．

平面上に1点Oを固定すると，この平面上の点Aの位置はベクトル $\overrightarrow{\mathrm{OA}} = \boldsymbol{a}$ によって定まる．この $\boldsymbol{a}$ を点Oを基準とする点Aの**位置ベクトル**という (図1.9)．空間内においても同様に，位置ベクトルを定義することができる．

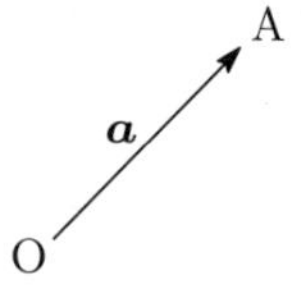

図 1.9　位置ベクトル

$\mathbf{0}$ でない2つのベクトル $\boldsymbol{a}$, $\boldsymbol{b}$ に対し，$\boldsymbol{a}$, $\boldsymbol{b}$ が点Oを基準とする位置ベクトルになるように2点A, Bをそれぞれとる．すなわち，$\boldsymbol{a} = \overrightarrow{\mathrm{OA}}$, $\boldsymbol{b} = \overrightarrow{\mathrm{OB}}$ とする．ここで，2つの線分OAとOBのなす角 θ を $0 \leqq \theta \leqq \pi$ を満たすようにとる (図1.10)．この角 θ を $\boldsymbol{a}$ と $\boldsymbol{b}$ の**なす角**という．また，$\|\boldsymbol{a}\|\,\|\boldsymbol{b}\|\cos\theta$ を $\boldsymbol{a}$ と $\boldsymbol{b}$ の**内積**といい，$(\boldsymbol{a}, \boldsymbol{b})$ で表す．すなわち，

$$(\boldsymbol{a}, \boldsymbol{b}) = \|\boldsymbol{a}\|\,\|\boldsymbol{b}\|\cos\theta \tag{1.1}$$

とする．$\boldsymbol{a} = \mathbf{0}$ または $\boldsymbol{b} = \mathbf{0}$ である場合には，$(\boldsymbol{a}, \boldsymbol{b}) = 0$ と定めておく．

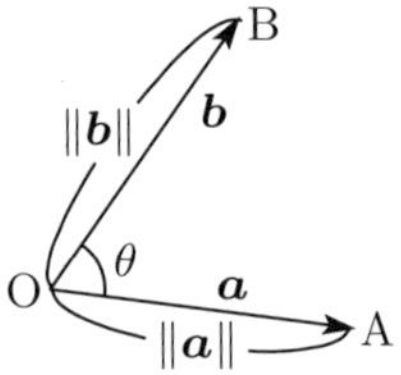

図 1.10　$\boldsymbol{a}$ と $\boldsymbol{b}$ のなす角

$\boldsymbol{a}$ と $\boldsymbol{b}$ のなす角が $\theta = \dfrac{\pi}{2}$ であるとき，$\boldsymbol{a}$ と $\boldsymbol{b}$ は**垂直**であるという．$\mathbf{0}$ でない2つのベクトル $\boldsymbol{a}$, $\boldsymbol{b}$ に対し，$\boldsymbol{a}$ と $\boldsymbol{b}$ が垂直になるための必要十分条件は $(\boldsymbol{a}, \boldsymbol{b}) = 0$ となることである．

例題 1.1　以下の図のベクトル $\boldsymbol{a}$, $\boldsymbol{b}$ について，内積 $(\boldsymbol{a}, \boldsymbol{b})$ を求めよ．

(1)

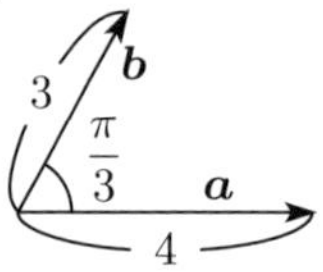

(2)

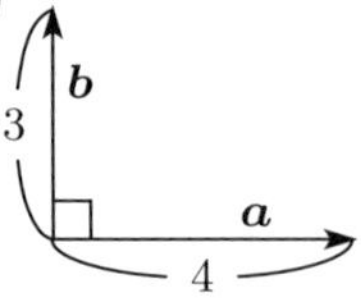

(3)

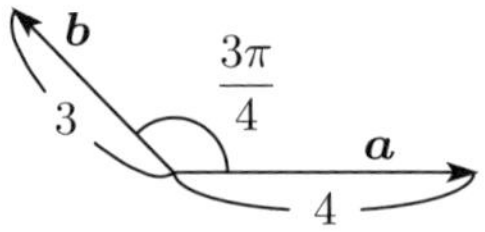

[解答] (1) $(\boldsymbol{a}, \boldsymbol{b}) = 4 \cdot 3 \cdot \cos\dfrac{\pi}{3} = 4 \cdot 3 \cdot \dfrac{1}{2} = 6.$

(2) $(\boldsymbol{a}, \boldsymbol{b}) = 4 \cdot 3 \cdot \cos\dfrac{\pi}{2} = 4 \cdot 3 \cdot 0 = 0.$

(3) $(\boldsymbol{a}, \boldsymbol{b}) = 4 \cdot 3 \cdot \cos\dfrac{3\pi}{4} = 4 \cdot 3 \cdot \left(-\dfrac{\sqrt{2}}{2}\right) = -6\sqrt{2}.$　　（解答終）

さて，xy 平面上のベクトルについて，基本ベクトル表示と成分表示を紹介しよう．ここでは xy 平面上のベクトルのみを扱うが，xyz 空間内のベクトルについても同様にこれらの表示を定義することができる．xy 平面上において，x 軸, y 軸の正の向きと同じ向きの単位ベクトルをそれぞれ $\boldsymbol{e}_1$，$\boldsymbol{e}_2$ で表し，これらのベクトルを**基本ベクトル**という．xy 平面上のベクトル $\boldsymbol{a}$ に対し，$\boldsymbol{a}$ が原点 O を基準とする位置ベクトルとなるように点 $\mathrm{A}(a_1, a_2)$ をとる．このとき，$\boldsymbol{a}$ は

$$\boldsymbol{a} = a_1\boldsymbol{e}_1 + a_2\boldsymbol{e}_2 \tag{1.2}$$

と表せる．これを $\boldsymbol{a}$ の**基本ベクトル表示**という (図 1.11)．また，$\boldsymbol{a}$ を特徴づける 2 つの実数 a_1, a_2 を $\boldsymbol{a}$ の**成分**といい，$\boldsymbol{a}$ を

$$\boldsymbol{a} = \begin{pmatrix} a_1 \\ a_2 \end{pmatrix} \tag{1.3}$$

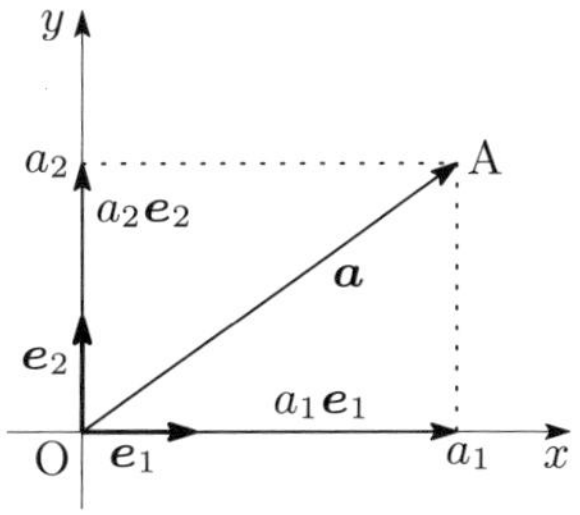

図 1.11 基本ベクトル表示

と表す．この表示を $\boldsymbol{a}$ の**成分表示**という．$\boldsymbol{a} = \overrightarrow{\mathrm{OA}}$ の大きさは線分 OA の長さであるので，三平方の定理より，成分を用いて

$$\|\boldsymbol{a}\| = \sqrt{{a_1}^2 + {a_2}^2} \tag{1.4}$$

と表せる (この式は，点 A が x 軸上や y 軸上にある場合も成り立つ)．また，零ベクトル $\mathbf{0}$ と基本ベクトル $\boldsymbol{e}_1$, $\boldsymbol{e}_2$ の成分表示は

$$\mathbf{0} = \begin{pmatrix} 0 \\ 0 \end{pmatrix}, \qquad \boldsymbol{e}_1 = \begin{pmatrix} 1 \\ 0 \end{pmatrix}, \qquad \boldsymbol{e}_2 = \begin{pmatrix} 0 \\ 1 \end{pmatrix}$$

となる．

2 つのベクトル $\boldsymbol{a} = \begin{pmatrix} a_1 \\ a_2 \end{pmatrix}$, $\boldsymbol{b} = \begin{pmatrix} b_1 \\ b_2 \end{pmatrix}$ に対し，ベクトルの相等，和とスカラー倍を成分を用いて表しておこう．まず，ベクトルの相等は

$$\boldsymbol{a} = \boldsymbol{b} \iff a_1 = b_1 \text{ かつ } a_2 = b_2 \tag{1.5}$$

といいかえられる．また，和 $\boldsymbol{a} + \boldsymbol{b}$ とスカラー倍 $r\boldsymbol{a}$ (r は実数) の成分表示は

$$\boldsymbol{a} + \boldsymbol{b} = \begin{pmatrix} a_1 + b_1 \\ a_2 + b_2 \end{pmatrix}, \qquad r\boldsymbol{a} = \begin{pmatrix} ra_1 \\ ra_2 \end{pmatrix} \tag{1.6}$$

となる (図 1.12)．

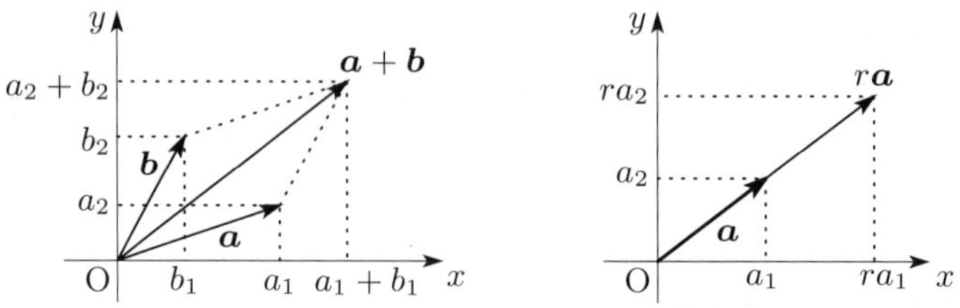

図 1.12 ベクトルの和とスカラー倍の成分表示

次に，2 つのベクトル $\boldsymbol{a} = \begin{pmatrix} a_1 \\ a_2 \end{pmatrix}$, $\boldsymbol{b} = \begin{pmatrix} b_1 \\ b_2 \end{pmatrix}$ に対し，内積 $(\boldsymbol{a}, \boldsymbol{b})$ を $\boldsymbol{a}$ と $\boldsymbol{b}$ の成分で表してみよう．図 1.13 のように，

$$\boldsymbol{a} = \overrightarrow{\mathrm{OA}}, \qquad \boldsymbol{b} = \overrightarrow{\mathrm{OB}}$$

とし，$\boldsymbol{a}$ と $\boldsymbol{b}$ のなす角を θ とする．ここで，三角形 OAB に余弦定理を用いると，

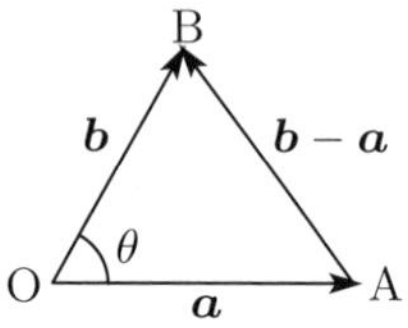

図 1.13 内積

$$\begin{aligned} \|\boldsymbol{b} - \boldsymbol{a}\|^2 &= \|\boldsymbol{a}\|^2 + \|\boldsymbol{b}\|^2 - 2\,\|\boldsymbol{a}\|\,\|\boldsymbol{b}\|\cos\theta \\ &= \|\boldsymbol{a}\|^2 + \|\boldsymbol{b}\|^2 - 2\,(\boldsymbol{a}, \boldsymbol{b}) \end{aligned}$$

となる (この式は $\theta = 0, \pi$ でも成り立つ)．よって，

$$\begin{aligned} 2(\boldsymbol{a}, \boldsymbol{b}) &= \|\boldsymbol{a}\|^2 + \|\boldsymbol{b}\|^2 - \|\boldsymbol{b} - \boldsymbol{a}\|^2 \\ &= ({a_1}^2 + {a_2}^2) + ({b_1}^2 + {b_2}^2) - \{(b_1 - a_1)^2 + (b_2 - a_2)^2\} \\ &= 2(a_1 b_1 + a_2 b_2) \end{aligned}$$

となるので，内積 $(\boldsymbol{a}, \boldsymbol{b})$ は成分を用いて，

$$(\boldsymbol{a}, \boldsymbol{b}) = a_1 b_1 + a_2 b_2 \tag{1.7}$$

と表せる (この式は，$\boldsymbol{a}$ と $\boldsymbol{b}$ のいずれかが $\mathbf{0}$ の場合にも成り立つ)．また，$\boldsymbol{a} \neq 0$ かつ $\boldsymbol{b} \neq 0$ であるとき，(1.1), (1.4), (1.7) より，等式

$$\cos\theta = \frac{(\boldsymbol{a}, \boldsymbol{b})}{\|\boldsymbol{a}\|\,\|\boldsymbol{b}\|} = \frac{a_1 b_1 + a_2 b_2}{\sqrt{{a_1}^2 + {a_2}^2}\sqrt{{b_1}^2 + {b_2}^2}} \tag{1.8}$$

が得られる．

例題 1.2　xy 平面上の 2 つのベクトル $\boldsymbol{a}, \boldsymbol{b}$ を次のようにとる：

$$\boldsymbol{a} = \begin{pmatrix} 2 \\ -4 \end{pmatrix}, \qquad \boldsymbol{b} = \begin{pmatrix} 1 \\ 3 \end{pmatrix}.$$

(1) ベクトル $2(5\boldsymbol{a} - 3\boldsymbol{b}) - 3(4\boldsymbol{a} - \boldsymbol{b})$ の成分表示を求めよ.

(2) ベクトルの大きさ $\|\boldsymbol{a}\|, \|\boldsymbol{b}\|$ と内積 $(\boldsymbol{a}, \boldsymbol{b})$ を求めよ.

(3) 2 つのベクトル $\boldsymbol{a}$ と $\boldsymbol{b}$ のなす角 θ を求めよ.

[解答] (1) $2(5\boldsymbol{a} - 3\boldsymbol{b}) - 3(4\boldsymbol{a} - \boldsymbol{b}) = 10\boldsymbol{a} - 6\boldsymbol{b} - 12\boldsymbol{a} + 3\boldsymbol{b} = -2\boldsymbol{a} - 3\boldsymbol{b}$

$$= \begin{pmatrix} -2 \cdot 2 - 3 \cdot 1 \\ -2 \cdot (-4) - 3 \cdot 3 \end{pmatrix} = \begin{pmatrix} -7 \\ -1 \end{pmatrix}.$$

(2) $\|\boldsymbol{a}\| = \sqrt{2^2 + (-4)^2} = \sqrt{20} = 2\sqrt{5}$,　$\|\boldsymbol{b}\| = \sqrt{1^2 + 3^2} = \sqrt{10}$,
$(\boldsymbol{a}, \boldsymbol{b}) = 2 \cdot 1 + (-4) \cdot 3 = -10$.

(3) (2) より，$\cos\theta = \dfrac{(\boldsymbol{a}, \boldsymbol{b})}{\|\boldsymbol{a}\|\,\|\boldsymbol{b}\|} = \dfrac{-10}{2\sqrt{5} \cdot \sqrt{10}} = -\dfrac{1}{\sqrt{2}}$ であるので，

$0 \leqq \theta \leqq \pi$ より，$\theta = \dfrac{3\pi}{4}$ となる.　　（解答終）

成分表示された xy 平面上のベクトル $\boldsymbol{a} = \begin{pmatrix} a_1 \\ a_2 \end{pmatrix}$ は 2 次元列ベクトルと呼ばれる．これを形式的に拡張して，一般の正の整数 n に対し，n 次元列ベクトルを定義する．n 個の実数 $a_1, a_2, \cdots, a_n$ を縦に並べたもの

$$\boldsymbol{a} = \begin{pmatrix} a_1 \\ a_2 \\ \vdots \\ a_n \end{pmatrix}$$

を n 次元**列ベクトル**という．このとき，$a_1, a_2, \cdots, a_n$ を $\boldsymbol{a}$ の**成分**といい，特に i 番目の成分 a_i を $\boldsymbol{a}$ の第 i 成分という．すべての成分が 0 である n 次元列ベクトルを**零ベクトル**といい，$\boldsymbol{0}$ で表す.

2 次元列ベクトルの相等 (1.5)，和とスカラー倍 (1.6)，内積 (1.7) を n 次元列ベクトルの場合に拡張しよう．2 つの n 次元列ベクトル

$$\boldsymbol{a} = \begin{pmatrix} a_1 \\ a_2 \\ \vdots \\ a_n \end{pmatrix}, \qquad \boldsymbol{b} = \begin{pmatrix} b_1 \\ b_2 \\ \vdots \\ b_n \end{pmatrix}$$

に対し，相等・和・スカラー倍・内積を定義する．まず，$\boldsymbol{a}$ と $\boldsymbol{b}$ の対応する成分がそれぞれ等しいとき，$\boldsymbol{a}$ と $\boldsymbol{b}$ は**等しい**といい，$\boldsymbol{a} = \boldsymbol{b}$ と書く．すなわち，

$$\boldsymbol{a} = \boldsymbol{b} \iff a_i = b_i \quad (i = 1, 2, \cdots, n) \tag{1.9}$$

とする．ベクトルの**和** $\boldsymbol{a} + \boldsymbol{b}$ と**スカラー倍** $r\boldsymbol{a}$ (r は実数) を

$$\boldsymbol{a} + \boldsymbol{b} = \begin{pmatrix} a_1 + b_1 \\ a_2 + b_2 \\ \vdots \\ a_n + b_n \end{pmatrix}, \qquad r\boldsymbol{a} = \begin{pmatrix} ra_1 \\ ra_2 \\ \vdots \\ ra_n \end{pmatrix} \tag{1.10}$$

と定義する．$-1\boldsymbol{a}$ を $-\boldsymbol{a}$ と表記する．$\boldsymbol{a}$ と $-\boldsymbol{b}$ の和 $\boldsymbol{a} + (-\boldsymbol{b})$ を $\boldsymbol{a} - \boldsymbol{b}$ で表して，$\boldsymbol{a}$ と $\boldsymbol{b}$ の**差**という．このとき，定理 1.1 と定理 1.2 のベクトルの和とスカラー倍の性質は n 次元列ベクトルに対しても成り立つことが容易にわかる．また，$\boldsymbol{a}$ と $\boldsymbol{b}$ の**内積** $(\boldsymbol{a}, \boldsymbol{b})$ を

$$(\boldsymbol{a}, \boldsymbol{b}) = a_1 b_1 + a_2 b_2 + \cdots + a_n b_n$$

と定義する．

例題 1.3　2 つの 3 次元列ベクトル $\boldsymbol{a}$, $\boldsymbol{b}$ を次のようにとる：

$$\boldsymbol{a} = \begin{pmatrix} 1 \\ 2 \\ 3 \end{pmatrix}, \qquad \boldsymbol{b} = \begin{pmatrix} 1 \\ -3 \\ 2 \end{pmatrix}.$$

(1) $3(2\boldsymbol{a} - 3\boldsymbol{b}) + 9\boldsymbol{b}$ を計算せよ．

(2) 内積 $(\boldsymbol{a}, \boldsymbol{b})$ を求めよ．

[解答]

(1) $3(2\boldsymbol{a} - 3\boldsymbol{b}) + 9\boldsymbol{b} = 6\boldsymbol{a} - 9\boldsymbol{b} + 9\boldsymbol{b} = 6\boldsymbol{a} = \begin{pmatrix} 6 \\ 12 \\ 18 \end{pmatrix}.$

(2) $(\boldsymbol{a}, \boldsymbol{b}) = 1 \cdot 1 + 2 \cdot (-3) + 3 \cdot 2 = 1 - 6 + 6 = 1.$ （解答終）

注意 1.1 xy 平面上の場合と同じように xyz 空間内のベクトルの成分表示を定義すると，その成分表示は 3 次元列ベクトルになる．

【練　習　問　題】

問 **1.1.1.** 2 つの 3 次元列ベクトル

$$\boldsymbol{a} = \begin{pmatrix} 4 \\ -1 \\ 3 \end{pmatrix}, \qquad \boldsymbol{b} = \begin{pmatrix} 2 \\ 3 \\ -1 \end{pmatrix}$$

に対し，$\boldsymbol{a}+\boldsymbol{b}$ と $\boldsymbol{a}-2\boldsymbol{b}$ を計算せよ．さらに，これらのベクトルに対し，2 つの内積 $(\boldsymbol{a},\boldsymbol{b})$, $(\boldsymbol{a}+\boldsymbol{b},\boldsymbol{a}-2\boldsymbol{b})$ を求めよ．

問 **1.1.2.** 2 つのベクトル $\boldsymbol{a} = \begin{pmatrix} 1 \\ 2 \end{pmatrix}$, $\boldsymbol{b} = \begin{pmatrix} -1 \\ 3 \end{pmatrix}$ のなす角を求めよ．

問 **1.1.3.** $\boldsymbol{a} = \begin{pmatrix} 2 \\ 3 \end{pmatrix}$, $\boldsymbol{b} = \begin{pmatrix} 4 \\ -3 \end{pmatrix}$ とする．$\boldsymbol{a}$ と同じ向きの単位ベクトル $\boldsymbol{c}$ を求めよ．さらに，$\boldsymbol{a}$ と同じ向きで，$\boldsymbol{b}$ と同じ大きさのベクトル $\boldsymbol{d}$ を求めよ．

（ヒント：正の実数 r に対し，$r\boldsymbol{a}$ は $\boldsymbol{a}$ と同じ向きで，$\|\boldsymbol{a}\|$ の r 倍の大きさのベクトルである．）

1.2　行列とその演算

この節では，行列の定義とその演算について紹介する．mn 個の実数 a_{ij} $(i=1,2,\cdots,m,\ j=1,2,\cdots,n)$ を長方形の形に並べたもの

$$A = \begin{pmatrix} a_{11} & a_{12} & \cdots & a_{1n} \\ a_{21} & a_{22} & \cdots & a_{2n} \\ \vdots & \vdots & \ddots & \vdots \\ a_{m1} & a_{m2} & \cdots & a_{mn} \end{pmatrix} \tag{1.11}$$

を (m,n) 型の**行列**，または $m \times n$ **行列**という．特に，(n,n) 型の行列を **n 次正方行列**という．たとえば，$\begin{pmatrix} 1 & 3 & 5 \\ 2 & 4 & 7 \end{pmatrix}$ は $(2,3)$ 型の行列，$\begin{pmatrix} 1 & 3 \\ 2 & 4 \end{pmatrix}$ は 2 次

正方行列である．また，$(n,1)$ 型の行列は前節で定義した n 次元列ベクトルであることに注意しておこう．同様に，$(1,n)$ 型の行列は n 次元**行ベクトル**と呼ばれるが，本書では混乱をさけるために，ごく限られた場合にしか行ベクトルは扱わないことにする．

行列を構成する個々の数をその行列の**成分**といい，成分の横の並びを**行**，成分の縦の並びを**列**という．(m,n) 型の行列において，行を上から順に第 1 行，第 2 行，$\cdots$，第 m 行と呼び，列を左から順に第 1 列，第 2 列，$\cdots$，第 n 列と呼ぶ．第 i 行と第 j 列が交差するところにある成分を (i,j) 成分と呼ぶ．

$$
\begin{array}{c}
\\
\text{第 1 行}\\
\vdots\\
\text{第 } i \text{ 行}\\
\vdots\\
\text{第 } m \text{ 行}
\end{array}
\begin{array}{c}
\begin{array}{ccccc}\text{第 1 列} & \cdots & \text{第 } j \text{ 列} & \cdots & \text{第 } n \text{ 列}\end{array}\\
\begin{pmatrix}
a_{11} & \cdots & a_{1j} & \cdots & a_{1n}\\
\vdots & & \vdots & & \vdots\\
a_{i1} & \cdots & a_{ij} & \cdots & a_{in}\\
\vdots & & \vdots & & \vdots\\
a_{m1} & \cdots & a_{mj} & \cdots & a_{mn}
\end{pmatrix}
\end{array}
$$

(i,j) 成分

(1.11) のように行列 A の (i,j) 成分を a_{ij} という記号で表すとき，$A=(a_{ij})$ と表すこともある．また，(1.11) の行列 A の第 1 列，第 2 列，$\cdots$，第 n 列をそれぞれ $\boldsymbol{a}_1, \boldsymbol{a}_2, \cdots, \boldsymbol{a}_n$ とおくとき，すなわち，

$$
\boldsymbol{a}_1=\begin{pmatrix} a_{11}\\ a_{21}\\ \vdots\\ a_{m1}\end{pmatrix},\qquad
\boldsymbol{a}_2=\begin{pmatrix} a_{12}\\ a_{22}\\ \vdots\\ a_{m2}\end{pmatrix},\qquad \cdots,\qquad
\boldsymbol{a}_n=\begin{pmatrix} a_{1n}\\ a_{2n}\\ \vdots\\ a_{mn}\end{pmatrix}
$$

とおくとき，行列 A は $A=\begin{pmatrix}\boldsymbol{a}_1 & \boldsymbol{a}_2 & \cdots & \boldsymbol{a}_n\end{pmatrix}$ と表される．

注意 1.2　虚数単位 (2 乗すると -1 になる数) を i で表すとき，2 つの実数 a，b を用いて $a+bi$ という形に表せる数を複素数という．実数 a は $a+0\cdot i$ と表せるので複素数であり，複素数は実数よりも広い数の概念だといえる．本書では，実数を並べてできる行列 (**実行列**) のみを扱うが，より広く複素数を並べてできる行列 (**複素行列**) を考えた方が便利な場合も多い．

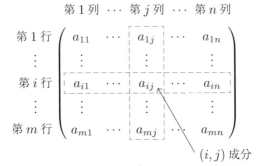

例題 1.4 行列 A, B を次のようにとる：

$$A = \begin{pmatrix} -1 & 2 & 3 \\ 4 & -5 & 6 \end{pmatrix}, \qquad B = \begin{pmatrix} -5 & 3 & -1 & 2 \\ 4 & -4 & 7 & 1 \\ 2 & 2 & 5 & 3 \end{pmatrix}.$$

(1) 行列 A の型と $(1,2)$ 成分，$(2,3)$ 成分は何かをそれぞれ答えよ．

(2) 行列 B の型と第 2 行，第 3 列は何かをそれぞれ答えよ．

[解答] (1) A は $(2,3)$ 型の行列であり，$(1,2)$ 成分は 2，$(2,3)$ 成分は 6 である．
(2) B は $(3,4)$ 型の行列であり，第 2 行と第 3 列はそれぞれ

$$\begin{pmatrix} 4 & -4 & 7 & 1 \end{pmatrix}, \qquad \begin{pmatrix} -1 \\ 7 \\ 5 \end{pmatrix}$$

である． (解答終)

行列の相等・和・スカラー倍を定義しよう．2 つの (m,n) 型の行列

$$A = \begin{pmatrix} a_{11} & \cdots & a_{1n} \\ \vdots & \ddots & \vdots \\ a_{m1} & \cdots & a_{mn} \end{pmatrix}, \qquad B = \begin{pmatrix} b_{11} & \cdots & b_{1n} \\ \vdots & \ddots & \vdots \\ b_{m1} & \cdots & b_{mn} \end{pmatrix}$$

を考える．まず，A と B の対応する成分がそれぞれ等しいとき，A と B は**等しい**といい，$A = B$ と書く．すなわち，

$$A = B \iff a_{ij} = b_{ij} \quad (i = 1, 2, \cdots, m, \ j = 1, 2, \cdots, n) \tag{1.12}$$

とする．行列の**和** $A + B$ と**スカラー倍** rA (r は実数) を

$$A + B = \begin{pmatrix} a_{11} + b_{11} & \cdots & a_{1n} + b_{1n} \\ \vdots & \ddots & \vdots \\ a_{m1} + b_{m1} & \cdots & a_{mn} + b_{mn} \end{pmatrix}, \tag{1.13}$$

$$rA = \begin{pmatrix} ra_{11} & \cdots & ra_{1n} \\ \vdots & \ddots & \vdots \\ ra_{m1} & \cdots & ra_{mn} \end{pmatrix} \tag{1.14}$$

と定義する．$-1A$ を $-A$ と表記する．A と $-B$ の和 $A+(-B)$ を $A-B$ で表して，A と B の**差**という．2 つの行列 A, B に対して和 $A+B$ と差 $A-B$ が定義できるのは，A と B が同じ型のときのみである．また，A と B が同じ型で $A=B$ が成り立たない場合や異なる型である場合には，$A \neq B$ と書く．

例 1.2 (1) $\begin{pmatrix} 2 & 1 \\ 1 & 4 \end{pmatrix} + \begin{pmatrix} 3 & 0 \\ 2 & 1 \end{pmatrix} = \begin{pmatrix} 2+3 & 1+0 \\ 1+2 & 4+1 \end{pmatrix} = \begin{pmatrix} 5 & 1 \\ 3 & 5 \end{pmatrix}$.

(2) $4\begin{pmatrix} 3 & 2 \\ -1 & 0 \\ 5 & 6 \end{pmatrix} = \begin{pmatrix} 4\cdot 3 & 4\cdot 2 \\ 4\cdot(-1) & 4\cdot 0 \\ 4\cdot 5 & 4\cdot 6 \end{pmatrix} = \begin{pmatrix} 12 & 8 \\ -4 & 0 \\ 20 & 24 \end{pmatrix}$.

(3) $\begin{pmatrix} 1 & -4 \\ 2 & 3 \end{pmatrix} - \begin{pmatrix} -1 & 5 \\ 6 & -2 \end{pmatrix} = \begin{pmatrix} 1+1 & -4-5 \\ 2-6 & 3+2 \end{pmatrix} = \begin{pmatrix} 2 & -9 \\ -4 & 5 \end{pmatrix}$.

すべての成分が 0 の行列を**零行列**といい，O で表す．すなわち，

$$O = \begin{pmatrix} 0 & 0 & \cdots & 0 \\ 0 & 0 & \cdots & 0 \\ \vdots & \vdots & \ddots & \vdots \\ 0 & 0 & \cdots & 0 \end{pmatrix}$$

とする．ベクトルの場合と同様に，行列の和・スカラー倍は次の性質をもつ．

定理 1.3 (行列の和の性質)

同じ型の行列 A, B, C に対し，次の等式が成り立つ：

$$A+O=A, \qquad A+(-A)=O,$$
$$A+B=B+A \qquad (\text{交換法則}),$$
$$(A+B)+C=A+(B+C) \qquad (\text{結合法則}).$$

定理 1.4 (行列のスカラー倍の性質)

同じ型の行列 A, B と実数 r, s に対し，次の等式が成り立つ：

$$r(A+B)=rA+rB, \qquad (r+s)A=rA+sA,$$
$$(rs)A=r(sA), \qquad 1A=A.$$

行列の和の結合法則より，$(A+B)+C$ と $A+(B+C)$ は等しいから，括弧を省略して $A+B+C$ と書くことができる．

例題 1.5 2 つの 2 次正方行列

$$A=\begin{pmatrix} 2 & 1 \\ -1 & 0 \end{pmatrix}, \qquad B=\begin{pmatrix} 1 & -1 \\ 0 & 1 \end{pmatrix}$$

に対し，次の行列を求めよ．

(1) $3A+2B$ (2) $2A-B$ (3) $3(2A+B)-2(A-B)$

[解答]

(1) $3A+2B=\begin{pmatrix} 3\cdot 2+2\cdot 1 & 3\cdot 1+2\cdot(-1) \\ 3\cdot(-1)+2\cdot 0 & 3\cdot 0+2\cdot 1 \end{pmatrix}=\begin{pmatrix} 8 & 1 \\ -3 & 2 \end{pmatrix}.$

(2) $2A-B=\begin{pmatrix} 2\cdot 2-1 & 2\cdot 1-(-1) \\ 2\cdot(-1)-0 & 2\cdot 0-1 \end{pmatrix}=\begin{pmatrix} 3 & 3 \\ -2 & -1 \end{pmatrix}.$

(3) $3(2A+B)-2(A-B)=6A+3B-2A+2B=4A+5B$

$$=\begin{pmatrix} 4\cdot 2+5\cdot 1 & 4\cdot 1+5\cdot(-1) \\ 4\cdot(-1)+5\cdot 0 & 4\cdot 0+5\cdot 1 \end{pmatrix}=\begin{pmatrix} 13 & -1 \\ -4 & 5 \end{pmatrix}.$$

（解答終）

次に，行列の積について考えよう．(m,n) 型の行列 $A=(a_{ij})$ と (n,l) 型の行列 $B=(b_{ij})$ に対し，A の第 i 行と B の第 j 列の成分の積和

$$\sum_{k=1}^{n} a_{ik}b_{kj}=a_{i1}b_{1j}+a_{i2}b_{2j}+\cdots+a_{in}b_{nj}$$

を (i,j) 成分にもつ (m,l) 型の行列を AB で表し，A と B の**積**という．つまり，

$$\begin{pmatrix} a_{11} & a_{12} & \cdots & a_{1n} \\ \vdots & \vdots & & \vdots \\ a_{i1} & a_{i2} & \cdots & a_{in} \\ \vdots & \vdots & & \vdots \\ a_{m1} & a_{m2} & \cdots & a_{mn} \end{pmatrix}\begin{pmatrix} b_{11} & \cdots & b_{1j} & \cdots & b_{1l} \\ b_{21} & \cdots & b_{2j} & \cdots & b_{2l} \\ \vdots & & \vdots & & \vdots \\ b_{n1} & \cdots & b_{nj} & \cdots & b_{nl} \end{pmatrix}=\begin{pmatrix} c_{11} & \cdots & c_{1j} & \cdots & c_{1l} \\ \vdots & & \vdots & & \vdots \\ c_{i1} & \cdots & c_{ij} & \cdots & c_{il} \\ \vdots & & \vdots & & \vdots \\ c_{m1} & \cdots & c_{mj} & \cdots & c_{ml} \end{pmatrix}$$

とおくと，$c_{ij}=a_{i1}b_{1j}+a_{i2}b_{2j}+\cdots+a_{in}b_{nj}$ となる．また，2 つの 2 次正方行列の積を書き下すと，

$$\begin{pmatrix} a_{11} & a_{12} \\ a_{21} & a_{22} \end{pmatrix}\begin{pmatrix} b_{11} & b_{12} \\ b_{21} & b_{22} \end{pmatrix} = \begin{pmatrix} a_{11}b_{11}+a_{12}b_{21} & a_{11}b_{12}+a_{12}b_{22} \\ a_{21}b_{11}+a_{22}b_{21} & a_{21}b_{12}+a_{22}b_{22} \end{pmatrix}$$

となる．2 つの行列 A, B に対し，積 AB が定義されるのは A の列数と B の行数が等しいときのみである．

例 1.3 (1) $\begin{pmatrix} 3 & 4 \end{pmatrix}\begin{pmatrix} 2 \\ 5 \end{pmatrix} = 3\cdot 2 + 4\cdot 5 = 26.$

(2) $\begin{pmatrix} 1 \\ -2 \end{pmatrix}\begin{pmatrix} 3 & 1 \end{pmatrix} = \begin{pmatrix} 1\cdot 3 & 1\cdot 1 \\ -2\cdot 3 & -2\cdot 1 \end{pmatrix} = \begin{pmatrix} 3 & 1 \\ -6 & -2 \end{pmatrix}.$

(3) $\begin{pmatrix} 2 & 3 \\ 1 & 4 \end{pmatrix}\begin{pmatrix} 4 & 3 \\ 5 & 1 \end{pmatrix} = \begin{pmatrix} 2\cdot 4+3\cdot 5 & 2\cdot 3+3\cdot 1 \\ 1\cdot 4+4\cdot 5 & 1\cdot 3+4\cdot 1 \end{pmatrix} = \begin{pmatrix} 23 & 9 \\ 24 & 7 \end{pmatrix}.$

(4) $$\begin{pmatrix} -2 & 4 & 0 \\ 3 & 1 & 5 \\ 1 & 0 & -2 \end{pmatrix}\begin{pmatrix} 2 & 5 \\ 1 & 3 \\ 0 & -1 \end{pmatrix}$$

$$= \begin{pmatrix} -2\cdot 2+4\cdot 1+0\cdot 0 & -2\cdot 5+4\cdot 3+0\cdot(-1) \\ 3\cdot 2+1\cdot 1+5\cdot 0 & 3\cdot 5+1\cdot 3+5\cdot(-1) \\ 1\cdot 2+0\cdot 1-2\cdot 0 & 1\cdot 5+0\cdot 3-2\cdot(-1) \end{pmatrix} = \begin{pmatrix} 0 & 2 \\ 7 & 13 \\ 2 & 7 \end{pmatrix}.$$

(5) $\begin{pmatrix} -2 \\ 5 \end{pmatrix}\begin{pmatrix} 1 & -2 \\ -3 & 4 \end{pmatrix}$ や $\begin{pmatrix} -1 & 5 & 2 \end{pmatrix}\begin{pmatrix} 3 \\ 7 \end{pmatrix}$ は定義されない．

注意 1.3 $(1, 1)$ 型の行列は数を表すものとする．

行列の積には，実数の積とは性質が異なる点がいくつかあるので，注意が必要である．まず，

$$\begin{pmatrix} -1 & 2 \\ 1 & -2 \end{pmatrix}\begin{pmatrix} 2 & 4 \\ 1 & 2 \end{pmatrix} = \begin{pmatrix} -1\cdot 2+2\cdot 1 & -1\cdot 4+2\cdot 2 \\ 1\cdot 2-2\cdot 1 & 1\cdot 4-2\cdot 2 \end{pmatrix} = \begin{pmatrix} 0 & 0 \\ 0 & 0 \end{pmatrix}$$

のように，$A \neq O$ かつ $B \neq O$ であっても $AB = O$ となる場合がある．このような行列 A, B を**零因子**という．零因子が存在するため，行列の積については，「$AB = O \Longrightarrow A = O$ または $B = O$」は成り立たない．

行列の積については，交換法則が一般には成り立たないことにも注意しよう．たとえば，$A = \begin{pmatrix} 1 & 3 \\ 1 & -2 \end{pmatrix}$, $B = \begin{pmatrix} 1 & 1 \\ 2 & 1 \end{pmatrix}$ とおくと，

$$AB = \begin{pmatrix} 7 & 4 \\ -3 & -1 \end{pmatrix}, \qquad BA = \begin{pmatrix} 2 & 1 \\ 3 & 4 \end{pmatrix}$$

であり，$AB \neq BA$ となる．このように行列の順序を交換して積を計算すると，結果が違ったものになることが多い．また，正方行列以外の場合には，積 AB が定義されても積 BA が定義されるとは限らない．

同じ型の正方行列 A, B が $AB = BA$ を満たすとき，A と B は**可換**，または**交換可能**であるという．

<u>**例 1.4**</u> $A = \begin{pmatrix} 1 & 1 \\ 0 & 1 \end{pmatrix}$, $B = \begin{pmatrix} 3 & 2 \\ 0 & 3 \end{pmatrix}$ に対し，$AB = \begin{pmatrix} 3 & 5 \\ 0 & 3 \end{pmatrix} = BA$ となるので，A と B は可換である．

行列の積について，次の計算法則が成り立つことが知られている．

<u>**定理 1.5**</u> **(行列の積の性質)**

3 つの行列 A, B, C と実数 r に対し，次の等式が成り立つ：

$$(rA)B = A(rB) = r(AB),$$

$$(AB)C = A(BC) \qquad \text{(結合法則)},$$

$$\left.\begin{aligned} (A+B)C &= AC + BC, \\ A(B+C) &= AB + AC \end{aligned}\right\} \qquad \text{(分配法則)}.$$

ただし，それぞれの等式において，両辺は定義されているものとする．

行列の積の結合法則より，$(AB)C$ と $A(BC)$ は等しいから，括弧を省略して ABC と書くことができる．

定理 1.5 を証明するには，それぞれの等式の両辺が表す行列の成分を計算して比較すればよい．ここでは，A, B, C が 2 次正方行列

$$A = \begin{pmatrix} a_{11} & a_{12} \\ a_{21} & a_{22} \end{pmatrix}, \qquad B = \begin{pmatrix} b_{11} & b_{12} \\ b_{21} & b_{22} \end{pmatrix}, \qquad C = \begin{pmatrix} c_{11} & c_{12} \\ c_{21} & c_{22} \end{pmatrix}$$

である場合に，行列の積の結合法則 $(AB)C = A(BC)$ を確認しよう．積 AB の (i, j) 成分を d_{ij} とおく．このとき，

$$AB = \begin{pmatrix} a_{11}b_{11} + a_{12}b_{21} & a_{11}b_{12} + a_{12}b_{22} \\ a_{21}b_{11} + a_{22}b_{21} & a_{21}b_{12} + a_{22}b_{22} \end{pmatrix} = \begin{pmatrix} d_{11} & d_{12} \\ d_{21} & d_{22} \end{pmatrix}$$

より，$d_{ij} = a_{i1}b_{1j} + a_{i2}b_{2j}$ である．よって，

$$(AB)C = \begin{pmatrix} d_{11}c_{11} + d_{12}c_{21} & d_{11}c_{12} + d_{12}c_{22} \\ d_{21}c_{11} + d_{22}c_{21} & d_{21}c_{12} + d_{22}c_{22} \end{pmatrix}$$

より，$(AB)C$ の (i,j) 成分は

$$\begin{aligned} d_{i1}c_{1j} + d_{i2}c_{2j} &= (a_{i1}b_{11} + a_{i2}b_{21})c_{1j} + (a_{i1}b_{12} + a_{i2}b_{22})c_{2j} \\ &= a_{i1}b_{11}c_{1j} + a_{i2}b_{21}c_{1j} + a_{i1}b_{12}c_{2j} + a_{i2}b_{22}c_{2j} \qquad (1.15) \end{aligned}$$

となる．同様に，積 BC の (i,j) 成分を e_{ij} とおくと，$e_{ij} = b_{i1}c_{1j} + b_{i2}c_{2j}$ であり，$A(BC)$ の (i,j) 成分は

$$\begin{aligned} a_{i1}e_{1j} + a_{i2}e_{2j} &= a_{i1}(b_{11}c_{1j} + b_{12}c_{2j}) + a_{i2}(b_{21}c_{1j} + b_{22}c_{2j}) \\ &= a_{i1}b_{11}c_{1j} + a_{i1}b_{12}c_{2j} + a_{i2}b_{21}c_{1j} + a_{i2}b_{22}c_{2j} \qquad (1.16) \end{aligned}$$

となる．(1.15) と (1.16) より，$(AB)C$ と $A(BC)$ の各成分は等しいので，$(AB)C = A(BC)$ が成り立つ．行列の型が一般の場合も同じ方針で証明することが可能であり，$A = (a_{ij})$ を (m,n) 型，$B = (b_{ij})$ を (n,l) 型，$C = (c_{ij})$ を (l,k) 型として，$(AB)C$ と $A(BC)$ の (i,j) 成分を計算すると，ともに

$$\sum_{p=1}^{n} \sum_{q=1}^{l} a_{ip}b_{pq}c_{qj}$$

となる．

【練　習　問　題】

問 1.2.1. $A = \begin{pmatrix} 4 & 1 \\ 0 & -2 \end{pmatrix}$，$B = \begin{pmatrix} 2 & 2 \\ 3 & 1 \end{pmatrix}$ のとき，次の式を計算せよ．

(1) $A + 3B$　　(2) $2A - 4B$　　(3) $3(A+B) - 2(2A+B)$

問 1.2.2. 次の行列の積を計算せよ．

(1) $\begin{pmatrix} 3 & -2 \end{pmatrix} \begin{pmatrix} 3 & -2 \\ 5 & 1 \end{pmatrix}$　　(2) $\begin{pmatrix} 1 & 3 \\ 1 & -2 \end{pmatrix} \begin{pmatrix} 2 & 1 & -1 \\ 0 & 1 & 1 \end{pmatrix}$

(3) $\begin{pmatrix} 1 & 3 \\ 0 & -2 \\ 7 & 5 \end{pmatrix} \begin{pmatrix} 2 & 1 \\ -1 & -2 \end{pmatrix}$　　(4) $\begin{pmatrix} -2 & -1 & 2 \\ 1 & 3 & 2 \\ 4 & 2 & 0 \end{pmatrix} \begin{pmatrix} 2 & -1 & 3 \\ 5 & 2 & 0 \\ -3 & 4 & 1 \end{pmatrix}$

問 1.2.3. 次の 3 つの正方行列のうち，可換なものはどれとどれかを答えよ．

$$A = \begin{pmatrix} 1 & 2 \\ 2 & -3 \end{pmatrix}, \qquad B = \begin{pmatrix} 5 & 3 \\ 1 & 3 \end{pmatrix}, \qquad C = \begin{pmatrix} 7 & 6 \\ 2 & 3 \end{pmatrix}.$$

1.3　いろいろな行列

この節では，様々な種類の行列を紹介する．(m,n) 型の行列 $A=(a_{ij})$ に対し，行と列を入れかえてできる (n,m) 型の行列を A の**転置行列**といい，${}^tA$ で表す．すなわち，

$$A = \begin{pmatrix} a_{11} & a_{12} & \cdots & a_{1n} \\ a_{21} & a_{22} & \cdots & a_{2n} \\ \vdots & \vdots & \ddots & \vdots \\ a_{m1} & a_{m2} & \cdots & a_{mn} \end{pmatrix} \text{ならば，} {}^tA = \begin{pmatrix} a_{11} & a_{21} & \cdots & a_{m1} \\ a_{12} & a_{22} & \cdots & a_{m2} \\ \vdots & \vdots & \ddots & \vdots \\ a_{1n} & a_{2n} & \cdots & a_{mn} \end{pmatrix}.$$

<u>例 1.5</u>　(1) $A = \begin{pmatrix} 1 & 2 \\ 3 & 4 \end{pmatrix}$ のとき，${}^tA = \begin{pmatrix} 1 & 3 \\ 2 & 4 \end{pmatrix}$ である．

(2) $A = \begin{pmatrix} 1 & 2 & 3 \\ 4 & 5 & 6 \end{pmatrix}$ のとき，${}^tA = \begin{pmatrix} 1 & 4 \\ 2 & 5 \\ 3 & 6 \end{pmatrix}$ である．

<u>注意 1.4</u>　2 つの n 次元列ベクトル $\boldsymbol{a} = \begin{pmatrix} a_1 \\ a_2 \\ \vdots \\ a_n \end{pmatrix}$, $\boldsymbol{b} = \begin{pmatrix} b_1 \\ b_2 \\ \vdots \\ b_n \end{pmatrix}$ に対し，

$${}^t\boldsymbol{a}\boldsymbol{b} = \begin{pmatrix} a_1 & a_2 & \cdots & a_n \end{pmatrix} \begin{pmatrix} b_1 \\ b_2 \\ \vdots \\ b_n \end{pmatrix} = a_1b_1 + a_2b_2 + \cdots + a_nb_n = (\boldsymbol{a}, \boldsymbol{b})$$

より，内積 $(\boldsymbol{a}, \boldsymbol{b})$ は転置行列の記号を用いて，$(\boldsymbol{a}, \boldsymbol{b}) = {}^t\boldsymbol{a}\boldsymbol{b}$ と表せる．

例題 1.6　2つの行列

$$A = \begin{pmatrix} 1 & 2 \\ 0 & 1 \end{pmatrix}, \qquad B = \begin{pmatrix} 1 & 3 \\ 1 & 2 \end{pmatrix}$$

に対し，${}^t({}^tA)$, ${}^t(A+B)$, ${}^tA + {}^tB$, ${}^t(AB)$, ${}^tB\,{}^tA$ を求めよ．

[解答] ${}^tA = {}^t\begin{pmatrix} 1 & 2 \\ 0 & 1 \end{pmatrix} = \begin{pmatrix} 1 & 0 \\ 2 & 1 \end{pmatrix}$，${}^tB = {}^t\begin{pmatrix} 1 & 3 \\ 1 & 2 \end{pmatrix} = \begin{pmatrix} 1 & 1 \\ 3 & 2 \end{pmatrix}$ より，

問題文の5つの行列はそれぞれ

$${}^t({}^tA) = {}^t\begin{pmatrix} 1 & 0 \\ 2 & 1 \end{pmatrix} = \begin{pmatrix} 1 & 2 \\ 0 & 1 \end{pmatrix},$$

$${}^t(A+B) = {}^t\begin{pmatrix} 1+1 & 2+3 \\ 0+1 & 1+2 \end{pmatrix} = {}^t\begin{pmatrix} 2 & 5 \\ 1 & 3 \end{pmatrix} = \begin{pmatrix} 2 & 1 \\ 5 & 3 \end{pmatrix},$$

$${}^tA + {}^tB = \begin{pmatrix} 1 & 0 \\ 2 & 1 \end{pmatrix} + \begin{pmatrix} 1 & 1 \\ 3 & 2 \end{pmatrix} = \begin{pmatrix} 2 & 1 \\ 5 & 3 \end{pmatrix},$$

$${}^t(AB) = {}^t\begin{pmatrix} 1\cdot1+2\cdot1 & 1\cdot3+2\cdot2 \\ 0\cdot1+1\cdot1 & 0\cdot3+1\cdot2 \end{pmatrix} = {}^t\begin{pmatrix} 3 & 7 \\ 1 & 2 \end{pmatrix} = \begin{pmatrix} 3 & 1 \\ 7 & 2 \end{pmatrix},$$

$$\begin{aligned} {}^tB\,{}^tA &= \begin{pmatrix} 1 & 1 \\ 3 & 2 \end{pmatrix}\begin{pmatrix} 1 & 0 \\ 2 & 1 \end{pmatrix} \\ &= \begin{pmatrix} 1\cdot1+1\cdot2 & 1\cdot0+1\cdot1 \\ 3\cdot1+2\cdot2 & 3\cdot0+2\cdot1 \end{pmatrix} = \begin{pmatrix} 3 & 1 \\ 7 & 2 \end{pmatrix} \end{aligned}$$

となる．　　　　（解答終）

この例題からもわかるように，転置行列について次の定理が成り立つ．

定理 1.6 (転置行列の性質)

行列 A, B と実数 r に対し，次の等式が成り立つ：

$${}^t({}^tA) = A, \qquad {}^t(A+B) = {}^tA + {}^tB,$$

$${}^t(AB) = {}^tB\,{}^tA, \qquad {}^t(rA) = r\,{}^tA.$$

ただし，それぞれの等式において，両辺は定義されているものとする．

定理 1.6 を証明するには，それぞれの等式の両辺が表す行列の成分を計算して比較すればよい．たとえば，A, B が 2 次正方行列

$$A = \begin{pmatrix} a_{11} & a_{12} \\ a_{21} & a_{22} \end{pmatrix}, \qquad B = \begin{pmatrix} b_{11} & b_{12} \\ b_{21} & b_{22} \end{pmatrix}$$

である場合に，${}^t(AB) = {}^tB\,{}^tA$ を証明するには，

$$\begin{aligned} {}^t(AB) &= {}^t\begin{pmatrix} a_{11}b_{11} + a_{12}b_{21} & a_{11}b_{12} + a_{12}b_{22} \\ a_{21}b_{11} + a_{22}b_{21} & a_{21}b_{12} + a_{22}b_{22} \end{pmatrix} \\ &= \begin{pmatrix} a_{11}b_{11} + a_{12}b_{21} & a_{21}b_{11} + a_{22}b_{21} \\ a_{11}b_{12} + a_{12}b_{22} & a_{21}b_{12} + a_{22}b_{22} \end{pmatrix}, \end{aligned}$$

$$\begin{aligned} {}^tB\,{}^tA &= \begin{pmatrix} b_{11} & b_{21} \\ b_{12} & b_{22} \end{pmatrix}\begin{pmatrix} a_{11} & a_{21} \\ a_{12} & a_{22} \end{pmatrix} \\ &= \begin{pmatrix} b_{11}a_{11} + b_{21}a_{12} & b_{11}a_{21} + b_{21}a_{22} \\ b_{12}a_{11} + b_{22}a_{12} & b_{12}a_{21} + b_{22}a_{22} \end{pmatrix} \end{aligned}$$

と計算して，${}^t(AB)$ と ${}^tB\,{}^tA$ の各成分が一致することを確認すればよい．

この節の残りの部分では，正方行列について考える．n 次正方行列 $A = (a_{ij})$ において，左上から右下に向かう対角線上にある成分 $a_{11}, a_{22}, \cdots, a_{nn}$ を A の**対角成分**という．n 次正方行列 A の対角成分以外の成分がすべて 0 であるとき，すなわち，正方行列 A が

$$A = \begin{pmatrix} a_1 & 0 & \cdots & 0 \\ 0 & a_2 & \ddots & \vdots \\ \vdots & \ddots & \ddots & 0 \\ 0 & \cdots & 0 & a_n \end{pmatrix} \qquad (a_i \text{は実数})$$

という形であるとき，A を n 次**対角行列**という．2 つの n 次対角行列の積は

$$\begin{pmatrix} a_1 & 0 & \cdots & 0 \\ 0 & a_2 & \ddots & \vdots \\ \vdots & \ddots & \ddots & 0 \\ 0 & \cdots & 0 & a_n \end{pmatrix}\begin{pmatrix} b_1 & 0 & \cdots & 0 \\ 0 & b_2 & \ddots & \vdots \\ \vdots & \ddots & \ddots & 0 \\ 0 & \cdots & 0 & b_n \end{pmatrix} = \begin{pmatrix} a_1b_1 & 0 & \cdots & 0 \\ 0 & a_2b_2 & \ddots & \vdots \\ \vdots & \ddots & \ddots & 0 \\ 0 & \cdots & 0 & a_nb_n \end{pmatrix} \tag{1.17}$$

となり，この等式から n 次対角行列同士は可換であることがわかる．

例 1.6 $\begin{pmatrix} 3 & 0 \\ 0 & -1 \end{pmatrix}$, $\begin{pmatrix} 1 & 0 & 0 \\ 0 & 2 & 0 \\ 0 & 0 & 3 \end{pmatrix}$ は対角行列である.

対角成分がすべて 1 である対角行列を**単位行列**といい, E で表す. すなわち,

$$E = \begin{pmatrix} 1 & 0 & \cdots & 0 \\ 0 & 1 & \ddots & \vdots \\ \vdots & \ddots & \ddots & 0 \\ 0 & \cdots & 0 & 1 \end{pmatrix}$$

とする. A が正方行列であるとき, 同じ型の単位行列 E と零行列 O に対し,

$$AE = EA = A, \qquad AO = OA = O$$

が成り立つ.

n 次正方行列 A に対し, $AX = XA = E$ を満たす n 次正方行列 X が存在するとき, A は**正則**である, または A は n 次**正則行列**であるという. このとき, X を A の**逆行列**といい, $A^{-1} = X$ と表す.

注意 1.5 行列 A の逆行列は, 存在すればただ 1 つである. 実際, X と Y を A の逆行列とすると, $AX = XA = E$, $AY = YA = E$ より,

$$X = XE = X(AY) = (XA)Y = EY = Y$$

となり, $X = Y$ であることがわかる.

例題 1.7 次の行列の逆行列を求めよ.

(1) $A = \begin{pmatrix} 1 & 2 \\ 3 & 5 \end{pmatrix}$　　(2) $B = \begin{pmatrix} 2 & 0 & 0 \\ 0 & 3 & 0 \\ 0 & 0 & -1 \end{pmatrix}$

[解答] (1) $AX = E$ を満たす正方行列 $X = \begin{pmatrix} x & y \\ z & w \end{pmatrix}$ を考える.

$$AX = \begin{pmatrix} x+2z & y+2w \\ 3x+5z & 3y+5w \end{pmatrix}, \qquad E = \begin{pmatrix} 1 & 0 \\ 0 & 1 \end{pmatrix}$$

より, 両辺の各成分を比較することによって, 等式 $AX = E$ を

$$\begin{cases} x + 2z = 1 \\ 3x + 5z = 0 \end{cases} \qquad \begin{cases} y + 2w = 0 \\ 3y + 5w = 1 \end{cases}$$

という連立 1 次方程式に書きかえることができる．これを解くと，$x = -5$, $y = 2$, $z = 3$, $w = -1$ となる．このとき，$XA = E$ が成り立つことも直接計算で確かめられるので，A の逆行列は

$$A^{-1} = X = \begin{pmatrix} -5 & 2 \\ 3 & -1 \end{pmatrix}$$

である．

(2) (1.17) より，

$$X = \begin{pmatrix} x & 0 & 0 \\ 0 & y & 0 \\ 0 & 0 & z \end{pmatrix} \text{とおくと，} \quad BX = XB = \begin{pmatrix} 2x & 0 & 0 \\ 0 & 3y & 0 \\ 0 & 0 & -z \end{pmatrix} \text{となる．}$$

よって，$x = 1/2$, $y = 1/3$, $z = -1$ のとき，X は B の逆行列であり，

$$B^{-1} = X = \begin{pmatrix} \frac{1}{2} & 0 & 0 \\ 0 & \frac{1}{3} & 0 \\ 0 & 0 & -1 \end{pmatrix}$$

となる．（解答終）

注意 1.6 一般に，対角行列が正則であるための必要十分条件は，すべての対角成分が 0 でないことであり，それぞれの対角成分を逆数で置きかえたものが逆行列となる．すなわち，

$$\begin{pmatrix} a_1 & 0 & \cdots & 0 \\ 0 & a_2 & \ddots & \vdots \\ \vdots & \ddots & \ddots & 0 \\ 0 & \cdots & 0 & a_n \end{pmatrix}^{-1} = \begin{pmatrix} {a_1}^{-1} & 0 & \cdots & 0 \\ 0 & {a_2}^{-1} & \ddots & \vdots \\ \vdots & \ddots & \ddots & 0 \\ 0 & \cdots & 0 & {a_n}^{-1} \end{pmatrix}$$

となる．

2 次正方行列の逆行列について考えるときには，次の定理が便利である．

定理 1.7 (2 次正方行列の逆行列)

2 次正方行列 $A=\begin{pmatrix} a & b \\ c & d \end{pmatrix}$ は $ad-bc\neq 0$ ならば正則であり，逆行列は

$$A^{-1}=\frac{1}{ad-bc}\begin{pmatrix} d & -b \\ -c & a \end{pmatrix}$$

で与えられる．また，$ad-bc=0$ ならば，A は正則ではない．

[証明] まず，$AX=E$ を満たす $X=\begin{pmatrix} x & y \\ z & w \end{pmatrix}$ を考える．

$$AX=\begin{pmatrix} ax+bz & ay+bw \\ cx+dz & cy+dw \end{pmatrix}, \qquad E=\begin{pmatrix} 1 & 0 \\ 0 & 1 \end{pmatrix}$$

より，両辺の各成分を比較することによって，等式 $AX=E$ を

$$\begin{cases} ax+bz=1 & \cdots ① \\ cx+dz=0 & \cdots ② \end{cases} \qquad \begin{cases} ay+bw=0 & \cdots ③ \\ cy+dw=1 & \cdots ④ \end{cases}$$

と書きかえることができる．これらの等式から，

$$\begin{cases} ①\times d-②\times b \text{ より}, & (ad-bc)x=d & \cdots ⑤ \\ ②\times a-①\times c \text{ より}, & (ad-bc)z=-c & \cdots ⑥ \\ ③\times d-④\times b \text{ より}, & (ad-bc)y=-b & \cdots ⑦ \\ ④\times a-③\times c \text{ より}, & (ad-bc)w=a & \cdots ⑧ \end{cases}$$

が得られる．

- $ad-bc\neq 0$ の場合：⑤, ⑥, ⑦, ⑧ より，

$$X=\begin{pmatrix} x & y \\ z & w \end{pmatrix}=\frac{1}{ad-bc}\begin{pmatrix} d & -b \\ -c & a \end{pmatrix}$$

  となる．この X が $AX=XA=E$ を満たすことは直接計算で確かめられるので，$A^{-1}=X$ となる．

- $ad-bc=0$ の場合：⑤, ⑥, ⑦, ⑧ より，$a=b=c=d=0$ となるが，これは①, ④と矛盾しており，$AX=E$ を満たす X は存在しないことがわかる．よって，A の逆行列は存在しない．　(証明終)

例題 1.8 次の行列 A が正則かどうかを判定し，正則ならば逆行列を求めよ．

$$(1)\ A = \begin{pmatrix} 1 & 2 \\ 3 & 4 \end{pmatrix} \quad (2)\ A = \begin{pmatrix} 0 & -1 \\ -1 & 0 \end{pmatrix} \quad (3)\ A = \begin{pmatrix} 4 & -2 \\ -2 & 1 \end{pmatrix}$$

[解答] (1) $ad - bc = 1 \cdot 4 - 2 \cdot 3 = -2$ より，A は正則であり，

$$A^{-1} = -\frac{1}{2}\begin{pmatrix} 4 & -2 \\ -3 & 1 \end{pmatrix} = \frac{1}{2}\begin{pmatrix} -4 & 2 \\ 3 & -1 \end{pmatrix}.$$

(2) $ad - bc = 0 \cdot 0 - (-1) \cdot (-1) = -1$ より，A は正則であり，

$$A^{-1} = -\begin{pmatrix} 0 & 1 \\ 1 & 0 \end{pmatrix} = \begin{pmatrix} 0 & -1 \\ -1 & 0 \end{pmatrix}.$$

(3) $ad - bc = 4 \cdot 1 - (-2)(-2) = 0$ より，A は正則ではない． （解答終）

一般の n 次正方行列の逆行列を求める方法については，2 章と 3 章で 2 種類の方法を学ぶ．また，逆行列について次の定理が成り立つ．

定理 1.8

A と B は同じ型の正則行列であるとする．
(1) A^{-1} も正則行列であり，$(A^{-1})^{-1} = A$ となる．
(2) AB も正則行列であり，$(AB)^{-1} = B^{-1}A^{-1}$ となる．
(3) ${}^tA$ も正則行列であり，$({}^tA)^{-1} = {}^t(A^{-1})$ となる．

[証明] (1) A の逆行列 A^{-1} の定義より，$AA^{-1} = A^{-1}A = E$ が成り立つ．よって，A は A^{-1} の逆行列である．

(2) 行列の積の結合法則 (定理 1.5) より，

$$(B^{-1}A^{-1})(AB) = B^{-1}(A^{-1}A)B = B^{-1}EB = B^{-1}B = E,$$
$$(AB)(B^{-1}A^{-1}) = A(BB^{-1})A^{-1} = AEA^{-1} = AA^{-1} = E$$

となるので，$B^{-1}A^{-1}$ は AB の逆行列である．

(3) 転置行列の性質 (定理 1.6) より，

$${}^t(A^{-1})\,{}^tA = {}^t(AA^{-1}) = {}^tE = E, \quad {}^tA\,{}^t(A^{-1}) = {}^t(A^{-1}A) = {}^tE = E$$

となるので，${}^t(A^{-1})$ は ${}^tA$ の逆行列である． （証明終）

正方行列 A の k 個の積を A の k 乗といい，A^k で表す．すなわち，

$$A^2 = AA, \qquad A^3 = AAA, \qquad \cdots, \qquad A^k = \overbrace{AA\cdots A}^{k\text{ 個}}$$

とする．$k=0$ のときは $A^0 = E$ とし，$k=1$ のときは $A^1 = A$ とする．さらに，A が正則であるときは，A^{-1} の k 個の積を A^{-k} で表す．

例題 1.9 2 つの正方行列

$$A = \begin{pmatrix} 1 & 2 \\ 2 & 1 \end{pmatrix}, \qquad B = \begin{pmatrix} 2 & 1 \\ 1 & -2 \end{pmatrix}$$

について，$(A+B)^2$ と $A^2 + 2AB + B^2$ を求めよ．

[解答] $A + B = \begin{pmatrix} 1+2 & 2+1 \\ 2+1 & 1-2 \end{pmatrix} = \begin{pmatrix} 3 & 3 \\ 3 & -1 \end{pmatrix}$ より，

$$(A+B)^2 = \begin{pmatrix} 3 & 3 \\ 3 & -1 \end{pmatrix}\begin{pmatrix} 3 & 3 \\ 3 & -1 \end{pmatrix} = \begin{pmatrix} 18 & 6 \\ 6 & 10 \end{pmatrix}$$

となる．また，

$$A^2 = \begin{pmatrix} 5 & 4 \\ 4 & 5 \end{pmatrix}, \qquad AB = \begin{pmatrix} 4 & -3 \\ 5 & 0 \end{pmatrix}, \qquad B^2 = \begin{pmatrix} 5 & 0 \\ 0 & 5 \end{pmatrix}$$

より，

$$A^2 + 2AB + B^2 = \begin{pmatrix} 5+2\cdot 4+5 & 4+2\cdot(-3)+0 \\ 4+2\cdot 5+0 & 5+2\cdot 0+5 \end{pmatrix} = \begin{pmatrix} 18 & -2 \\ 14 & 10 \end{pmatrix}$$

となる． （解答終）

注意 1.7 例題 1.9 の解答より，正方行列 A, B に対し，

$$(A+B)^2 = A^2 + 2AB + B^2 \tag{1.18}$$

は一般には成り立たないことがわかる．定理 1.5 より，

$$\begin{aligned}(A+B)^2 &= (A+B)(A+B) = (A+B)A + (A+B)B \\ &= A^2 + BA + AB + B^2\end{aligned}$$

となるので，等式 (1.18) が成り立つための必要十分条件は，A と B が可換であることである．

最後に，その他の代表的な正方行列の種類をいくつか紹介しよう．

(1) $a_{ij}=0\ (i>j)$ を満たすとき，正方行列 $A=(a_{ij})$ を**上三角行列**といい，$b_{ij}=0\ (i<j)$ を満たすとき，正方行列 $B=(b_{ij})$ を**下三角行列**という：

$$A=\begin{pmatrix} a_{11} & a_{12} & \cdots & a_{1n} \\ 0 & a_{22} & \cdots & a_{2n} \\ \vdots & \ddots & \ddots & \vdots \\ 0 & \cdots & 0 & a_{nn} \end{pmatrix},\quad B=\begin{pmatrix} b_{11} & 0 & \cdots & 0 \\ b_{21} & b_{22} & \ddots & \vdots \\ \vdots & \vdots & \ddots & 0 \\ b_{n1} & b_{n2} & \cdots & b_{nn} \end{pmatrix}.$$

(2) 正方行列 A が ${}^tA=A$ を満たすとき，A を**対称行列**という．正方行列 $A=(a_{ij})$ が対称行列となるための必要十分条件は，すべての i, j に対して $a_{ji}=a_{ij}$ が成り立つことである：

$$A=\begin{pmatrix} a_{11} & a_{12} & \cdots & a_{1n} \\ a_{12} & a_{22} & \cdots & a_{2n} \\ \vdots & \vdots & \ddots & \vdots \\ a_{1n} & a_{2n} & \cdots & a_{nn} \end{pmatrix}.$$

(3) 正方行列 A が ${}^tA=-A$ を満たすとき，A を**交代行列**という．正方行列 $A=(a_{ij})$ が交代行列となるための必要十分条件は，すべての i, j に対して $a_{ji}=-a_{ij}$ が成り立つことである ($a_{ii}=-a_{ii}$ より，$a_{ii}=0$ となる)：

$$A=\begin{pmatrix} 0 & a_{12} & \cdots & a_{1n} \\ -a_{12} & 0 & \ddots & \vdots \\ \vdots & \ddots & \ddots & a_{n-1\,n} \\ -a_{1n} & \cdots & -a_{n-1\,n} & 0 \end{pmatrix}.$$

(4) 正方行列 A が ${}^tA\,A=A\,{}^tA=E$ を満たすとき，A を**直交行列**という．つまり，直交行列とは転置行列と逆行列が一致する正則行列である．

<u>例 **1.7**</u> (1) $\begin{pmatrix} 2 & -5 \\ 0 & 3 \end{pmatrix}$ は上三角行列，$\begin{pmatrix} -3 & 0 & 0 \\ 4 & 1 & 0 \\ 2 & 6 & 9 \end{pmatrix}$ は下三角行列である．

(2) $\begin{pmatrix} 1 & 2 \\ 2 & 3 \end{pmatrix}$, $\begin{pmatrix} 4 & 5 & -1 \\ 5 & -2 & 3 \\ -1 & 3 & 1 \end{pmatrix}$ は対称行列である.

(3) $\begin{pmatrix} 0 & -2 \\ 2 & 0 \end{pmatrix}$, $\begin{pmatrix} 0 & 3 & -1 \\ -3 & 0 & 4 \\ 1 & -4 & 0 \end{pmatrix}$ は交代行列である.

(4) $\begin{pmatrix} \frac{\sqrt{2}}{2} & \frac{\sqrt{2}}{2} \\ -\frac{\sqrt{2}}{2} & \frac{\sqrt{2}}{2} \end{pmatrix}$, $\begin{pmatrix} 0 & 0 & -1 \\ -1 & 0 & 0 \\ 0 & -1 & 0 \end{pmatrix}$ は直交行列である.

【練　習　問　題】

問 1.3.1. 次の行列 A について, $A + {}^tA$ と $A - {}^tA$ を求めよ.

(1) $A = \begin{pmatrix} 3 & 1 \\ 2 & 2 \end{pmatrix}$　　(2) $A = \begin{pmatrix} 2 & 1 & 0 \\ 1 & -1 & 2 \\ 2 & 3 & 3 \end{pmatrix}$

問 1.3.2. 次の行列 A が正則かどうかを判定し, 正則ならば逆行列を求めよ.

(1) $\begin{pmatrix} 4 & -2 \\ 5 & -3 \end{pmatrix}$　　(2) $\begin{pmatrix} 3 & 9 \\ 1 & 3 \end{pmatrix}$　　(3) $\begin{pmatrix} 2 & 0 & 0 \\ 0 & 4 & 0 \\ 0 & 0 & 6 \end{pmatrix}$

問 1.3.3. 2 つの行列

$$A = \begin{pmatrix} 2 & 0 \\ 0 & 3 \end{pmatrix}, \qquad B = \begin{pmatrix} 1 & -1 \\ -2 & 1 \end{pmatrix}$$

について, $(A - B)^2$ と $A^2 - 2AB + B^2$ を求めよ.

第1章　章末問題

問題 1. 4つの行列

$$A = \begin{pmatrix} 1 \\ 2 \end{pmatrix}, \qquad B = \begin{pmatrix} 1 & -1 \\ 3 & 2 \end{pmatrix},$$

$$C = \begin{pmatrix} 2 & 3 & -1 \\ 1 & -2 & 4 \end{pmatrix}, \qquad D = \begin{pmatrix} 1 & 2 & 1 \\ -1 & 1 & -1 \\ 3 & 1 & 2 \end{pmatrix}$$

の中から異なる2つの行列を選び，その積を考える．このとき，定義できる行列の積をすべて答え，それらを計算せよ．

問題 2. a, b, c を定数とし，2つの2次正方行列

$$A = \begin{pmatrix} 4 & a \\ -2 & b \end{pmatrix}, \qquad B = \begin{pmatrix} 2 & 1 \\ 4 & c \end{pmatrix}$$

の積 AB は零行列 O になるとする．このとき，定数 a, b, c の値を求めよ．さらに，積 BA を計算せよ．

問題 3. 2つの2次正方行列

$$A = \begin{pmatrix} 1 & 2 \\ 3 & 4 \end{pmatrix}, \qquad B = \begin{pmatrix} 2 & 3 \\ 3 & 6 \end{pmatrix}$$

に対し，A^{-1}，B^{-1}，$(AB)^{-1}$，$({}^tA)^{-1}$ を求めよ．

問題 4. 2次正方行列 $A = \begin{pmatrix} a & b \\ c & d \end{pmatrix}$ について考える．

(1) 等式 $A^2 - (a+d)A + (ad-bc)E = O$ が成り立つことを示せ．
(これを**ケーリー・ハミルトンの定理**という.)

(2) $ad - bc = 0$ のとき，正の整数 n に対し，$A^n = (a+d)^{n-1}A$ が成り立つことを示せ．

(3) $B = \begin{pmatrix} 2 & 1 \\ -4 & -1 \end{pmatrix}$ に対し，B^5 を計算せよ．

問題 5. n を正の整数とし，a を定数とする．このとき，

$$A = \begin{pmatrix} a & 1 \\ 0 & a \end{pmatrix} \text{に対し，} \qquad A^n = \begin{pmatrix} a^n & na^{n-1} \\ 0 & a^n \end{pmatrix}$$

が成り立つことを示せ．

問題 6. 次の 5 個の正方行列のうち，直交行列であるものをすべて答えよ．

$$\begin{pmatrix} \frac{1}{2} & \frac{\sqrt{3}}{2} \\ -\frac{\sqrt{3}}{2} & \frac{1}{2} \end{pmatrix}, \quad \begin{pmatrix} 1 & -1 \\ 1 & 1 \end{pmatrix}, \quad \begin{pmatrix} \frac{1}{3} & \frac{2\sqrt{2}}{3} \\ \frac{2\sqrt{2}}{3} & -\frac{1}{3} \end{pmatrix},$$

$$\frac{1}{2}\begin{pmatrix} \sqrt{3} & 0 & 1 \\ 0 & 1 & 0 \\ -1 & 0 & \sqrt{3} \end{pmatrix}, \qquad \begin{pmatrix} 0 & 1 & 0 \\ 0 & 0 & 1 \\ 1 & 0 & 0 \end{pmatrix}$$

問題 7. $A = \begin{pmatrix} \frac{3}{5} & -\frac{4}{5} \\ a & b \end{pmatrix}$ が直交行列になる定数 a, b の値をすべて求めよ．

問題 8. n 次正方行列 A に対し，$S = A + {}^tA$，$T = A - {}^tA$ とおく．

(1) S は対称行列であり，T は交代行列であることを示せ．

(2) A は対称行列と交代行列の和で表せることを示せ．

2
連立 1 次方程式

2.1　拡大係数行列と行基本変形

n 個の変数 $x_1, x_2, \cdots, x_n$ についての 1 次方程式の集まり

$$\begin{cases} a_{11}x_1 + \ a_{12}x_2 + \cdots + \ a_{1n}x_n = b_1 & (\text{第 } 1 \text{ 式}) \\ a_{21}x_1 + \ a_{22}x_2 + \cdots + \ a_{2n}x_n = b_2 & (\text{第 } 2 \text{ 式}) \\ \qquad\qquad \vdots & \\ a_{m1}x_1 + a_{m2}x_2 + \cdots + a_{mn}x_n = b_m & (\text{第 } m \text{ 式}) \end{cases} \tag{2.1}$$

を $x_1, x_2, \cdots, x_n$ についての**連立 1 次方程式**または**線形方程式**といい，(2.1) の方程式がすべて成り立つような $x_1, x_2, \cdots, x_n$ の値を連立 1 次方程式 (2.1) の**解**という．連立 1 次方程式の解をすべて求めることを，連立 1 次方程式を**解く**という．本書では (2.1) のように，連立 1 次方程式における i 番目の方程式を第 i 式と呼ぶことにする．また，$b_1 = b_2 = \cdots = b_m = 0$ であるとき，連立 1 次方程式 (2.1) を**同次連立 1 次方程式**という．

2 個の変数 x, y についての連立 1 次方程式

$$\begin{cases} 3x - 2y = 5 \\ 4x + \ \ y = 3 \end{cases}$$

はベクトルを用いて，

$$\begin{pmatrix} 3x - 2y \\ 4x + \ \ y \end{pmatrix} = \begin{pmatrix} 5 \\ 3 \end{pmatrix}$$

と表せる．ここで，左辺を行列とベクトルの積に分解すると，

$$\begin{pmatrix} 3 & -2 \\ 4 & 1 \end{pmatrix} \begin{pmatrix} x \\ y \end{pmatrix} = \begin{pmatrix} 5 \\ 3 \end{pmatrix}$$

となる．同様に考えると，一般の連立 1 次方程式 (2.1) も行列を用いて，

$$\begin{pmatrix} a_{11} & a_{12} & \cdots & a_{1n} \\ a_{21} & a_{22} & \cdots & a_{2n} \\ \vdots & \vdots & \ddots & \vdots \\ a_{m1} & a_{m2} & \cdots & a_{mn} \end{pmatrix} \begin{pmatrix} x_1 \\ x_2 \\ \vdots \\ x_n \end{pmatrix} = \begin{pmatrix} b_1 \\ b_2 \\ \vdots \\ b_m \end{pmatrix}$$

と表すことができる．ここで，

$$A = \begin{pmatrix} a_{11} & a_{12} & \cdots & a_{1n} \\ a_{21} & a_{22} & \cdots & a_{2n} \\ \vdots & \vdots & \ddots & \vdots \\ a_{m1} & a_{m2} & \cdots & a_{mn} \end{pmatrix}, \quad \boldsymbol{x} = \begin{pmatrix} x_1 \\ x_2 \\ \vdots \\ x_n \end{pmatrix}, \quad \boldsymbol{b} = \begin{pmatrix} b_1 \\ b_2 \\ \vdots \\ b_m \end{pmatrix}$$

とおくと，連立 1 次方程式 (2.1) は $A\boldsymbol{x} = \boldsymbol{b}$ と表せる．このとき，A, $\boldsymbol{x}$, $\boldsymbol{b}$ をそれぞれ**係数行列**，**変数ベクトル**，**定数ベクトル**という．同次連立 1 次方程式の場合，定数ベクトルは零ベクトル $\mathbf{0}$ となる．また，係数行列と定数ベクトルを並べてできる行列

$$(A \,|\, \boldsymbol{b}) = \left(\begin{array}{cccc|c} a_{11} & a_{12} & \cdots & a_{1n} & b_1 \\ a_{21} & a_{22} & \cdots & a_{2n} & b_2 \\ \vdots & \vdots & \ddots & \vdots & \vdots \\ a_{m1} & a_{m2} & \cdots & a_{mn} & b_m \end{array}\right)$$

を**拡大係数行列**という．拡大係数行列の中に書かれている縦棒は見やすくするためのものであり，それ以外の意味はない．

例題 2.1 x, y, z についての連立 1 次方程式

$$\begin{cases} x - 2y - 5z = 2 \\ \qquad 4y + 3z = 4 \end{cases}$$

の係数行列と拡大係数行列を求めよ．

[解答] 問題文の連立 1 次方程式を行列を用いて表すと，

$$\begin{pmatrix} 1 & -2 & -5 \\ 0 & 4 & 3 \end{pmatrix} \begin{pmatrix} x \\ y \\ z \end{pmatrix} = \begin{pmatrix} 2 \\ 4 \end{pmatrix}$$

となる．よって，係数行列，拡大係数行列はそれぞれ

$$\begin{pmatrix} 1 & -2 & -5 \\ 0 & 4 & 3 \end{pmatrix}, \qquad \left(\begin{array}{ccc|c} 1 & -2 & -5 & 2 \\ 0 & 4 & 3 & 4 \end{array}\right)$$

となる． （解答終）

例題 2.2 拡大係数行列

$$\left(\begin{array}{rrrr|r} 2 & -5 & 7 & -8 & 3 \\ 0 & 6 & -2 & 9 & 7 \\ -3 & -7 & 0 & -4 & -9 \\ 2 & 0 & -6 & 3 & 2 \end{array}\right)$$

をもつ x, y, z, w についての連立 1 次方程式を求めよ．

[解答] 求める連立 1 次方程式は行列を用いて表すと，

$$\begin{pmatrix} 2 & -5 & 7 & -8 \\ 0 & 6 & -2 & 9 \\ -3 & -7 & 0 & -4 \\ 2 & 0 & -6 & 3 \end{pmatrix} \begin{pmatrix} x \\ y \\ z \\ w \end{pmatrix} = \begin{pmatrix} 3 \\ 7 \\ -9 \\ 2 \end{pmatrix}$$

となり，行列を用いずに表すと，

$$\begin{cases} 2x - 5y + 7z - 8w = 3 \\ \quad\;\; 6y - 2z + 9w = 7 \\ -3x - 7y \qquad - 4w = -9 \\ 2x \qquad - 6z + 3w = 2 \end{cases}$$

となる． （解答終）

連立 1 次方程式についての 3 種類の変形

(式掛) ある式に 0 でない定数を掛ける，

(式加) ある式に他の式を定数倍したものを加える，

(式換) 2 つの式を入れかえる，

はもとに戻すことが可能な変形であり，これらの変形をしても連立 1 次方程式の解は変わらない．これらの変形を連立 1 次方程式の**基本変形**という．いくつかの基本変形をすることによって，連立 1 次方程式をただちに解がわかる形に単純化することができる．例として，x, y, z についての連立 1 次方程式

$$\begin{cases} \phantom{x - {}} 3y - 9z = 3 \\ x - y + 7z = 6 \\ -2x - 3y + 2z = -15 \end{cases} \tag{2.2}$$

を考えよう．この連立1次方程式に対し，基本変形をくり返すと，

$$\begin{cases} 3y - 9z = 3 \\ x - y + 7z = 6 \\ -2x - 3y + 2z = -15 \end{cases} \xrightarrow{\substack{\text{第3式に第2式} \\ \text{の2倍を加える}}} \begin{cases} 3y - 9z = 3 \\ x - y + 7z = 6 \\ -5y + 16z = -3 \end{cases}$$

$$\xrightarrow{\substack{\text{第1式に}1/3 \\ \text{を掛ける}}} \begin{cases} y - 3z = 1 \\ x - y + 7z = 6 \\ -5y + 16z = -3 \end{cases} \xrightarrow[\substack{\text{第3式に第1式} \\ \text{の5倍を加える}}]{\substack{\text{第2式に第1式} \\ \text{を加える}}} \begin{cases} y - 3z = 1 \\ x \quad + 4z = 7 \\ z = 2 \end{cases}$$

$$\xrightarrow[\substack{\text{第2式に第3式} \\ \text{の}-4\text{倍を加える}}]{\substack{\text{第1式に第3式} \\ \text{の3倍を加える}}} \begin{cases} y = 7 \\ x = -1 \\ z = 2 \end{cases} \xrightarrow{\substack{\text{第1式と第2式} \\ \text{を入れかえる}}} \begin{cases} x = -1 \\ y = 7 \\ z = 2 \end{cases}$$

となり，解は $x = -1$, $y = 7$, $z = 2$ であることがわかる．この連立1次方程式の変形を拡大係数行列の変形として表すと，

$$\left(\begin{array}{ccc|c} 0 & 3 & -9 & 3 \\ 1 & -1 & 7 & 6 \\ -2 & -3 & 2 & -15 \end{array}\right) \xrightarrow{\substack{\text{第3行に第2行} \\ \text{の2倍を加える}}} \left(\begin{array}{ccc|c} 0 & 3 & -9 & 3 \\ 1 & -1 & 7 & 6 \\ 0 & -5 & 16 & -3 \end{array}\right)$$

$$\xrightarrow{\substack{\text{第1行に}1/3 \\ \text{を掛ける}}} \left(\begin{array}{ccc|c} 0 & 1 & -3 & 1 \\ 1 & -1 & 7 & 6 \\ 0 & -5 & 16 & -3 \end{array}\right) \xrightarrow[\substack{\text{第3行に第1行} \\ \text{の5倍を加える}}]{\substack{\text{第2行に第1行} \\ \text{を加える}}} \left(\begin{array}{ccc|c} 0 & 1 & -3 & 1 \\ 1 & 0 & 4 & 7 \\ 0 & 0 & 1 & 2 \end{array}\right)$$

$$\xrightarrow[\substack{\text{第2行に第3行} \\ \text{の}-4\text{倍を加える}}]{\substack{\text{第1行に第3行} \\ \text{の3倍を加える}}} \left(\begin{array}{ccc|c} 0 & 1 & 0 & 7 \\ 1 & 0 & 0 & -1 \\ 0 & 0 & 1 & 2 \end{array}\right) \xrightarrow{\substack{\text{第1行と第2行} \\ \text{を入れかえる}}} \left(\begin{array}{ccc|c} 1 & 0 & 0 & -1 \\ 0 & 1 & 0 & 7 \\ 0 & 0 & 1 & 2 \end{array}\right)$$

となる．このように拡大係数行列を用いて表すと，x, y, z などの記号を書く手間が省けて便利である．また，連立1次方程式の基本変形は拡大係数行列の行に関する変形に対応している．(式掛)，(式加)，(式換) はそれぞれ

(行掛) ある行に0でない定数を掛ける，

(行加) ある行に他の行を定数倍したものを加える，

(行換) 2つの行を入れかえる，

という変形と対応しており，これらの変形を行列の**行基本変形**という．

例題 2.3　次の x, y, z, w についての連立 1 次方程式を解け．

$$\begin{cases} x - y + z = 5 \\ y + 2w = 2 \\ 2x - 2y + 2z + 2w = 11 \\ -x + 2y + 4w = 2 \end{cases}$$

[解答]　問題文の連立 1 次方程式の拡大係数行列は

$$\left(\begin{array}{cccc|c} 1 & -1 & 1 & 0 & 5 \\ 0 & 1 & 0 & 2 & 2 \\ 2 & -2 & 2 & 2 & 11 \\ -1 & 2 & 0 & 4 & 2 \end{array}\right)$$

である．行基本変形をくり返すと，この行列は

$$\left(\begin{array}{cccc|c} 1 & -1 & 1 & 0 & 5 \\ 0 & 1 & 0 & 2 & 2 \\ 2 & -2 & 2 & 2 & 11 \\ -1 & 2 & 0 & 4 & 2 \end{array}\right) \xrightarrow[\substack{\text{第 4 行に第 1 行} \\ \text{を加える}}]{\substack{\text{第 3 行に第 1 行} \\ \text{の } -2 \text{ 倍を加える}}} \left(\begin{array}{cccc|c} 1 & -1 & 1 & 0 & 5 \\ 0 & 1 & 0 & 2 & 2 \\ 0 & 0 & 0 & 2 & 1 \\ 0 & 1 & 1 & 4 & 7 \end{array}\right)$$

$$\xrightarrow[\substack{\text{第 4 行に第 2 行} \\ \text{の } -1 \text{ 倍を加える}}]{\substack{\text{第 1 行に第 2 行} \\ \text{を加える}}} \left(\begin{array}{cccc|c} 1 & 0 & 1 & 2 & 7 \\ 0 & 1 & 0 & 2 & 2 \\ 0 & 0 & 0 & 2 & 1 \\ 0 & 0 & 1 & 2 & 5 \end{array}\right) \xrightarrow[\substack{\text{第 3 行に} \\ 1/2 \text{ を掛ける}}]{\substack{\text{第 1 行に第 4 行} \\ \text{の } -1 \text{ 倍を加える}}} \left(\begin{array}{cccc|c} 1 & 0 & 0 & 0 & 2 \\ 0 & 1 & 0 & 2 & 2 \\ 0 & 0 & 0 & 1 & \frac{1}{2} \\ 0 & 0 & 1 & 2 & 5 \end{array}\right)$$

$$\xrightarrow[\substack{\text{第 4 行に第 3 行} \\ \text{の } -2 \text{ 倍を加える}}]{\substack{\text{第 2 行に第 3 行} \\ \text{の } -2 \text{ 倍を加える}}} \left(\begin{array}{cccc|c} 1 & 0 & 0 & 0 & 2 \\ 0 & 1 & 0 & 0 & 1 \\ 0 & 0 & 0 & 1 & \frac{1}{2} \\ 0 & 0 & 1 & 0 & 4 \end{array}\right) \xrightarrow{\substack{\text{第 3 行と第 4 行} \\ \text{を入れかえる}}} \left(\begin{array}{cccc|c} 1 & 0 & 0 & 0 & 2 \\ 0 & 1 & 0 & 0 & 1 \\ 0 & 0 & 1 & 0 & 4 \\ 0 & 0 & 0 & 1 & \frac{1}{2} \end{array}\right)$$

と変形できる．変形後の行列に対応する連立 1 次方程式は

$$\begin{cases} x = 2 \\ y = 1 \\ z = 4 \\ w = \dfrac{1}{2} \end{cases}$$ であるので，解は $$\begin{pmatrix} x \\ y \\ z \\ w \end{pmatrix} = \begin{pmatrix} 2 \\ 1 \\ 4 \\ \frac{1}{2} \end{pmatrix}$$ である．

（解答終）

<u>注意 2.1</u> 例題 2.3 の連立1次方程式の解は $x=2,\ y=1,\ z=4,\ w=\dfrac{1}{2}$ と表してもよい．

【練 習 問 題】

問 2.1.1. 次の x, y, z, w についての連立1次方程式の拡大係数行列を求めよ．

$$(1)\ \begin{cases} -2x-9y-3z+4w=-3 \\ 3x+y-7w=2 \end{cases} \qquad (2)\ \begin{cases} 7x+6z-5w=9 \\ -3x+y-2z=0 \\ -4y-w=2 \end{cases}$$

問 2.1.2. 次の拡大係数行列をもつ x, y, z についての連立1次方程式を求め，行列を用いずに表せ．

$$(1)\ \left(\begin{array}{ccc|c} -2 & 5 & 0 & -7 \\ 3 & 1 & 4 & 5 \\ 4 & -5 & 6 & 0 \end{array}\right) \qquad (2)\ \left(\begin{array}{ccc|c} 1 & 6 & -3 & 2 \\ 0 & 1 & 9 & 3 \end{array}\right)$$

問 2.1.3. 次の x, y, z についての連立1次方程式を解け．

$$(1)\ \begin{cases} x+2y+z=1 \\ 3x+y+2z=5 \\ 2x+5y=6 \end{cases} \qquad (2)\ \begin{cases} x-y-z=1 \\ -x+2y-z=2 \\ -x-y+3z=4 \end{cases}$$

2.2 掃き出し法と行列の階数

前節の (2.2) や例題 2.3 の連立1次方程式はただ1つの解をもっていたが，連立1次方程式は必ずただ1つの解をもつわけではなく，解をもたない場合や無数の解をもつ場合もある．この節では，そのような場合も含めて，すべての連立1次方程式を解くことができる系統的な方法を紹介する．

まずは準備として，いくつかの用語を定義しよう．行列の各行において，最も左にある0以外の成分をその行の**主成分**という．たとえば，

$$\begin{pmatrix} 0 & 0 & 0 & 7 & -4 \\ 0 & 0 & 0 & 0 & 0 \\ -5 & 0 & 3 & 9 & 6 \end{pmatrix}$$

という行列であれば，第 1 行の主成分は $(1,4)$ 成分の 7，第 3 行の主成分は $(3,1)$ 成分の -5 であり，第 2 行はすべての成分が 0 なので主成分はない．

次の条件 1, 2 を満たす行列を**階段行列**という．

条件 1) 0 以外の成分を含む行は，すべての成分が 0 である行よりも上にある．

条件 2) 各行の主成分は，それより下の行の主成分よりも左にある．

たとえば，次のような行列が階段行列である：

$$\begin{pmatrix} 5 & 3 & 5 & 4 \\ 0 & 9 & 2 & 8 \\ 0 & 0 & 0 & -6 \end{pmatrix}, \quad \begin{pmatrix} 0 & 7 & -6 & 5 & -8 \\ 0 & 0 & 0 & 4 & 2 \\ 0 & 0 & 0 & 0 & 0 \end{pmatrix}, \quad \begin{pmatrix} 2 & 4 & 5 \\ 0 & -3 & 2 \\ 0 & 0 & 7 \end{pmatrix}.$$

さらに，次の条件 3, 4 を満たす階段行列を**階段標準形**または**行標準形**という．

条件 3) 行の主成分はすべて 1 である．

条件 4) 行の主成分を含む列では，その主成分以外の成分はすべて 0 である．

上の 3 つの階段行列の例は条件 3, 4 を満たさないので，いずれも階段標準形ではない．たとえば，次のような行列が階段標準形である：

$$\begin{pmatrix} 1 & 0 & 5 & 0 \\ 0 & 1 & -7 & 0 \\ 0 & 0 & 0 & 1 \end{pmatrix}, \quad \begin{pmatrix} 0 & 1 & 7 & 0 & -8 \\ 0 & 0 & 0 & 1 & 2 \\ 0 & 0 & 0 & 0 & 0 \end{pmatrix}, \quad \begin{pmatrix} 1 & 0 & 0 \\ 0 & 1 & 0 \\ 0 & 0 & 1 \end{pmatrix}.$$

行基本変形によって，どのような行列でも階段標準形にすることができる．実際，(m,n) 型の行列は，$j = 1, 2, \cdots, n$ の順に次の「第 j 列の掃き出し」をして，(必要があれば) 行を並べかえることで，階段標準形になる．この方法を**掃き出し法**という．

第 j 列の掃き出し

第 j 列が 1 つ以上の行の主成分を含むとき，そのうちの 1 つの行 (どの行でもよい) を第 i 行とおいて，次の 2 つの操作を順に施す．

操作 1. 第 i 行に定数を掛けて，第 i 行の主成分を 1 にする．

操作 2. 第 i 行の定数倍をその他の行に加えて，第 j 列の (i,j) 成分以外の成分をすべて 0 にする．

第 j 列が行の主成分を 1 つも含まないときには，何もしないとする．

一般に，行列 A に対し，行基本変形によって A から得られる階段標準形はただ1つであることが知られており，これを A の階段標準形という．また，A の階段標準形の0以外の成分を含む行が全部で m 行あるとき，この m を A の**階数**といい，$\operatorname{rank} A = m$ で表す．

例題 2.4 行列

$$A = \begin{pmatrix} 3 & -1 & 6 & 6 \\ -4 & 4 & -8 & 0 \\ 2 & 1 & 4 & 9 \end{pmatrix}$$

の階段標準形を掃き出し法によって求め，A の階数を求めよ．

[解答] 行列 A に掃き出し法を適用すると，

$$\begin{pmatrix} 3 & -1 & 6 & 6 \\ -4 & 4 & -8 & 0 \\ 2 & 1 & 4 & 9 \end{pmatrix} \xrightarrow{\substack{\text{第2行に} -1/4 \\ \text{を掛ける}}} \begin{pmatrix} 3 & -1 & 6 & 6 \\ 1 & -1 & 2 & 0 \\ 2 & 1 & 4 & 9 \end{pmatrix}$$

$$\xrightarrow[\substack{\text{第3行に第2行} \\ \text{の} -2 \text{倍を加える}}]{\substack{\text{第1行に第2行} \\ \text{の} -3 \text{倍を加える}}} \begin{pmatrix} 0 & 2 & 0 & 6 \\ 1 & -1 & 2 & 0 \\ 0 & 3 & 0 & 9 \end{pmatrix} \xrightarrow{\substack{\text{第1行に} 1/2 \\ \text{を掛ける}}} \begin{pmatrix} 0 & 1 & 0 & 3 \\ 1 & -1 & 2 & 0 \\ 0 & 3 & 0 & 9 \end{pmatrix}$$

$$\xrightarrow[\substack{\text{第3行に第1行} \\ \text{の} -3 \text{倍を加える}}]{\substack{\text{第2行に第1行} \\ \text{を加える}}} \begin{pmatrix} 0 & 1 & 0 & 3 \\ 1 & 0 & 2 & 3 \\ 0 & 0 & 0 & 0 \end{pmatrix} \xrightarrow{\substack{\text{第1行と第2行} \\ \text{を入れかえる}}} \begin{pmatrix} 1 & 0 & 2 & 3 \\ 0 & 1 & 0 & 3 \\ 0 & 0 & 0 & 0 \end{pmatrix}$$

となる．よって，行列 A の階段標準形は

$$\begin{pmatrix} 1 & 0 & 2 & 3 \\ 0 & 1 & 0 & 3 \\ 0 & 0 & 0 & 0 \end{pmatrix}$$

であり，行列 A の階数は $\operatorname{rank} A = 2$ である． （解答終）

注意 2.2 行列の階数は階段標準形の「階段の段数」であるから，その行列の行数や列数よりも大きい値になることはない．したがって，(m, n) 型の行列 A に対し，

$$\operatorname{rank} A \leqq m, \qquad \operatorname{rank} A \leqq n$$

が成り立つ．

例題 2.5 次の階段標準形を拡大係数行列としてもつ x, y, z についての連立1次方程式を解け.

$$(1)\ \left(\begin{array}{ccc|c} 1 & 5 & 0 & 0 \\ 0 & 0 & 1 & 0 \\ 0 & 0 & 0 & 1 \end{array}\right) \qquad (2)\ \left(\begin{array}{ccc|c} 1 & 0 & 0 & 6 \\ 0 & 1 & 0 & 2 \\ 0 & 0 & 1 & 9 \end{array}\right) \qquad (3)\ \left(\begin{array}{ccc|c} 1 & 0 & 2 & 1 \\ 0 & 1 & 4 & 3 \\ 0 & 0 & 0 & 0 \end{array}\right)$$

[解答] (1), (2), (3) の階段標準形に対応する連立1次方程式はそれぞれ

$$(1)'\begin{cases} x+5y = 0 \\ z = 0 \\ 0 = 1 \end{cases} \qquad (2)'\begin{cases} x = 6 \\ y = 2 \\ z = 9 \end{cases} \qquad (3)'\begin{cases} x + 2z = 1 \\ y + 4z = 3 \\ 0 = 0 \end{cases}$$

である. $(1)'$ は $0=1$ という成り立たない等式を含んでいるので, 解をもたない. $(2)'$ の解は

$$\begin{pmatrix} x \\ y \\ z \end{pmatrix} = \begin{pmatrix} 6 \\ 2 \\ 9 \end{pmatrix}$$

である. $(3)'$ の解は, $z=r$ とおくと,

$$\begin{pmatrix} x \\ y \\ z \end{pmatrix} = \begin{pmatrix} 1-2r \\ 3-4r \\ r \end{pmatrix} = \begin{pmatrix} 1 \\ 3 \\ 0 \end{pmatrix} + r\begin{pmatrix} -2 \\ -4 \\ 1 \end{pmatrix} \qquad (r\ \text{は任意定数})$$

と表せる. (解答終)

例題 2.5 の解答では, r がどのような値の定数でも $x=1-2r$, $y=3-4r$, $z=r$ は $(3)'$ の解である. この r のように値をどのように選んでもよい定数を**任意定数**という. 連立1次方程式が無数の解をもつとき, 本書では任意定数を用いて解を表すことにする. どのように任意定数を用いるかによって, 解の見かけ上の形は変化するので注意しておこう.

さて, 階段標準形を拡大係数行列としてもつ一般の連立1次方程式を考えよう. その階段標準形が $(0\ 0\ \cdots\ 0\,|\,1)$ という行をもつとき, 例題 2.5 の解答の $(1)'$ のように, 連立1次方程式は $0=1$ という成り立たない等式を含むので解をもたない. また, その階段標準形が $(0\ 0\ \cdots\ 0\,|\,1)$ という行をもたないときは, 行の主成分に対応していない変数の値を任意定数とすることで解の表示が

得られる．例題 2.5 の解答の $(3)'$ の場合，階段標準形の行の主成分に対応する変数は x, y なので，それ以外の変数 z を r とおいて解の表示を得た．例題 2.5 の解答の $(2)'$ のようにすべての変数が行の主成分に対応している場合は任意定数を用いる必要はなく，連立 1 次方程式はただ 1 つの解をもつ．

結局のところ，階段標準形を拡大係数行列としてもつ連立 1 次方程式はただちに解ける形になっているのである．よって，すべての連立 1 次方程式は

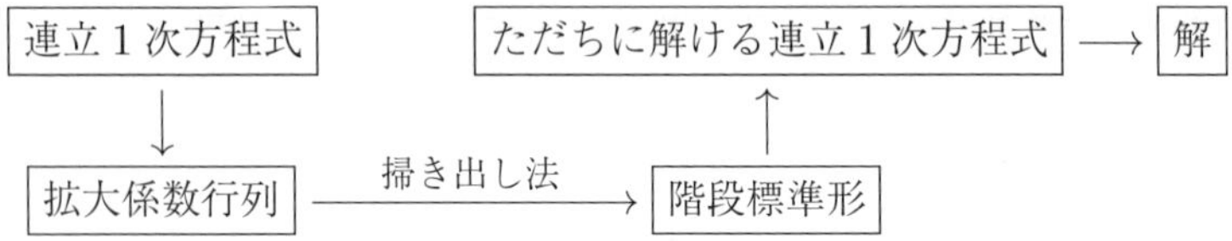

という手順によって解くことができる．実は，前節の例題 2.3 の解答でも，この手順によって連立 1 次方程式を解いている．

例題 2.6　次の x, y, z についての連立 1 次方程式を解け．

$$\begin{cases} 2x - y - 3z = 1 \\ 3x - 4y - 2z = 1 \\ x - 2y = 3 \end{cases}$$

[解答] 問題文の連立 1 次方程式の拡大係数行列は

$$\left(\begin{array}{ccc|c} 2 & -1 & -3 & 1 \\ 3 & -4 & -2 & 1 \\ 1 & -2 & 0 & 3 \end{array}\right)$$

である．これに掃き出し法を適用すると，

$$\left(\begin{array}{ccc|c} 2 & -1 & -3 & 1 \\ 3 & -4 & -2 & 1 \\ 1 & -2 & 0 & 3 \end{array}\right) \xrightarrow[\substack{\text{第 2 行に第 3 行} \\ \text{の } -3 \text{ 倍を加える}}]{\substack{\text{第 1 行に第 3 行} \\ \text{の } -2 \text{ 倍を加える}}} \left(\begin{array}{ccc|c} 0 & 3 & -3 & -5 \\ 0 & 2 & -2 & -8 \\ 1 & -2 & 0 & 3 \end{array}\right)$$

$$\xrightarrow{\substack{\text{第 2 行に } 1/2 \\ \text{を掛ける}}} \left(\begin{array}{ccc|c} 0 & 3 & -3 & -5 \\ 0 & 1 & -1 & -4 \\ 1 & -2 & 0 & 3 \end{array}\right) \xrightarrow[\substack{\text{第 3 行に第 2 行} \\ \text{の } 2 \text{ 倍を加える}}]{\substack{\text{第 1 行に第 2 行} \\ \text{の } -3 \text{ 倍を加える}}} \left(\begin{array}{ccc|c} 0 & 0 & 0 & 7 \\ 0 & 1 & -1 & -4 \\ 1 & 0 & -2 & -5 \end{array}\right)$$

$$\xrightarrow{\substack{\text{第 1 行に } 1/7 \\ \text{を掛ける}}} \left(\begin{array}{ccc|c} 0 & 0 & 0 & 1 \\ 0 & 1 & -1 & -4 \\ 1 & 0 & -2 & -5 \end{array}\right) \xrightarrow[\substack{\text{第 3 行に第 1 行} \\ \text{の } 5 \text{ 倍を加える}}]{\substack{\text{第 2 行に第 1 行} \\ \text{の } 4 \text{ 倍を加える}}} \left(\begin{array}{ccc|c} 0 & 0 & 0 & 1 \\ 0 & 1 & -1 & 0 \\ 1 & 0 & -2 & 0 \end{array}\right)$$

$$\xrightarrow[\text{を入れかえる}]{\text{第1行と第3行}} \left(\begin{array}{ccc|c} 1 & 0 & -2 & 0 \\ 0 & 1 & -1 & 0 \\ 0 & 0 & 0 & 1 \end{array}\right)$$

となる．拡大係数行列の階段標準形に対応する連立1次方程式は

$$\begin{cases} x - 2z = 0 \\ y - z = 0 \\ 0 = 1 \end{cases}$$

である．$0 = 1$ という等式は成り立たないので，問題文の連立1次方程式は解をもたない．（解答終）

例題 2.7 次の x, y, z, w についての連立1次方程式を解け．

$$\begin{cases} 2x + 4y + 7z + w = 16 \\ x + 2y + 3z = 7 \\ -3x - 6y - 7z + 2w = -17 \end{cases}$$

[解答] 拡大係数行列は

$$\left(\begin{array}{cccc|c} 2 & 4 & 7 & 1 & 16 \\ 1 & 2 & 3 & 0 & 7 \\ -3 & -6 & -7 & 2 & -17 \end{array}\right)$$

である．これに掃き出し法を適用すると，

$$\left(\begin{array}{cccc|c} 2 & 4 & 7 & 1 & 16 \\ 1 & 2 & 3 & 0 & 7 \\ -3 & -6 & -7 & 2 & -17 \end{array}\right) \xrightarrow[\substack{\text{第3行に第2行} \\ \text{の 3 倍を加える}}]{\substack{\text{第1行に第2行} \\ \text{の }-2\text{ 倍を加える}}} \left(\begin{array}{cccc|c} 0 & 0 & 1 & 1 & 2 \\ 1 & 2 & 3 & 0 & 7 \\ 0 & 0 & 2 & 2 & 4 \end{array}\right)$$

$$\xrightarrow[\substack{\text{第3行に第1行} \\ \text{の }-2\text{ 倍を加える}}]{\substack{\text{第2行に第1行} \\ \text{の }-3\text{ 倍を加える}}} \left(\begin{array}{cccc|c} 0 & 0 & 1 & 1 & 2 \\ 1 & 2 & 0 & -3 & 1 \\ 0 & 0 & 0 & 0 & 0 \end{array}\right) \xrightarrow[\text{を入れかえる}]{\text{第1行と第2行}} \left(\begin{array}{cccc|c} 1 & 2 & 0 & -3 & 1 \\ 0 & 0 & 1 & 1 & 2 \\ 0 & 0 & 0 & 0 & 0 \end{array}\right)$$

となる．拡大係数行列の階段標準形に対応する連立1次方程式は

$$\begin{cases} x + 2y - 3w = 1 \\ z + w = 2 \\ 0 = 0 \end{cases}$$

である．よって，$y=r,\ w=s$ とおくと，解は，

$$\begin{pmatrix} x \\ y \\ z \\ w \end{pmatrix} = \begin{pmatrix} 1-2r+3s \\ r \\ 2-s \\ s \end{pmatrix} = \begin{pmatrix} 1 \\ 0 \\ 2 \\ 0 \end{pmatrix} + r\begin{pmatrix} -2 \\ 1 \\ 0 \\ 0 \end{pmatrix} + s\begin{pmatrix} 3 \\ 0 \\ -1 \\ 1 \end{pmatrix} \quad (r,\ s\ は任意定数)$$

と表せる． （解答終）

さて，連立 1 次方程式の解の形は拡大係数行列と係数行列の階数によって定まるということを述べておこう．n 次元変数ベクトル $\boldsymbol{x}$ についての連立 1 次方程式 $A\boldsymbol{x}=\boldsymbol{b}$ を考える．行列の階数の定義より，$\mathrm{rank}(A\,|\,\boldsymbol{b})=\mathrm{rank}\,A$ は，拡大係数行列 $(A\,|\,\boldsymbol{b})$ の階段標準形が $(0\ 0\ \cdots\ 0\,|\,1)$ という行をもたないための必要十分条件である．また，係数行列 A の階段標準形の行の主成分の個数は $\mathrm{rank}\,A$ 個だから，行の主成分に対応していない変数の個数は $(n-\mathrm{rank}\,A)$ 個である．したがって，この節で述べてきたことから次の定理が得られる．

定理 2.1

n 次元変数ベクトル $\boldsymbol{x}$ についての連立 1 次方程式 $A\boldsymbol{x}=\boldsymbol{b}$ に対し，次の同値関係が成り立つ：

$A\boldsymbol{x}=\boldsymbol{b}$ は解をもたない $\iff \mathrm{rank}(A\,|\,\boldsymbol{b}) \neq \mathrm{rank}\,A$,

$A\boldsymbol{x}=\boldsymbol{b}$ はただ 1 つの解をもつ $\iff \mathrm{rank}(A\,|\,\boldsymbol{b}) = \mathrm{rank}\,A = n$,

$A\boldsymbol{x}=\boldsymbol{b}$ は無数の解をもつ $\iff \mathrm{rank}(A\,|\,\boldsymbol{b}) = \mathrm{rank}\,A < n$.

注意 2.3 $\mathrm{rank}(A\,|\,\boldsymbol{b})=\mathrm{rank}\,A$ であるとき，n 次元変数ベクトル $\boldsymbol{x}$ についての連立 1 次方程式 $A\boldsymbol{x}=\boldsymbol{b}$ の解は $(n-\mathrm{rank}\,A)$ 個の任意定数を用いて表示される．この $(n-\mathrm{rank}\,A)$ を解の**自由度**という．

A がどのような行列でも $A\boldsymbol{0}=\boldsymbol{0}$ は成り立つので，変数ベクトル $\boldsymbol{x}$ についての同次連立 1 次方程式 $A\boldsymbol{x}=\boldsymbol{0}$ は必ず $\boldsymbol{x}=\boldsymbol{0}$ を解にもつ．この $\boldsymbol{x}=\boldsymbol{0}$ という解を**自明な解**といい，それ以外の解を**非自明な解**という．$\mathrm{rank}(A\,|\,\boldsymbol{0})=\mathrm{rank}\,A$ は必ず成り立つので，定理 2.1 から次の系が得られる．

系 2.1

n 次元変数ベクトル $\boldsymbol{x}$ についての同次連立 1 次方程式 $A\boldsymbol{x} = \boldsymbol{0}$ に対し，次の同値関係が成り立つ：

$$A\boldsymbol{x} = \boldsymbol{0} \text{ は非自明な解をもたない} \iff \operatorname{rank} A = n,$$
$$A\boldsymbol{x} = \boldsymbol{0} \text{ は非自明な解をもつ} \iff \operatorname{rank} A < n.$$

注意 2.4 馴染みのない読者も多いと思うが,「系」は定理と同じように「証明された主張」を表す言葉である.「証明された主張」のうち，定理などの既知の主張からただちに得られるもののことを**系**という.

同次連立 1 次方程式の定数ベクトルは $\boldsymbol{0}$ であるので，掃き出し法によって同次連立 1 次方程式を解くときには，拡大係数行列の代わりに係数行列を考えれば十分である.

例題 2.8 次の x, y, z についての同次連立 1 次方程式を解け.

$$\begin{cases} 2x - y + 2z = 0 \\ x - y - z = 0 \\ -2x + 4y + 10z = 0 \end{cases}$$

[解答] 係数行列は

$$\begin{pmatrix} 2 & -1 & 2 \\ 1 & -1 & -1 \\ -2 & 4 & 10 \end{pmatrix}$$

である．これに掃き出し法を適用すると,

$$\begin{pmatrix} 2 & -1 & 2 \\ 1 & -1 & -1 \\ -2 & 4 & 10 \end{pmatrix} \xrightarrow[\substack{\text{第 3 行に第 2 行} \\ \text{の 2 倍を加える}}]{\substack{\text{第 1 行に第 2 行} \\ \text{の } -2 \text{ 倍を加える}}} \begin{pmatrix} 0 & 1 & 4 \\ 1 & -1 & -1 \\ 0 & 2 & 8 \end{pmatrix}$$

$$\xrightarrow[\substack{\text{第 3 行に第 1 行} \\ \text{の } -2 \text{ 倍を加える}}]{\substack{\text{第 2 行に第 1 行} \\ \text{を加える}}} \begin{pmatrix} 0 & 1 & 4 \\ 1 & 0 & 3 \\ 0 & 0 & 0 \end{pmatrix} \xrightarrow{\substack{\text{第 1 行と第 2 行} \\ \text{を入れかえる}}} \begin{pmatrix} 1 & 0 & 3 \\ 0 & 1 & 4 \\ 0 & 0 & 0 \end{pmatrix}$$

となる．係数行列の階段標準形に対応する同次連立 1 次方程式は

$$\begin{cases} x \quad\quad + 3z = 0 \\ \quad\quad y + 4z = 0 \\ \quad\quad\quad\quad 0 = 0 \end{cases}$$

である．よって，$z = r$ とおくと，解は，

$$\begin{pmatrix} x \\ y \\ z \end{pmatrix} = \begin{pmatrix} -3r \\ -4r \\ r \end{pmatrix} = r \begin{pmatrix} -3 \\ -4 \\ 1 \end{pmatrix} \qquad (r\text{ は任意定数})$$

と表せる．（解答終）

【練 習 問 題】

問 2.2.1. 2つの行列

$$A = \begin{pmatrix} 1 & 2 & 1 \\ 2 & 4 & 2 \\ 1 & 2 & 1 \end{pmatrix}, \qquad B = \begin{pmatrix} 3 & 0 & 3 & -2 \\ -1 & 1 & 1 & 6 \\ -4 & 3 & 2 & 7 \end{pmatrix}$$

について，それぞれの階段標準形と階数 $\operatorname{rank} A$, $\operatorname{rank} B$ を求めよ．

問 2.2.2. 次の x, y, z についての連立1次方程式を解け．

$$(1) \begin{cases} x + 3y + 3z = -2 \\ 2x + 6y + 5z = -1 \\ 3x + 9y + 7z = 0 \end{cases} \qquad (2) \begin{cases} x - 2y + 4z = -1 \\ -2x + 4y - 8z = 2 \\ 4x - 8y + 16z = -4 \end{cases}$$

$$(3) \begin{cases} x - y + 6z = 0 \\ 3x - 3y + z = 5 \\ 6x - 7y + 8z = 9 \\ 2x - 2y + 4z = 5 \end{cases} \qquad (4) \begin{cases} 3x - z = 4 \\ 5x + 2y - z = -6 \\ -4x - y + 2z = 6 \\ x + y = -5 \end{cases}$$

問 2.2.3. 次の x, y, z についての同次連立1次方程式を解け．

$$(1) \begin{cases} 3x + 6y + 2z = 0 \\ 2x - y - 2z = 0 \\ x + 7y + 3z = 0 \end{cases} \qquad (2) \begin{cases} 2x + 4y + 2z = 0 \\ 4x + 2y - 5z = 0 \\ 2x + 2y - z = 0 \end{cases}$$

2.3 基本行列と逆行列

基本行列と呼ばれる 3 種類の正方行列 $T_i(r)$, $U_{ij}(r)$, S_{ij} を紹介しよう．基本行列は，単位行列 E に行基本変形をすることによって得られる正方行列である．以下の基本行列の定義において，行列の空白になっているところの成分はすべて 0 であるとする．

0 でない定数 r に対し，単位行列 E の第 i 行に r を掛けて得られる行列を $T_i(r)$ で表す．すなわち，

$$T_i(r) = \left(\begin{array}{ccc|c|ccc} 1 & & & & & & \\ & \ddots & & & & & \\ & & 1 & & & & \\ \hline & & & r & & & \\ \hline & & & & 1 & & \\ & & & & & \ddots & \\ & & & & & & 1 \end{array}\right) \begin{array}{l} \\ \\ \\ \leftarrow 第\, i\, 行 \\ \\ \\ \\ \end{array} \qquad (r \neq 0)$$

とする．定数 r に対し，単位行列 E の第 i 行に第 j 行の r 倍を加えて得られる行列を $U_{ij}(r)$ で表す．すなわち，

$$U_{ij}(r) = \left(\begin{array}{ccc|c|ccc|c|ccc} 1 & & & & & & & & & & \\ & \ddots & & & & & & & & & \\ & & 1 & & & & & & & & \\ \hline & & & 1 & & & & r & & & \\ \hline & & & & 1 & & & & & & \\ & & & & & \ddots & & & & & \\ & & & & & & 1 & & & & \\ \hline & & & & & & & 1 & & & \\ \hline & & & & & & & & 1 & & \\ & & & & & & & & & \ddots & \\ & & & & & & & & & & 1 \end{array}\right) \begin{array}{l} \\ \\ \\ \leftarrow 第\, i\, 行 \\ \\ \\ \\ \leftarrow 第\, j\, 行 \\ \\ \\ \\ \end{array} \qquad (i \neq j)$$

とする．単位行列 E の第 i 行と第 j 行を入れかえて得られる行列を S_{ij} で表す．すなわち，

$$
S_{ij} = \begin{pmatrix}
1 & & & & & & & & & \\
& \ddots & & & & & & & & \\
& & 1 & & & & & & & \\
& & & 0 & & & & 1 & & \\
& & & & 1 & & & & & \\
& & & & & \ddots & & & & \\
& & & & & & 1 & & & \\
& & & 1 & & & & 0 & & \\
& & & & & & & & 1 & \\
& & & & & & & & & \ddots \\
& & & & & & & & & & 1
\end{pmatrix}
\begin{matrix} \\ \\ \\ \leftarrow \text{第} i \text{行} \\ \\ \\ \\ \leftarrow \text{第} j \text{行} \\ \\ \\ \\ \end{matrix}
\qquad (i \neq j)
$$

とする.

定理 2.2

行列に対し，行基本変形は基本行列を左から掛ける操作と一致する：

$T_i(r)$ を左から掛ける $\iff$ 第 i 行に 0 でない定数 r を掛ける,

$U_{ij}(r)$ を左から掛ける $\iff$ 第 i 行に第 j 行を r 倍したものを加える,

S_{ij} を左から掛ける $\iff$ 第 i 行と第 j 行を入れかえる.

定理 2.3

すべての基本行列は正則行列であり，逆行列は次のようになる：

$$T_i(r)^{-1} = T_i(1/r), \qquad U_{ij}(r)^{-1} = U_{ij}(-r), \qquad S_{ij}^{-1} = S_{ij}.$$

（それぞれの等式において，i, j, r は基本行列が定義できるものとする.）

これらの定理は直接計算によって証明することができる．ここでは，定理 2.2 を 2 次正方行列の場合に確認しておこう.

(1) $T_1(r) = \begin{pmatrix} r & 0 \\ 0 & 1 \end{pmatrix}$, $T_2(r) = \begin{pmatrix} 1 & 0 \\ 0 & r \end{pmatrix}$ に対し,

$$\begin{pmatrix} r & 0 \\ 0 & 1 \end{pmatrix}\begin{pmatrix} a & b \\ c & d \end{pmatrix} = \begin{pmatrix} r\cdot a + 0\cdot c & r\cdot b + 0\cdot d \\ 0\cdot a + 1\cdot c & 0\cdot b + 1\cdot d \end{pmatrix} = \begin{pmatrix} ra & rb \\ c & d \end{pmatrix},$$

$$\begin{pmatrix} 1 & 0 \\ 0 & r \end{pmatrix}\begin{pmatrix} a & b \\ c & d \end{pmatrix} = \begin{pmatrix} 1\cdot a + 0\cdot c & 1\cdot b + 0\cdot d \\ 0\cdot a + r\cdot c & 0\cdot b + r\cdot d \end{pmatrix} = \begin{pmatrix} a & b \\ rc & rd \end{pmatrix}$$

より，$T_1(r)$ を左から掛けると，第 1 行に r が掛かり，$T_2(r)$ を左から掛けると，第 2 行に r が掛かる．

(2) $U_{12}(r) = \begin{pmatrix} 1 & r \\ 0 & 1 \end{pmatrix}$，$U_{21}(r) = \begin{pmatrix} 1 & 0 \\ r & 1 \end{pmatrix}$ に対し，

$$\begin{pmatrix} 1 & r \\ 0 & 1 \end{pmatrix}\begin{pmatrix} a & b \\ c & d \end{pmatrix} = \begin{pmatrix} 1\cdot a + r\cdot c & 1\cdot b + r\cdot d \\ 0\cdot a + 1\cdot c & 0\cdot b + 1\cdot d \end{pmatrix} = \begin{pmatrix} a + rc & b + rd \\ c & d \end{pmatrix},$$

$$\begin{pmatrix} 1 & 0 \\ r & 1 \end{pmatrix}\begin{pmatrix} a & b \\ c & d \end{pmatrix} = \begin{pmatrix} 1\cdot a + 0\cdot c & 1\cdot b + 0\cdot d \\ r\cdot a + 1\cdot c & r\cdot b + 1\cdot d \end{pmatrix} = \begin{pmatrix} a & b \\ c + ra & d + rb \end{pmatrix}$$

より，$U_{12}(r)$ を左から掛けると，第 1 行に第 2 行を r 倍したものが加わり，$U_{21}(r)$ を左から掛けると，第 2 行に第 1 行を r 倍したものが加わる．

(3) $S_{12} = S_{21} = \begin{pmatrix} 0 & 1 \\ 1 & 0 \end{pmatrix}$ に対し，

$$\begin{pmatrix} 0 & 1 \\ 1 & 0 \end{pmatrix}\begin{pmatrix} a & b \\ c & d \end{pmatrix} = \begin{pmatrix} 0\cdot a + 1\cdot c & 0\cdot b + 1\cdot d \\ 1\cdot a + 0\cdot c & 1\cdot b + 0\cdot d \end{pmatrix} = \begin{pmatrix} c & d \\ a & b \end{pmatrix}$$

より，S_{12} を左から掛けると，第 1 行と第 2 行が入れかわる．

定理 1.8 (2) より正則行列の積は正則行列であることに注意すると，定理 2.2 と定理 2.3 より，次の定理が成り立つことがわかる．

定理 2.4

(m, n) 型の行列 A に対し，PA が A の階段標準形となるような m 次正則行列 P が存在する．

例題 2.9 行列

$$A = \begin{pmatrix} 1 & 2 & 3 \\ 3 & 8 & 7 \end{pmatrix}$$

の階段標準形と，PA が A の階段標準形となる正則行列 P を求めよ．

[解答] 行列 A に掃き出し法を適用し，その変形を基本行列を用いて表すと，

$$A = \begin{pmatrix} 1 & 2 & 3 \\ 3 & 8 & 7 \end{pmatrix} \xrightarrow[\text{の } -3 \text{ 倍を加える}]{\text{第 2 行に第 1 行}} U_{21}(-3)A = \begin{pmatrix} 1 & 2 & 3 \\ 0 & 2 & -2 \end{pmatrix}$$

$$\xrightarrow{\text{第 2 行に } 1/2 \text{ を掛ける}} T_2(1/2)\,U_{21}(-3)A = \begin{pmatrix} 1 & 2 & 3 \\ 0 & 1 & -1 \end{pmatrix}$$

$$\xrightarrow[\text{の } -2 \text{ 倍を加える}]{\text{第 1 行に第 2 行}} U_{12}(-2)\,T_2(1/2)\,U_{21}(-3)A = \begin{pmatrix} 1 & 0 & 5 \\ 0 & 1 & -1 \end{pmatrix}$$

となる．よって，行列 A の階段標準形は

$$\begin{pmatrix} 1 & 0 & 5 \\ 0 & 1 & -1 \end{pmatrix}$$

であり，PA が階段標準形となる正則行列 P は

$$\begin{aligned} P &= U_{12}(-2)\,T_2(1/2)\,U_{21}(-3) \\ &= \begin{pmatrix} 1 & -2 \\ 0 & 1 \end{pmatrix} \begin{pmatrix} 1 & 0 \\ 0 & \frac{1}{2} \end{pmatrix} \begin{pmatrix} 1 & 0 \\ -3 & 1 \end{pmatrix} = \begin{pmatrix} 4 & -1 \\ -\frac{3}{2} & \frac{1}{2} \end{pmatrix} \end{aligned}$$

である． (解答終)

さて，n 次正方行列 A が正則であるかどうかを階数 $\operatorname{rank} A$ によって判定し，正則である場合に逆行列 A^{-1} を求める方法を紹介しよう．定義を復習しておくと，A の逆行列とは等式 $AX = XA = E$ を満たす n 次正方行列 $A^{-1} = X$ のことであり，逆行列 A^{-1} が存在するとき A は正則であるというのであった．

簡単のために，以下の説明では A を3次正方行列とする．まず，等式 $AX = E$ を満たす3次正方行列 X を求める方法について考える．

$$A = \begin{pmatrix} a & b & c \\ d & e & f \\ g & h & i \end{pmatrix}, \quad X = \begin{pmatrix} x_1 & y_1 & z_1 \\ x_2 & y_2 & z_2 \\ x_3 & y_3 & z_3 \end{pmatrix}, \quad E = \begin{pmatrix} 1 & 0 & 0 \\ 0 & 1 & 0 \\ 0 & 0 & 1 \end{pmatrix}$$

とおく．3次元列ベクトル $\boldsymbol{x}, \boldsymbol{y}, \boldsymbol{z}$ を $X = (\boldsymbol{x}\ \boldsymbol{y}\ \boldsymbol{z})$ で定める．すなわち，

$$\boldsymbol{x} = \begin{pmatrix} x_1 \\ x_2 \\ x_3 \end{pmatrix}, \qquad \boldsymbol{y} = \begin{pmatrix} y_1 \\ y_2 \\ y_3 \end{pmatrix}, \qquad \boldsymbol{z} = \begin{pmatrix} z_1 \\ z_2 \\ z_3 \end{pmatrix}$$

とする．行列の積の定義より，

$$\begin{aligned} AX &= A(\boldsymbol{x}\ \boldsymbol{y}\ \boldsymbol{z}) \\ &= \begin{pmatrix} ax_1+bx_2+cx_3 & ay_1+by_2+cy_3 & az_1+bz_2+cz_3 \\ dx_1+ex_2+fx_3 & dy_1+ey_2+fy_3 & dz_1+ez_2+fz_3 \\ gx_1+hx_2+ix_3 & gy_1+hy_2+iy_3 & gz_1+hz_2+iz_3 \end{pmatrix} \\ &= (A\boldsymbol{x}\ A\boldsymbol{y}\ A\boldsymbol{z}) \end{aligned}$$

となるので，等式 $AX = E$ は 3 つの等式

$$A\boldsymbol{x} = \begin{pmatrix} 1 \\ 0 \\ 0 \end{pmatrix}, \qquad A\boldsymbol{y} = \begin{pmatrix} 0 \\ 1 \\ 0 \end{pmatrix}, \qquad A\boldsymbol{z} = \begin{pmatrix} 0 \\ 0 \\ 1 \end{pmatrix} \tag{2.3}$$

に書き直せる．これらをそれぞれ変数ベクトル $\boldsymbol{x}, \boldsymbol{y}, \boldsymbol{z}$ についての連立 1 次方程式と見なして解くことで，$AX = E$ を満たす行列 $X = (\boldsymbol{x}\ \boldsymbol{y}\ \boldsymbol{z})$ を求めることができる．そして，共通の係数行列 A と 3 つの定数ベクトルを並べた行列

$$(A\,|\,E) = \left(\begin{array}{ccc|ccc} a & b & c & 1 & 0 & 0 \\ d & e & f & 0 & 1 & 0 \\ g & h & i & 0 & 0 & 1 \end{array}\right)$$

を考えることで，これらの 3 つの連立方程式をまとめて扱うことができる．

まず，$\operatorname{rank} A < 3$ である場合を考える．この場合，3 次単位行列 E の階数は 3 であるので，$\operatorname{rank}(A\,|\,E) = 3 > \operatorname{rank} A$ となる．これは 3 つの連立 1 次方程式 (2.3) のうち，少なくとも 1 つの拡大係数行列の階数は $\operatorname{rank} A$ より大きいことを意味しており，定理 2.1 より，その連立 1 次方程式は解をもたない．このことから，$AX = E$ を満たす行列 X は存在しないことがわかる．よって，$\operatorname{rank} A < 3$ である場合，A は正則ではない．

次に，$\operatorname{rank} A = 3$ である場合を考える．この場合，定理 2.1 より，3 つの連立 1 次方程式 (2.3) は，どれもただ 1 つの解をもつ．そして，共通の係数行列 A と 3 つの定数ベクトルを並べた行列 $(A\,|\,E)$ に掃き出し法を適用すると，

$$\left(\begin{array}{ccc|ccc} 1 & 0 & 0 & p_1 & q_1 & r_1 \\ 0 & 1 & 0 & p_2 & q_2 & r_2 \\ 0 & 0 & 1 & p_3 & q_3 & r_3 \end{array}\right)$$

という形の階段標準形に変形され，3 つの連立 1 次方程式 (2.3) の解

$$\boldsymbol{x} = \begin{pmatrix} p_1 \\ p_2 \\ p_3 \end{pmatrix}, \qquad \boldsymbol{y} = \begin{pmatrix} q_1 \\ q_2 \\ q_3 \end{pmatrix}, \qquad \boldsymbol{z} = \begin{pmatrix} r_1 \\ r_2 \\ r_3 \end{pmatrix}$$

をまとめて求められる．よって，$AX = E$ を満たす X はただ 1 つであり，

$$X = \begin{pmatrix} p_1 & q_1 & r_1 \\ p_2 & q_2 & r_2 \\ p_3 & q_3 & r_3 \end{pmatrix} \tag{2.4}$$

となる．この X は $AX = E$ だけではなく，実は $XA = E$ も満たしているということを説明しよう．行列 $(A \,|\, E)$ の階段標準形は $(E \,|\, X)$ であるから，定理 2.4 より，$P(A \,|\, E) = (E \,|\, X)$ となる正則行列 P が存在する．このとき，

$$P(A \,|\, E) = (PA \,|\, PE) = (PA \,|\, P)$$

より，$(PA \,|\, P) = (E \,|\, X)$ となるので，$PA = E$ と $P = X$ が成り立つ．この 2 つの等式より，$XA = E$ となることがわかる．以上により，$AX = XA = E$ を満たすので，(2.4) の X は A の逆行列であり，$A^{-1} = X$ となる．まとめると，$\mathrm{rank}\, A = 3$ である場合，3 次正方行列 A は正則であり，行列 $(A \,|\, E)$ の階段標準形は $(E \,|\, A^{-1})$ である．

ここまでの説明はそのまま n 次正方行列に拡張することが可能であり，一般に次の定理が成り立つことを証明できる．

定理 2.5

A を n 次正方行列とする．このとき，次の同値関係が成り立つ：

$$A \text{ は正則である} \iff \mathrm{rank}\, A = n.$$

また，A が正則ならば，行列 $(A \,|\, E)$ の階段標準形は $(E \,|\, A^{-1})$ である．

注意 2.5 定理 2.5 の前に述べた説明により，2 つの n 次正方行列 A, X に対して $AX = E$ が成り立つとき，$XA = E$ も成り立つことがわかる．

定理 2.5 より，正方行列 A が正則であるとき，$(A \,|\, E)$ に掃き出し法を適用すれば，$(E \,|\, A^{-1})$ と変形され，逆行列 A^{-1} を求めることができる．

例題 2.10 次の正則行列 A に対し，逆行列 A^{-1} を求めよ．

$$A = \begin{pmatrix} 2 & 1 & 1 \\ 1 & 3 & 1 \\ 2 & 5 & 2 \end{pmatrix}$$

[解答] 行列

$$(A\,|\,E) = \left(\begin{array}{ccc|ccc} 2 & 1 & 1 & 1 & 0 & 0 \\ 1 & 3 & 1 & 0 & 1 & 0 \\ 2 & 5 & 2 & 0 & 0 & 1 \end{array}\right)$$

に掃き出し法を適用すると，

$$\left(\begin{array}{ccc|ccc} 2 & 1 & 1 & 1 & 0 & 0 \\ 1 & 3 & 1 & 0 & 1 & 0 \\ 2 & 5 & 2 & 0 & 0 & 1 \end{array}\right) \xrightarrow[\substack{\text{第 3 行に第 2 行} \\ \text{の } -2 \text{ 倍を加える}}]{\substack{\text{第 1 行に第 2 行} \\ \text{の } -2 \text{ 倍を加える}}} \left(\begin{array}{ccc|ccc} 0 & -5 & -1 & 1 & -2 & 0 \\ 1 & 3 & 1 & 0 & 1 & 0 \\ 0 & -1 & 0 & 0 & -2 & 1 \end{array}\right)$$

$$\xrightarrow{\text{第 3 行に } -1 \text{ を掛ける}} \left(\begin{array}{ccc|ccc} 0 & -5 & -1 & 1 & -2 & 0 \\ 1 & 3 & 1 & 0 & 1 & 0 \\ 0 & 1 & 0 & 0 & 2 & -1 \end{array}\right)$$

$$\xrightarrow[\text{第 2 行に第 3 行の } -3 \text{ 倍を加える}]{\text{第 1 行に第 3 行の 5 倍を加える}} \left(\begin{array}{ccc|ccc} 0 & 0 & -1 & 1 & 8 & -5 \\ 1 & 0 & 1 & 0 & -5 & 3 \\ 0 & 1 & 0 & 0 & 2 & -1 \end{array}\right)$$

$$\xrightarrow{\text{第 1 行に } -1 \text{ を掛ける}} \left(\begin{array}{ccc|ccc} 0 & 0 & 1 & -1 & -8 & 5 \\ 1 & 0 & 1 & 0 & -5 & 3 \\ 0 & 1 & 0 & 0 & 2 & -1 \end{array}\right)$$

$$\xrightarrow{\text{第 2 行に第 1 行の } -1 \text{ 倍を加える}} \left(\begin{array}{ccc|ccc} 0 & 0 & 1 & -1 & -8 & 5 \\ 1 & 0 & 0 & 1 & 3 & -2 \\ 0 & 1 & 0 & 0 & 2 & -1 \end{array}\right)$$

$$\xrightarrow{\text{行を並べかえる}} \left(\begin{array}{ccc|ccc} 1 & 0 & 0 & 1 & 3 & -2 \\ 0 & 1 & 0 & 0 & 2 & -1 \\ 0 & 0 & 1 & -1 & -8 & 5 \end{array}\right)$$

となるので，A の逆行列は

$$A^{-1} = \begin{pmatrix} 1 & 3 & -2 \\ 0 & 2 & -1 \\ -1 & -8 & 5 \end{pmatrix}$$

である． （解答終）

本書では行基本変形のみを扱うが，同じように列基本変形も存在するので紹介しておこう．以下の3種類の変形を**列基本変形**という：

(列掛) ある列に0でない定数を掛ける，
(列加) ある列に他の列を定数倍したものを加える，
(列換) 2つの列を入れかえる．

行基本変形と同様に，列基本変形は基本行列を掛ける操作として表せる．

定理 2.6

行列に対し，列基本変形は基本行列を右から掛ける操作と一致する：

$T_i(r)$ を右から掛ける $\Longleftrightarrow$ 第 i 列に0でない定数 r を掛ける，

$U_{ij}(r)$ を右から掛ける $\Longleftrightarrow$ 第 j 列に第 i 列を r 倍したものを加える，

S_{ij} を右から掛ける $\Longleftrightarrow$ 第 i 列と第 j 列を入れかえる．

【練　習　問　題】

問 2.3.1. 次の行列 A の階段標準形と，PA が A の階段標準形となる正則行列 P を求めよ．

$$(1)\ A = \begin{pmatrix} 2 & 5 & 4 \\ 1 & 3 & 3 \end{pmatrix} \qquad (2)\ A = \begin{pmatrix} 0 & 1 & -1 & 0 \\ 2 & 0 & 6 & 1 \\ 1 & 0 & 3 & 0 \end{pmatrix}$$

問 2.3.2. 次の正則行列の逆行列を掃き出し法で求めよ．

$$(1)\ \begin{pmatrix} -2 & -3 \\ 3 & 5 \end{pmatrix} \qquad (2)\ \begin{pmatrix} 1 & 3 & 2 \\ 7 & 4 & -2 \\ 0 & 1 & 1 \end{pmatrix} \qquad (3)\ \begin{pmatrix} 6 & -4 & 2 \\ 2 & -1 & -1 \\ 3 & -2 & 2 \end{pmatrix}$$

第2章　章末問題

問題 1. 行列

$$A = \begin{pmatrix} 1 & 2 & 3 & 4 \\ 5 & 6 & 7 & 8 \\ 9 & 10 & 11 & 12 \end{pmatrix}, \qquad B = \begin{pmatrix} 3 & -1 & -1 & -1 \\ -1 & 3 & -1 & -1 \\ -1 & -1 & 3 & -1 \\ -1 & -1 & -1 & 3 \end{pmatrix}$$

について，それぞれの階段標準形と階数 $\operatorname{rank} A$, $\operatorname{rank} B$ を求めよ．

問題 2. 次の x, y, z についての連立 1 次方程式を解け．

(1) $$\begin{pmatrix} 4 & -1 & 2 \\ 1 & -2 & 1 \\ 2 & -1 & 2 \end{pmatrix} \begin{pmatrix} x \\ y \\ z \end{pmatrix} = \begin{pmatrix} 4 \\ 2 \\ 3 \end{pmatrix}$$

(2) $$\begin{pmatrix} 0 & 2 & -1 \\ 1 & -1 & 3 \\ 3 & -1 & 8 \end{pmatrix} \begin{pmatrix} x \\ y \\ z \end{pmatrix} = \begin{pmatrix} 3 \\ -1 \\ 0 \end{pmatrix}$$

問題 3. 次の x, y, z, w についての連立 1 次方程式を解け．

(1) $$\begin{cases} x - 2y + 2z + 2w = -1 \\ 2x - y + 4z + w = 4 \\ 3x - 5y + 6z + 5w = -1 \end{cases}$$

(2) $$\begin{cases} 3x + z + 4w = -2 \\ 2x + y + 2z - 6w = 5 \\ -x + y - z = -2 \\ 3x - 3y + 2z + 5w = 2 \end{cases}$$

問題 4. 次の x, y, z, w についての同次連立 1 次方程式を解け．

(1) $$\begin{cases} 3x - 2y + 7z + 4w = 0 \\ 2x + y + 4z - w = 0 \\ 3x - 5z - 2w = 0 \\ 2y - 3z + w = 0 \end{cases}$$

(2) $$\begin{pmatrix} 1 & 3 & 2 & 4 \\ 2 & 1 & 3 & 1 \\ 2 & 7 & 3 & 9 \\ 1 & 1 & 1 & 1 \end{pmatrix} \begin{pmatrix} x \\ y \\ z \\ w \end{pmatrix} = \begin{pmatrix} 0 \\ 0 \\ 0 \\ 0 \end{pmatrix}$$

問題 5. 次の正則行列の逆行列を掃き出し法で求めよ．

(1) $$\begin{pmatrix} 1 & 2 & 2 & 3 \\ 2 & 3 & 5 & 5 \\ 1 & 3 & 2 & 4 \\ 1 & 4 & 1 & 6 \end{pmatrix}$$

(2) $$\begin{pmatrix} 2 & -2 & 1 & 4 \\ 1 & 2 & -1 & 5 \\ 3 & 0 & 3 & -2 \\ 3 & 1 & 2 & 1 \end{pmatrix}$$

問題 6. 4次正方行列 A, B を

$$A = \begin{pmatrix} 1 & 1 & 1 & 1 \\ 1 & 2 & 2 & 2 \\ 1 & 2 & 3 & 3 \\ 1 & 2 & 3 & 4 \end{pmatrix}, \qquad B = \begin{pmatrix} 4 & 0 & 0 & 0 \\ 0 & 3 & 0 & 0 \\ 0 & 0 & 2 & 0 \\ 0 & 0 & 0 & 1 \end{pmatrix}$$

と定める．このとき，A の逆行列 A^{-1} と $AX = B$ を満たす4次正方行列 X を求めよ．

問題 7. a, b を定数とし，x, y, z, w についての連立1次方程式

$$\begin{cases} x + 3y + 2z - w = 1 \\ -x - y - 8z + 5w = a - 2 \\ 2x + 7y + z = b + 2 \\ x + 4y - z + w = 4a \end{cases}$$

は解をもつとする．a, b の値を求め，この連立1次方程式を解け．

3
行 列 式

3.1　行列式の定義

定理 1.7 より，2 次正方行列 $A = \begin{pmatrix} a & b \\ c & d \end{pmatrix}$ が正則であるかどうかは，$ad-bc$ が 0 でないかどうかで判断できる．この $ad-bc$ を 2 次正方行列 A の行列式という．本章では，一般の n 次正方行列の行列式を定義し，その性質を紹介する．3.3 節において，定理 1.7 は n 次正方行列の場合に拡張される．

まず，n 次正方行列の行列式を定義するための準備として，置換について説明する．M を有限個の文字の集合 (たとえば，$M = \{1, 2, \cdots, n\}$) とするとき，M から M への 1 対 1 対応のことを M 上の**置換**という．$\{1, 2, \cdots, n\}$ 上の置換 σ が，n 個の文字 $1, 2, \cdots, n$ をそれぞれ

$$1 \to i_1, \qquad 2 \to i_2, \qquad \cdots, \qquad n \to i_n$$

と対応させるとき，これらをそれぞれ

$$\sigma(1) = i_1, \qquad \sigma(2) = i_2, \qquad \cdots, \qquad \sigma(n) = i_n$$

と表し，置換 σ を

$$\sigma = \begin{pmatrix} 1 & 2 & \cdots & n \\ i_1 & i_2 & \cdots & i_n \end{pmatrix} = \begin{pmatrix} 1 & 2 & \cdots & n \\ \sigma(1) & \sigma(2) & \cdots & \sigma(n) \end{pmatrix} \tag{3.1}$$

で表す．置換を表す記法 (3.1) においては，上段の文字の真下にそれに対応する文字が書かれていればよく，必ずしも上段を 1, 2, 3, $\cdots$, n の順に並べる必要はない．(3.1) の下段の i_1, i_2, $\cdots$, i_n は n 個の文字 1, 2, $\cdots$, n をすべて並べてできる順列であり，$\{1, 2, \cdots, n\}$ 上の置換の総数は順列の総数 $n!$ と一致する．$\{1, 2, \cdots, n\}$ 上の置換全体のなす集合を S_n という記号で表す．また，すべての文字を動かさない置換を**単位置換**または**恒等置換**といい，e で表す．

<u>**例 3.1**</u> $\{1,2,3\}$ 上の置換は

$$e=\begin{pmatrix}1&2&3\\1&2&3\end{pmatrix},\quad \sigma_1=\begin{pmatrix}1&2&3\\2&3&1\end{pmatrix},\quad \sigma_2=\begin{pmatrix}1&2&3\\3&1&2\end{pmatrix},$$

$$\sigma_3=\begin{pmatrix}1&2&3\\1&3&2\end{pmatrix},\quad \sigma_4=\begin{pmatrix}1&2&3\\2&1&3\end{pmatrix},\quad \sigma_5=\begin{pmatrix}1&2&3\\3&2&1\end{pmatrix}$$

の $3!=6$ 個であり，$S_3=\{e,\sigma_1,\sigma_2,\sigma_3,\sigma_4,\sigma_5\}$ となる．前述したように，これらの置換の表示は上下の組合せを変えなければ，上段の文字を 1, 2, 3 以外の順序で書いてもよい．たとえば，σ_1 は

$$\sigma_1=\begin{pmatrix}2&1&3\\3&2&1\end{pmatrix}=\begin{pmatrix}1&3&2\\2&1&3\end{pmatrix}=\begin{pmatrix}3&1&2\\1&2&3\end{pmatrix}$$

などと表してもよい．

M 上の 2 つの置換 σ,τ に対し，

$$\sigma\tau(k)=\sigma(\tau(k))\qquad (k\in M)$$

で定まる M 上の置換 $\sigma\tau$ を σ と τ の積という．M 上の置換 σ,τ,ρ に対し，結合法則 $(\sigma\tau)\rho=\sigma(\tau\rho)$ は成り立つが，交換法則 $\sigma\tau=\tau\sigma$ は一般には成り立たない．置換 σ,τ が $\sigma\tau=\tau\sigma$ を満たすとき，σ と τ は可換であるという．

<u>**例 3.2**</u> $\sigma=\begin{pmatrix}1&2&3&4\\4&3&2&1\end{pmatrix}$, $\tau=\begin{pmatrix}1&2&3&4\\2&3&4&1\end{pmatrix}$ に対し，積 $\sigma\tau$ は

$$\begin{aligned}\sigma\tau(1)&=\sigma(\tau(1))=\sigma(2)=3,\\ \sigma\tau(2)&=\sigma(\tau(2))=\sigma(3)=2,\\ \sigma\tau(3)&=\sigma(\tau(3))=\sigma(4)=1,\\ \sigma\tau(4)&=\sigma(\tau(4))=\sigma(1)=4\end{aligned}$$

$$\left[\begin{array}{ccccc}1&2&3&4&\\ \downarrow&\downarrow&\downarrow&\downarrow&\tau\\ 2&3&4&1&\\ \downarrow&\downarrow&\downarrow&\downarrow&\sigma\\ 3&2&1&4&\end{array}\right]$$

より，$\sigma\tau=\begin{pmatrix}1&2&3&4\\3&2&1&4\end{pmatrix}$ となる．

同様に，積 $\tau\sigma$ は

$$\tau\sigma=\begin{pmatrix}1&2&3&4\\1&4&3&2\end{pmatrix}$$

$$\left[\begin{array}{ccccc}1&2&3&4&\\ \downarrow&\downarrow&\downarrow&\downarrow&\sigma\\ 4&3&2&1&\\ \downarrow&\downarrow&\downarrow&\downarrow&\tau\\ 1&4&3&2&\end{array}\right]$$

となる．よって，$\sigma\tau\neq\tau\sigma$ である．

置換 σ の逆の対応を与える置換を σ の**逆置換**といい，σ^{-1} という記号で表す．$\{1, 2, \cdots, n\}$ 上の置換 σ が (3.1) のように表されているとき，上下を逆にした置換が σ^{-1} である．すなわち，

$$\sigma^{-1} = \begin{pmatrix} \sigma(1) & \sigma(2) & \cdots & \sigma(n) \\ 1 & 2 & \cdots & n \end{pmatrix}$$

となる．置換 σ に対し，

$$\sigma\sigma^{-1} = \sigma^{-1}\sigma = e, \qquad (\sigma^{-1})^{-1} = \sigma$$

が成り立つ．また，S_n の要素の逆置換全体の集合 $\{\sigma^{-1} \mid \sigma \in S_n\}$ は S_n と一致する．

例題 3.1　S_3 の各要素の逆置換を求め，S_3 の要素の逆置換全体の集合は S_3 と一致することを確かめよ．

[解答] 例 3.1 のように，S_3 の要素を $e, \sigma_1, \sigma_2, \sigma_3, \sigma_4, \sigma_5$ と表すと，

$$e^{-1} = \begin{pmatrix} 1 & 2 & 3 \\ 1 & 2 & 3 \end{pmatrix} = e, \qquad \sigma_1^{-1} = \begin{pmatrix} 2 & 3 & 1 \\ 1 & 2 & 3 \end{pmatrix} = \begin{pmatrix} 1 & 2 & 3 \\ 3 & 1 & 2 \end{pmatrix} = \sigma_2,$$

$$\sigma_2^{-1} = \begin{pmatrix} 3 & 1 & 2 \\ 1 & 2 & 3 \end{pmatrix} = \begin{pmatrix} 1 & 2 & 3 \\ 2 & 3 & 1 \end{pmatrix} = \sigma_1, \qquad \sigma_3^{-1} = \begin{pmatrix} 1 & 3 & 2 \\ 1 & 2 & 3 \end{pmatrix} = \sigma_3,$$

$$\sigma_4^{-1} = \begin{pmatrix} 2 & 1 & 3 \\ 1 & 2 & 3 \end{pmatrix} = \sigma_4, \qquad \sigma_5^{-1} = \begin{pmatrix} 3 & 2 & 1 \\ 1 & 2 & 3 \end{pmatrix} = \sigma_5$$

となる．よって，S_3 の要素の逆置換全体の集合は S_3 と一致する．　（解答終）

相異なる k 個の文字 i_1，$i_2, \cdots, i_k$ のみを順にずらす，すなわち，

$$i_1 \to i_2 \to \cdots \to i_k \to i_1$$

と動かし，その他の文字を動かさない置換を $(i_1, i_2, \cdots, i_k)$ で表し，**巡回置換**という．特に，2 つの文字を入れかえるだけの巡回置換 (i, j) を**互換**という．また，共通の文字を含まない巡回置換は可換であることが容易にわかる．

例 3.3　$\{1, 2, 3, 4\}$ 上の置換 $\sigma = \begin{pmatrix} 1 & 2 & 3 & 4 \\ 4 & 1 & 3 & 2 \end{pmatrix}$ は

$$1 \to 4 \to 2 \to 1, \qquad 3 \text{ は動かさない},$$

という巡回置換なので，$\sigma = (1, 4, 2)\ (= (4, 2, 1) = (2, 1, 4))$ と表せる．

すべての置換は，その置換が文字を動かす先をたどることによって，共通の文字を含まない巡回置換の積で表すことができる．また，巡回置換 $(i_1, i_2, \cdots, i_k)$ は互換の積で

$$(i_1, i_2, \cdots, i_{k-1}, i_k) = (i_1, i_k)(i_1, i_{k-1})\cdots(i_1, i_3)(i_1, i_2) \tag{3.2}$$

と表すことができる．よって，すべての置換は互換の積で表せることがわかる．置換 σ を互換の積で表すとき，その表し方は1通りではないが，互換の個数が偶数個か奇数個かは置換 σ によって確定する．偶数個の互換の積で表せる置換を**偶置換**，奇数個の互換の積で表せる置換を**奇置換**という．ここで，置換 σ の符号 $\mathrm{sgn}(\sigma)$ を

$$\mathrm{sgn}(\sigma) = \begin{cases} +1 & (\sigma：\text{偶置換}) \\ -1 & (\sigma：\text{奇置換}) \end{cases} \tag{3.3}$$

と定義する．2つの置換 σ, τ に対し，

$$\mathrm{sgn}(\sigma\tau) = \mathrm{sgn}(\sigma)\,\mathrm{sgn}(\tau), \qquad \mathrm{sgn}(\sigma^{-1}) = \mathrm{sgn}(\sigma), \qquad \mathrm{sgn}(e) = 1$$

が成り立つ．

例題 3.2 次の置換 σ を互換の積で表し，その符号 $\mathrm{sgn}(\sigma)$ を求めよ．

$$\sigma = \begin{pmatrix} 1 & 2 & 3 & 4 & 5 & 6 & 7 & 8 & 9 \\ 5 & 2 & 7 & 4 & 1 & 9 & 6 & 3 & 8 \end{pmatrix}$$

[解答] 置換 σ が文字を動かす先をたどると，

$$1 \to 5 \to 1, \qquad 3 \to 7 \to 6 \to 9 \to 8 \to 3, \qquad 2 \text{ と } 4 \text{ は動かさない},$$

となるので，$\sigma = (1, 5)(3, 7, 6, 9, 8)$ と表せる．ここで，(3.2) より，

$$(3, 7, 6, 9, 8) = (3, 8)(3, 9)(3, 6)(3, 7)$$

が成り立つので，σ は

$$\sigma = (1, 5)(3, 8)(3, 9)(3, 6)(3, 7)$$

と表せる．よって，σ は5個の互換の積で表すことができるので，奇置換であり，$\mathrm{sgn}(\sigma) = -1$ となる． （解答終）

さて，置換とその符号を用いて，n 次正方行列の行列式を定義しよう．

定義 3.1 (行列式)

n 次正方行列 $A = (a_{ij})$ に対し，A の**行列式** $|A|$ を

$$|A| = \sum_{\sigma \in S_n} \mathrm{sgn}(\sigma) a_{1\sigma(1)} a_{2\sigma(2)} \cdots a_{n\sigma(n)} \tag{3.4}$$

と定義する．ここで，(3.4) の右辺は，σ が S_n の要素全体を動くときの $\mathrm{sgn}(\sigma) a_{1\sigma(1)} a_{2\sigma(2)} \cdots a_{n\sigma(n)}$ の総和を表す．また，行列式 $|A|$ は

$$\begin{vmatrix} a_{11} & a_{12} & \cdots & a_{1n} \\ a_{21} & a_{22} & \cdots & a_{2n} \\ \vdots & \vdots & \ddots & \vdots \\ a_{n1} & a_{n2} & \cdots & a_{nn} \end{vmatrix}, \qquad \det A$$

などと表記することもある．

注意 3.1 n 次正方行列 A の行列式 $|A|$ を n 次の行列式という．また，1 次正方行列 $(a) = a$ の行列式は $|a| = a$ とする (左辺は a の絶対値ではない)．

n 次正方行列 A の行列式 $|A|$ は，$A = (a_{ij})$ の各行各列から重複なく 1 つずつ成分をとって掛け合わせたもの $a_{1\sigma(1)} a_{2\sigma(2)} \cdots a_{n\sigma(n)}$ に，行と列の選び方に対応する置換 σ の符号 $\mathrm{sgn}(\sigma)$ を掛けて，それらをすべて足し合わせたものである．正方行列 $\begin{pmatrix} a_{11} & \cdots & a_{1n} \\ \vdots & \ddots & \vdots \\ a_{n1} & \cdots & a_{nn} \end{pmatrix}$ と行列式 $\begin{vmatrix} a_{11} & \cdots & a_{1n} \\ \vdots & \ddots & \vdots \\ a_{n1} & \cdots & a_{nn} \end{vmatrix}$ は似た形をしているが，正方行列は正方形の形に配置された数の組であるのに対し，行列式は 1 つの数であるので，混同しないように注意しよう．

$n = 2, 3$ の場合に，行列式の定義式 (3.4) を書き下してみよう．S_2 の要素は

$$e = \begin{pmatrix} 1 & 2 \\ 1 & 2 \end{pmatrix}, \qquad \sigma = \begin{pmatrix} 1 & 2 \\ 2 & 1 \end{pmatrix} = (1,\ 2)$$

の $2! = 2$ 個であり，$\mathrm{sgn}(e) = 1$, $\mathrm{sgn}(\sigma) = -1$ となるので，2 次の行列式は

$$\begin{aligned} \begin{vmatrix} a_{11} & a_{12} \\ a_{21} & a_{22} \end{vmatrix} &= \mathrm{sgn}(e) a_{1e(1)} a_{2e(2)} + \mathrm{sgn}(\sigma) a_{1\sigma(1)} a_{2\sigma(2)} \\ &= a_{11} a_{22} - a_{12} a_{21} \end{aligned} \tag{3.5}$$

となる (この節の冒頭で紹介した 2 次の行列式と一致している)．次に，S_3 の要素は，例 3.1 と同じ記号で表すと，

$$\begin{array}{lll} e, & \sigma_1 = (1,\,2,\,3) = (1,\,3)(1,\,2), & \sigma_2 = (1,\,3,\,2) = (1,\,2)(1,\,3), \\ \sigma_3 = (2,\,3), & \sigma_4 = (1,\,2), & \sigma_5 = (1,\,3) \end{array}$$

の $3! = 6$ 個である．ここで，e, σ_1, σ_2 は偶置換 (符号 $+1$) であり，$\sigma_3, \sigma_4, \sigma_5$ は奇置換 (符号 -1) であるので，3 次の行列式は

$$\begin{vmatrix} a_{11} & a_{12} & a_{13} \\ a_{21} & a_{22} & a_{23} \\ a_{31} & a_{32} & a_{33} \end{vmatrix} = a_{11}a_{22}a_{33} + a_{12}a_{23}a_{31} + a_{13}a_{21}a_{32} - a_{11}a_{23}a_{32} - a_{12}a_{21}a_{33} - a_{13}a_{22}a_{31} \tag{3.6}$$

となる．

2 次の行列式 (3.5) と 3 次の行列式 (3.6) は，図 3.1 のような「たすき掛けの図式」で表される．左上から右下に向かう実線上の成分の積に $+$ の符号をつけ，右上から左下に向かう点線上の成分の積に $-$ の符号をつけて，すべて足し合わせることで，2 次と 3 次の行列式の値を計算することができる．この計算方法を**サラスの方法**という．

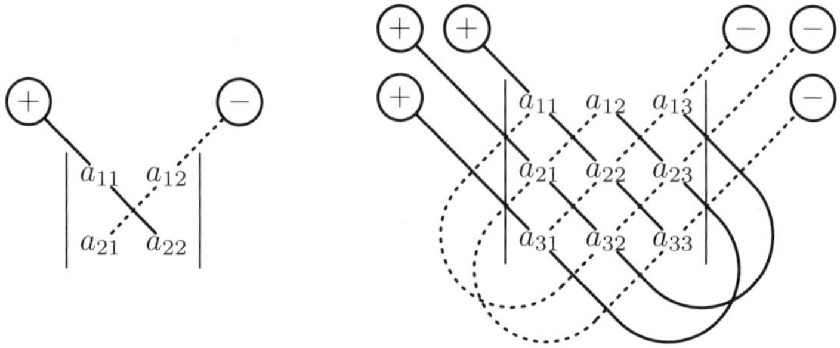

図 3.1 サラスの方法

n が 4 以上の場合は，行列式の定義式 (3.4) の右辺の項の個数 $n!$ が $4! = 24$, $5! = 120, \cdots$ と多くなるので，定義式を用いて行列式の値を直接計算するのは困難である．通常，n が 4 以上の場合には，次節で説明する行列式の性質を利用して，行列式の値を計算する．

例題 3.3 次の行列式の値をサラスの方法で求めよ.

$$(1)\ \begin{vmatrix} 2 & 7 \\ -3 & 4 \end{vmatrix} \qquad (2)\ \begin{vmatrix} 1 & 3 & 1 \\ 2 & 4 & 5 \\ -1 & 0 & -7 \end{vmatrix}$$

[解答] (1) $\begin{vmatrix} 2 & 7 \\ -3 & 4 \end{vmatrix} = 2\cdot 4 - 7\cdot(-3) = 8 + 21 = 29.$

$$(2)\ \begin{vmatrix} 1 & 3 & 1 \\ 2 & 4 & 5 \\ -1 & 0 & -7 \end{vmatrix} = 1\cdot 4\cdot(-7) + 3\cdot 5\cdot(-1) + 1\cdot 2\cdot 0 \\ -1\cdot 5\cdot 0 - 3\cdot 2\cdot(-7) - 1\cdot 4\cdot(-1) \\ = -28 - 15 + 0 - 0 + 42 + 4 = 3.$$

（解答終）

【練 習 問 題】

問 3.1.1. 次の置換を互換の積で表し，符号を求めよ.

$$\sigma = \begin{pmatrix} 1 & 2 & 3 & 4 & 5 & 6 & 7 \\ 7 & 1 & 5 & 6 & 2 & 4 & 3 \end{pmatrix}, \quad \tau = \begin{pmatrix} 1 & 2 & 3 & 4 & 5 & 6 & 7 & 8 \\ 3 & 1 & 2 & 5 & 8 & 4 & 6 & 7 \end{pmatrix}$$

問 3.1.2. 次の互換の積が表す $\{1, 2, 3, 4, 5\}$ 上の置換を (3.1) の記法で表せ.

(1) (2, 3)(1, 5)(2, 4)　　(2) (1, 3)(2, 3)(1, 5)(4, 5)(2, 4)

問 3.1.3. 次の行列式の値をサラスの方法で求めよ.

$$(1)\ \begin{vmatrix} -3 & -1 \\ 4 & 2 \end{vmatrix} \quad (2)\ \begin{vmatrix} a & b \\ b & c \end{vmatrix} \quad (3)\ \begin{vmatrix} 5 & -1 \\ 2 & 3 \end{vmatrix} \quad (4)\ \begin{vmatrix} -6 & 5 \\ 4 & -2 \end{vmatrix}$$

$$(5)\ \begin{vmatrix} 1 & 0 & -2 \\ 2 & -5 & 6 \\ -4 & 3 & 0 \end{vmatrix} \quad (6)\ \begin{vmatrix} a & b & c \\ b & c & a \\ c & a & b \end{vmatrix} \quad (7)\ \begin{vmatrix} 3 & 2 & 5 \\ 0 & 2 & -7 \\ -2 & 0 & -3 \end{vmatrix}$$

問 3.1.4. 置換 σ に対し，$\mathrm{sgn}(\sigma^{-1}) = \mathrm{sgn}(\sigma)$ が成り立つことを示せ.

問 3.1.5. 巡回置換に関する等式 $(i_1, i_2, \cdots, i_k) = (i_1, i_k)\cdots(i_1, i_3)(i_1, i_2)$ が成り立つことを示せ.

3.2 行列式の性質

この節では，行列式の性質について説明する．行列 A の行と列はそれぞれ転置行列 ${}^tA$ の列と行に対応している．よって，次の定理より，行列式の行に関する定理は列についても成り立ち，行列式の列に関する定理は行についても成り立つことがわかる．

定理 3.1

n 次正方行列 $A=(a_{ij})$ に対し，$|{}^tA|=|A|$ が成り立つ．すなわち，

$$\begin{vmatrix} a_{11} & a_{21} & \cdots & a_{n1} \\ a_{12} & a_{22} & \cdots & a_{n2} \\ \vdots & \vdots & \ddots & \vdots \\ a_{1n} & a_{2n} & \cdots & a_{nn} \end{vmatrix} = \begin{vmatrix} a_{11} & a_{12} & \cdots & a_{1n} \\ a_{21} & a_{22} & \cdots & a_{2n} \\ \vdots & \vdots & \ddots & \vdots \\ a_{n1} & a_{n2} & \cdots & a_{nn} \end{vmatrix}.$$

[証明] n 次正方行列 $A=(a_{ij})$ に対し，その転置行列 ${}^tA$ の (i,j) 成分を b_{ij} で表すと，$b_{ij}=a_{ji}$ となる．よって，${}^tA=(b_{ij})$ の行列式は，(3.4) より，

$$\begin{aligned} |{}^tA| &= \sum_{\sigma\in S_n} \mathrm{sgn}(\sigma) b_{1\sigma(1)} b_{2\sigma(2)} \cdots b_{n\sigma(n)} \\ &= \sum_{\sigma\in S_n} \mathrm{sgn}(\sigma) a_{\sigma(1)1} a_{\sigma(2)2} \cdots a_{\sigma(n)n} \end{aligned} \tag{3.7}$$

となる．ここで，$\sigma\in S_n$ に対し，その逆置換 σ^{-1} は

$$\sigma^{-1} = \begin{pmatrix} \sigma(1) & \sigma(2) & \cdots & \sigma(n) \\ 1 & 2 & \cdots & n \end{pmatrix}$$

であるので，積の順序を並べかえると，

$$a_{\sigma(1)1} a_{\sigma(2)2} \cdots a_{\sigma(n)n} = a_{1\sigma^{-1}(1)} a_{2\sigma^{-1}(2)} \cdots a_{n\sigma^{-1}(n)}$$

となる．この等式と $\mathrm{sgn}(\sigma)=\mathrm{sgn}(\sigma^{-1})$ を (3.7) に適用すると，

$$|{}^tA| = \sum_{\sigma\in S_n} \mathrm{sgn}(\sigma^{-1}) a_{1\sigma^{-1}(1)} a_{2\sigma^{-1}(2)} \cdots a_{n\sigma^{-1}(n)}$$

となる．よって，σ が S_n の要素全体を動くと σ^{-1} も S_n の要素全体を動くことから，$|{}^tA|=|A|$ を得る． （証明終）

4 次以上の行列式の値を求めるときには，行列式の次数を下げるという操作を行う．次の定理はその操作の基礎となるものである．

定理 3.2

$n \geqq 2$ であるとき，n 次の行列式について次の等式が成り立つ：

$$\begin{vmatrix} a_{11} & a_{12} & \cdots & a_{1n} \\ 0 & a_{22} & \cdots & a_{2n} \\ \vdots & \vdots & \ddots & \vdots \\ 0 & a_{n2} & \cdots & a_{nn} \end{vmatrix} = \begin{vmatrix} a_{11} & 0 & \cdots & 0 \\ a_{21} & a_{22} & \cdots & a_{2n} \\ \vdots & \vdots & \ddots & \vdots \\ a_{n1} & a_{n2} & \cdots & a_{nn} \end{vmatrix} = a_{11} \begin{vmatrix} a_{22} & \cdots & a_{2n} \\ \vdots & \ddots & \vdots \\ a_{n2} & \cdots & a_{nn} \end{vmatrix}.$$

[証明] まず，この定理の等式の 2 つ目の等号を示す．n 次正方行列 $A = (a_{ij})$ において，$a_{12} = a_{13} = \cdots = a_{1n} = 0$ と仮定する．すなわち，

$$A = \begin{pmatrix} a_{11} & 0 & \cdots & 0 \\ a_{21} & a_{22} & \cdots & a_{2n} \\ \vdots & \vdots & \ddots & \vdots \\ a_{n1} & a_{n2} & \cdots & a_{nn} \end{pmatrix}$$

とする．このとき，$\sigma \in S_n$ に対し，$\sigma(1) \neq 1$ ならば $a_{1\sigma(1)} = 0$ であるので，

$$\begin{aligned} |A| &= \sum_{\sigma \in S_n} \mathrm{sgn}(\sigma) a_{1\sigma(1)} a_{2\sigma(2)} \cdots a_{n\sigma(n)} \\ &= \sum_{\substack{\sigma \in S_n \\ \sigma(1)=1}} \mathrm{sgn}(\sigma) a_{11} a_{2\sigma(2)} \cdots a_{n\sigma(n)} \end{aligned} \tag{3.8}$$

となる．ここで，$\sigma(1) = 1$ を満たす $\{1, 2, \cdots, n\}$ 上の置換 σ は，

$$\sigma = \begin{pmatrix} 1 & 2 & \cdots & n \\ 1 & \sigma(2) & \cdots & \sigma(n) \end{pmatrix} \xleftrightarrow{\text{同一視}} \begin{pmatrix} 2 & \cdots & n \\ \sigma(2) & \cdots & \sigma(n) \end{pmatrix}$$

として $\{2, \cdots, n\}$ 上の置換と同一視できる．よって，S_n' を $\{2, \cdots, n\}$ 上の置換全体の集合とすると，(3.8) より，

$$|A| = a_{11} \sum_{\sigma \in S_n'} \mathrm{sgn}(\sigma) a_{2\sigma(2)} \cdots a_{n\sigma(n)} = a_{11} \begin{vmatrix} a_{22} & \cdots & a_{2n} \\ \vdots & \ddots & \vdots \\ a_{n2} & \cdots & a_{nn} \end{vmatrix}$$

となるので，この定理の等式の 2 つ目の等号は成り立つ．

また，この定理の等式の 1 つ目の等号については，2 つ目の等号と定理 3.1 から容易に得ることができる．実際，

$$\begin{vmatrix} a_{11} & a_{12} & \cdots & a_{1n} \\ 0 & a_{22} & \cdots & a_{2n} \\ \vdots & \vdots & \ddots & \vdots \\ 0 & a_{n2} & \cdots & a_{nn} \end{vmatrix} = \begin{vmatrix} a_{11} & 0 & \cdots & 0 \\ a_{12} & a_{22} & \cdots & a_{n2} \\ \vdots & \vdots & \ddots & \vdots \\ a_{1n} & a_{2n} & \cdots & a_{nn} \end{vmatrix}$$

$$= a_{11} \begin{vmatrix} a_{22} & \cdots & a_{n2} \\ \vdots & \ddots & \vdots \\ a_{2n} & \cdots & a_{nn} \end{vmatrix} = a_{11} \begin{vmatrix} a_{22} & \cdots & a_{2n} \\ \vdots & \ddots & \vdots \\ a_{n2} & \cdots & a_{nn} \end{vmatrix}$$

より，この定理の等式の 1 つ目の等号も成り立つことがわかる． (証明終)

例 3.4 $\begin{vmatrix} 2 & 0 & 0 \\ -1 & 3 & -4 \\ 5 & 2 & -1 \end{vmatrix} = 2 \begin{vmatrix} 3 & -4 \\ 2 & -1 \end{vmatrix} = 2\{3 \cdot (-1) - (-4) \cdot 2\} = 10.$

注意 3.2 定理 3.2 をくり返し適用することによって，上三角行列や下三角行列の行列式は対角成分の積であることがわかる：

$$\begin{vmatrix} a_{11} & a_{12} & \cdots & a_{1n} \\ 0 & a_{22} & \cdots & a_{2n} \\ \vdots & \ddots & \ddots & \vdots \\ 0 & \cdots & 0 & a_{nn} \end{vmatrix} = \begin{vmatrix} a_{11} & 0 & \cdots & 0 \\ a_{21} & a_{22} & \ddots & \vdots \\ \vdots & \vdots & \ddots & 0 \\ a_{n1} & a_{n2} & \cdots & a_{nn} \end{vmatrix} = a_{11}a_{22}\cdots a_{nn}.$$

次に，行列式を特徴づける性質である多重線形性と交代性を紹介する．これらの性質によって，どのような行列式も定理 3.2 が適用できる形に変形できる．

定理 3.3 (行列式の多重線形性 1)

n 次正方行列 $A = (a_{ij})$ のある行 (または列) のすべての成分を r 倍してできる行列の行列式は，A の行列式 $|A|$ の r 倍となる．すなわち，

$$\begin{vmatrix} a_{11} & a_{12} & \cdots & a_{1n} \\ \vdots & & & \vdots \\ ra_{k1} & ra_{k2} & \cdots & ra_{kn} \\ \vdots & & & \vdots \\ a_{n1} & a_{n2} & \cdots & a_{nn} \end{vmatrix} = r \begin{vmatrix} a_{11} & a_{12} & \cdots & a_{1n} \\ \vdots & & & \vdots \\ a_{k1} & a_{k2} & \cdots & a_{kn} \\ \vdots & & & \vdots \\ a_{n1} & a_{n2} & \cdots & a_{nn} \end{vmatrix}. \qquad (3.9)$$

[証明]　定理 3.1 より，定理の行についての主張を示せば十分である．(3.9) の左辺は，(3.4) において各項の第 k 行の成分 $a_{k\sigma(k)}$ を $ra_{k\sigma(k)}$ に置きかえたものであるので，

$$\begin{aligned}[(3.9)\text{ の左辺}] &= \sum_{\sigma\in S_n}\operatorname{sgn}(\sigma)a_{1\sigma(1)}\ \cdots\ (ra_{k\sigma(k)})\ \cdots\ a_{n\sigma(n)} \\ &= r\sum_{\sigma\in S_n}\operatorname{sgn}(\sigma)a_{1\sigma(1)}\ \cdots\ a_{k\sigma(k)}\ \cdots\ a_{n\sigma(n)} \\ &= [(3.9)\text{ の右辺}]\end{aligned}$$

より，(3.9) が成り立つことがわかる．　（証明終）

例 3.5　定理 3.3 より，2 次の行列式について，

$$\begin{vmatrix} ra & rb \\ c & d \end{vmatrix} = \begin{vmatrix} a & b \\ rc & rd \end{vmatrix} = \begin{vmatrix} ra & b \\ rc & d \end{vmatrix} = \begin{vmatrix} a & rb \\ c & rd \end{vmatrix} = r\begin{vmatrix} a & b \\ c & d \end{vmatrix}$$

が成り立つ．

定理 3.4 (行列式の多重線形性 2)

n 次正方行列 $A=(a_{ij})$ のある行の各成分が 2 つの数の和で表されているとき，A の行列式は次のように行列式の和に分解される：

$$\begin{vmatrix} a_{11} & \cdots & a_{1n} \\ \vdots & & \vdots \\ b_{k1}+c_{k1} & \cdots & b_{kn}+c_{kn} \\ \vdots & & \vdots \\ a_{n1} & \cdots & a_{nn} \end{vmatrix} = \begin{vmatrix} a_{11} & \cdots & a_{1n} \\ \vdots & & \vdots \\ b_{k1} & \cdots & b_{kn} \\ \vdots & & \vdots \\ a_{n1} & \cdots & a_{nn} \end{vmatrix} + \begin{vmatrix} a_{11} & \cdots & a_{1n} \\ \vdots & & \vdots \\ c_{k1} & \cdots & c_{kn} \\ \vdots & & \vdots \\ a_{n1} & \cdots & a_{nn} \end{vmatrix}. \tag{3.10}$$

列についても同様に，行列式の和に分解する等式が成り立つ．

[証明]　定理 3.1 より，定理の行についての主張を示せば十分である．(3.10) の左辺は，(3.4) において各項の第 k 行の成分 $a_{k\sigma(k)}$ を $b_{k\sigma(k)}+c_{k\sigma(k)}$ に置きかえたものであるので，

$$\begin{aligned}[(3.10)\text{ の左辺}] &= \sum_{\sigma\in S_n}\operatorname{sgn}(\sigma)a_{1\sigma(1)}\ \cdots\ (b_{k\sigma(k)}+c_{k\sigma(k)})\ \cdots\ a_{n\sigma(n)} \\ &= \sum_{\sigma\in S_n}\operatorname{sgn}(\sigma)a_{1\sigma(1)}\ \cdots\ b_{k\sigma(k)}\ \cdots\ a_{n\sigma(n)}\end{aligned}$$

$$+\sum_{\sigma\in S_n}\mathrm{sgn}(\sigma)a_{1\sigma(1)}\ \cdots\ c_{k\sigma(k)}\ \cdots\ a_{n\sigma(n)}$$
$$=[(3.10)\text{ の右辺}]$$

より，(3.10) が成り立つ．　(証明終)

例 3.6　定理 3.4 より，2 次の行列式の 1 行目，1 列目について，

$$\begin{vmatrix} a_1+a_2 & b_1+b_2 \\ c & d \end{vmatrix} = \begin{vmatrix} a_1 & b_1 \\ c & d \end{vmatrix} + \begin{vmatrix} a_2 & b_2 \\ c & d \end{vmatrix},$$

$$\begin{vmatrix} a_1+a_2 & b \\ c_1+c_2 & d \end{vmatrix} = \begin{vmatrix} a_1 & b \\ c_1 & d \end{vmatrix} + \begin{vmatrix} a_2 & b \\ c_2 & d \end{vmatrix}$$

が成り立つ．同様のことが 2 行目，2 列目についても成り立つ．

定理 3.5 (行列式の交代性)

n 次正方行列 $A=(a_{ij})$ の 2 つの行 (または列) を入れかえてできる行列の行列式は，A の行列式 $|A|$ の -1 倍となる．すなわち，

$$\begin{vmatrix} a_{11} & a_{12} & \cdots & a_{1n} \\ \vdots & & & \vdots \\ a_{l1} & a_{l2} & \cdots & a_{ln} \\ \vdots & & & \vdots \\ a_{k1} & a_{k2} & \cdots & a_{kn} \\ \vdots & & & \vdots \\ a_{n1} & a_{n2} & \cdots & a_{nn} \end{vmatrix} = - \begin{vmatrix} a_{11} & a_{12} & \cdots & a_{1n} \\ \vdots & & & \vdots \\ a_{k1} & a_{k2} & \cdots & a_{kn} \\ \vdots & & & \vdots \\ a_{l1} & a_{l2} & \cdots & a_{ln} \\ \vdots & & & \vdots \\ a_{n1} & a_{n2} & \cdots & a_{nn} \end{vmatrix}.$$

特に，2 つの行 (または列) の成分が一致する行列の行列式は 0 になる．

[証明] 定理 3.1 より，定理の列についての主張を証明すれば十分である．n 次正方行列 $A=(a_{ij})$ の第 k 列と第 l 列を入れかえてできる行列を $B=(b_{ij})$ とおくと，

$$|B|=\sum_{\sigma\in S_n}\mathrm{sgn}(\sigma)b_{1\sigma(1)}b_{2\sigma(2)}\ \cdots\ b_{n\sigma(n)} \tag{3.11}$$

となる．互換 $\tau=(k,l)$ を用いると，B の (i,j) 成分は $b_{ij}=a_{i\tau(j)}$ と表すことができる．さらに，S_n の要素 σ に対し，$\mathrm{sgn}(\tau\sigma)=\mathrm{sgn}(\tau)\,\mathrm{sgn}(\sigma)=-\,\mathrm{sgn}(\sigma)$ より $\mathrm{sgn}(\sigma)=-\,\mathrm{sgn}(\tau\sigma)$ となる．これらのことから，(3.11) は

$$|B| = -\sum_{\sigma \in S_n} \operatorname{sgn}(\tau\sigma)\, a_{1\,\tau\sigma(1)}\, a_{2\,\tau\sigma(2)} \,\cdots\, a_{n\,\tau\sigma(n)}$$

となる．よって，σ が S_n の要素全体を動くと $\tau\sigma$ も S_n の要素全体を動くので，$|B| = -|A|$ が得られる．

また，正方行列 A の 2 つの列の成分が一致するとき，その 2 つの列を入れかえても A は変化しないので $|A| = -|A|$ となり，$|A| = 0$ を得る． （証明終）

例 3.7 定理 3.5 より，2 次の行列式について，

$$\begin{vmatrix} c & d \\ a & b \end{vmatrix} = -\begin{vmatrix} a & b \\ c & d \end{vmatrix}, \qquad \begin{vmatrix} b & a \\ d & c \end{vmatrix} = -\begin{vmatrix} a & b \\ c & d \end{vmatrix}$$

が成り立つ．

例 3.8 第 1 行と第 3 行を入れかえると，注意 3.2 より，

$$\begin{vmatrix} 0 & 0 & a \\ 0 & b & x \\ c & y & z \end{vmatrix} = -\begin{vmatrix} c & y & z \\ 0 & b & x \\ 0 & 0 & a \end{vmatrix} = -abc$$

となる．

系 3.1

(1) ある行 (または列) の成分がすべて 0 である行列式の値は 0 である．

(2) ある行が他の行の定数倍 (または，ある列が他の列の定数倍) であるとき，その行列式の値は 0 である．

(3) ある行に他の行の定数倍 (または，ある列に他の列の定数倍) を加えても，行列式の値は変化しない：

$$\begin{vmatrix} a_{11} & \cdots & a_{1n} \\ \vdots & & \vdots \\ a_{k1} + ra_{l1} & \cdots & a_{kn} + ra_{ln} \\ \vdots & & \vdots \\ a_{l1} & \cdots & a_{ln} \\ \vdots & & \vdots \\ a_{n1} & \cdots & a_{nn} \end{vmatrix} = \begin{vmatrix} a_{11} & \cdots & a_{1n} \\ \vdots & & \vdots \\ a_{k1} & \cdots & a_{kn} \\ \vdots & & \vdots \\ a_{l1} & \cdots & a_{ln} \\ \vdots & & \vdots \\ a_{n1} & \cdots & a_{nn} \end{vmatrix}. \qquad (3.12)$$

[証明] 定理 3.3 の $r=0$ の場合より，この系の (1) を得る．この系の (2) は，定理 3.3 と定理 3.5 から得られる．また，定理 3.4 より，

$$[(3.12)\,\text{の左辺}] = \begin{vmatrix} a_{11} & \cdots & a_{1n} \\ \vdots & & \vdots \\ a_{k1} & \cdots & a_{kn} \\ \vdots & & \vdots \\ a_{l1} & \cdots & a_{ln} \\ \vdots & & \vdots \\ a_{n1} & \cdots & a_{nn} \end{vmatrix} + \begin{vmatrix} a_{11} & \cdots & a_{1n} \\ \vdots & & \vdots \\ ra_{l1} & \cdots & ra_{ln} \\ \vdots & & \vdots \\ a_{l1} & \cdots & a_{ln} \\ \vdots & & \vdots \\ a_{n1} & \cdots & a_{nn} \end{vmatrix}$$

となる．この系の (2) より，この右辺の第 2 項は 0 になるので，(3.12) が成り立つことがわかる． （証明終）

例題 3.4 行列式の性質を用いて，次の行列式の値を求めよ．

$$(1)\ \begin{vmatrix} 26 & 22 \\ 38 & 34 \end{vmatrix} \qquad (2)\ \begin{vmatrix} 1 & -2 & -3 & 2 \\ 0 & 7 & 3 & -5 \\ 2 & 3 & 1 & -3 \\ -3 & 4 & 0 & -2 \end{vmatrix}$$

[解答] (1) 第 1 列から第 2 列を引いて，第 1 列から 4 をくくりだすと，

$$\begin{vmatrix} 26 & 22 \\ 38 & 34 \end{vmatrix} = \begin{vmatrix} 4 & 22 \\ 4 & 34 \end{vmatrix} = 4\begin{vmatrix} 1 & 22 \\ 1 & 34 \end{vmatrix} = 48.$$

(2) 第 3 行から第 1 行の 2 倍を引いて，第 4 行に第 1 行の 3 倍を加えると，

$$\begin{vmatrix} 1 & -2 & -3 & 2 \\ 0 & 7 & 3 & -5 \\ 2 & 3 & 1 & -3 \\ -3 & 4 & 0 & -2 \end{vmatrix} = \begin{vmatrix} 1 & -2 & -3 & 2 \\ 0 & 7 & 3 & -5 \\ 0 & 7 & 7 & -7 \\ 0 & -2 & -9 & 4 \end{vmatrix}$$

となる．定理 3.2 を用いて行列の次数を下げて，第 2 行から 7 をくくりだし，第 1 行と第 2 行を入れかえると，

$$(\text{与式}) = 1\cdot\begin{vmatrix} 7 & 3 & -5 \\ 7 & 7 & -7 \\ -2 & -9 & 4 \end{vmatrix} = 7\begin{vmatrix} 7 & 3 & -5 \\ 1 & 1 & -1 \\ -2 & -9 & 4 \end{vmatrix} = -7\begin{vmatrix} 1 & 1 & -1 \\ 7 & 3 & -5 \\ -2 & -9 & 4 \end{vmatrix}$$

となる．第 2 列から第 1 列を引いて，第 3 列に第 1 列を加えた後に定理 3.2 を用いると，

$$(\text{与式}) = -7\begin{vmatrix} 1 & 0 & 0 \\ 7 & -4 & 2 \\ -2 & -7 & 2 \end{vmatrix} = -7\begin{vmatrix} -4 & 2 \\ -7 & 2 \end{vmatrix} = -42.$$

（解答終）

例題 3.5 次の 3 次の行列式が表す a, b, c についての多項式を因数分解せよ．

$$\begin{vmatrix} a & b+c & a^2 \\ b & c+a & b^2 \\ c & a+b & c^2 \end{vmatrix}$$

[解答] 第 1 列に第 2 列を加えて，第 1 列から $(a+b+c)$ をくくりだすと，

$$\begin{vmatrix} a & b+c & a^2 \\ b & c+a & b^2 \\ c & a+b & c^2 \end{vmatrix} = \begin{vmatrix} a+b+c & b+c & a^2 \\ b+c+a & c+a & b^2 \\ c+a+b & a+b & c^2 \end{vmatrix} = (a+b+c)\begin{vmatrix} 1 & b+c & a^2 \\ 1 & c+a & b^2 \\ 1 & a+b & c^2 \end{vmatrix}.$$

第 2 行から第 1 行を引いて，第 3 行から第 1 行を引いて，定理 3.2 を用いると，

$$(\text{与式}) = (a+b+c)\begin{vmatrix} 1 & b+c & a^2 \\ 0 & a-b & b^2-a^2 \\ 0 & a-c & c^2-a^2 \end{vmatrix} = (a+b+c)\begin{vmatrix} a-b & b^2-a^2 \\ a-c & c^2-a^2 \end{vmatrix}.$$

第 2 列を因数分解し，第 1 行から $(a-b)$，第 2 行から $(a-c)$ をくくりだすと，

$$\begin{aligned}(\text{与式}) &= (a+b+c)\begin{vmatrix} a-b & -(a-b)(a+b) \\ a-c & -(a-c)(a+c) \end{vmatrix} \\ &= (a+b+c)(a-b)(a-c)\begin{vmatrix} 1 & -(a+b) \\ 1 & -(a+c) \end{vmatrix} \\ &= (a+b+c)(a-b)(a-c)(b-c).\end{aligned}$$

（解答終）

最後に，行列の積の行列式についての定理を紹介しよう．

定理 3.6 (行列の積の行列式)

同じ型の正方行列 A, B の積の行列式は，それぞれの行列式の積に等しい：

$$|AB| = |A||B|.$$

A と B が 2 次正方行列

$$A = \begin{pmatrix} a_{11} & a_{12} \\ a_{21} & a_{22} \end{pmatrix}, \qquad B = \begin{pmatrix} b_{11} & b_{12} \\ b_{21} & b_{22} \end{pmatrix}$$

である場合に，定理 3.6 の等式 $|AB| = |A||B|$ が成り立つことを証明しよう．行列式の多重線形性 (定理 3.3, 定理 3.4) と交代性 (定理 3.5) より，

$$\begin{aligned}
|AB| &= \begin{vmatrix} a_{11}b_{11} + a_{12}b_{21} & a_{11}b_{12} + a_{12}b_{22} \\ a_{21}b_{11} + a_{22}b_{21} & a_{21}b_{12} + a_{22}b_{22} \end{vmatrix} \\
&= \begin{vmatrix} a_{11}b_{11} & a_{11}b_{12} + a_{12}b_{22} \\ a_{21}b_{11} & a_{21}b_{12} + a_{22}b_{22} \end{vmatrix} + \begin{vmatrix} a_{12}b_{21} & a_{11}b_{12} + a_{12}b_{22} \\ a_{22}b_{21} & a_{21}b_{12} + a_{22}b_{22} \end{vmatrix} \\
&= \begin{vmatrix} a_{11}b_{11} & a_{11}b_{12} \\ a_{21}b_{11} & a_{21}b_{12} \end{vmatrix} + \begin{vmatrix} a_{11}b_{11} & a_{12}b_{22} \\ a_{21}b_{11} & a_{22}b_{22} \end{vmatrix} \\
&\qquad + \begin{vmatrix} a_{12}b_{21} & a_{11}b_{12} \\ a_{22}b_{21} & a_{21}b_{12} \end{vmatrix} + \begin{vmatrix} a_{12}b_{21} & a_{12}b_{22} \\ a_{22}b_{21} & a_{22}b_{22} \end{vmatrix} \\
&= 0 + b_{11}b_{22} \begin{vmatrix} a_{11} & a_{12} \\ a_{21} & a_{22} \end{vmatrix} + b_{21}b_{12} \begin{vmatrix} a_{12} & a_{11} \\ a_{22} & a_{21} \end{vmatrix} + 0 \\
&= b_{11}b_{22}|A| - b_{21}b_{12}|A| = |A|(b_{11}b_{22} - b_{21}b_{12}) = |A||B|
\end{aligned}$$

となる．一般の n 次正方行列の場合についても，行列式の多重線形性と交代性を用いて同様に証明することができる．

また，A が正則行列であるとすると，逆行列 A^{-1} が存在して $AA^{-1} = E$ となるので，注意 3.2 と定理 3.6 より，

$$|A||A^{-1}| = |E| = 1$$

が成り立つ．この等式より，次の系が得られる．

系 3.2 (逆行列の行列式)

A が正則行列であるとき，$|A| \neq 0$ である．さらに，逆行列の行列式は

$$|A^{-1}| = \frac{1}{|A|}$$

で与えられる．

【練 習 問 題】

問 3.2.1. 行列式の性質を用いて，次の行列式の値を求めよ．

(1) $\begin{vmatrix} 103 & 204 & 100 \\ 102 & 202 & 100 \\ 101 & 199 & 99 \end{vmatrix}$ (2) $\begin{vmatrix} 2 & -3 & 2 \\ 5 & 10 & -10 \\ 3 & 1 & -4 \end{vmatrix}$

(3) $\begin{vmatrix} e^t & e^{2t} & e^{3t} \\ e^t & 2e^{2t} & 3e^{3t} \\ e^t & 4e^{2t} & 5e^{3t} \end{vmatrix}$ (4) $\begin{vmatrix} 3 & -5 & 7 & 4 \\ 1 & -2 & 3 & 0 \\ 4 & -5 & 5 & 2 \\ 2 & 2 & 8 & 3 \end{vmatrix}$

(5) $\begin{vmatrix} 0 & -3 & -1 & 2 \\ -1 & 2 & 0 & -1 \\ 2 & -1 & -1 & 0 \\ 3 & -1 & 0 & 0 \end{vmatrix}$ (6) $\begin{vmatrix} 0 & 4 & 0 & -2 \\ -5 & 0 & 6 & 0 \\ 0 & -2 & 0 & 3 \\ -1 & 0 & 7 & 0 \end{vmatrix}$

問 3.2.2. 次の行列式が表す a, b, c についての多項式を因数分解せよ．

(1) $\begin{vmatrix} a & a^2 & a^3 \\ b & b^2 & b^3 \\ c & c^2 & c^3 \end{vmatrix}$ (2) $\begin{vmatrix} a & b & b \\ b & a & b \\ b & b & a \end{vmatrix}$ (3) $\begin{vmatrix} 1 & bc & a^2 \\ 1 & ca & b^2 \\ 1 & ab & c^2 \end{vmatrix}$

3.3 余因子展開と逆行列

n 次正方行列 $A = (a_{ij})$ の第 i 行と第 j 列を除いて得られる行列の行列式に符号 $(-1)^{i+j}$ を掛けたものを $\widetilde{a}_{ij}$ で表す．すなわち，

$$\widetilde{a}_{ij} = (-1)^{i+j} \begin{vmatrix} a_{11} & \cdots & a_{1\,j-1} & a_{1\,j+1} & \cdots & a_{1n} \\ \vdots & & \vdots & \vdots & & \vdots \\ a_{i-1\,1} & \cdots & a_{i-1\,j-1} & a_{i-1\,j+1} & \cdots & a_{i-1\,n} \\ a_{i+1\,1} & \cdots & a_{i+1\,j-1} & a_{i+1\,j+1} & \cdots & a_{i+1\,n} \\ \vdots & & \vdots & \vdots & & \vdots \\ a_{n1} & \cdots & a_{n\,j-1} & a_{n\,j+1} & \cdots & a_{nn} \end{vmatrix} \leftarrow \text{第 } i \text{ 行を除く}$$

↑
第 j 列を除く

とする．この $\widetilde{a}_{ij}$ を A の (i,j) **余因子**または a_{ij} の余因子という．余因子の符号 $(-1)^{i+j}$ は $+$ と $-$ が交互に現れると覚えておくとよい．3 次正方行列の場合に，この符号を行列の形に並べてみると $\begin{pmatrix} + & - & + \\ - & + & - \\ + & - & + \end{pmatrix}$ となる．

<u>**例 3.9**</u>　$A = \begin{pmatrix} 2 & -1 & 3 \\ -4 & 5 & -2 \\ 3 & 2 & -1 \end{pmatrix}$ の (2,3) 余因子 $\widetilde{a}_{23}$ と (3,1) 余因子 $\widetilde{a}_{31}$ は,

$$\widetilde{a}_{23} = (-1)^{2+3} \begin{vmatrix} 2 & -1 \\ 3 & 2 \end{vmatrix} = -(4+3) = -7,$$

$$\widetilde{a}_{31} = (-1)^{3+1} \begin{vmatrix} -1 & 3 \\ 5 & -2 \end{vmatrix} = 2 - 15 = -13$$

となる．

3 次正方行列 $A = (a_{ij})$ の行列式を，第 1 行についての多重線形性 (定理 3.4) を用いて 3 つの行列式の和で表し，列についての交代性 (定理 3.5) と定理 3.2 を用いて変形すると,

$$\begin{aligned}
\begin{vmatrix} a_{11} & a_{12} & a_{13} \\ a_{21} & a_{22} & a_{23} \\ a_{31} & a_{32} & a_{33} \end{vmatrix} &= \begin{vmatrix} a_{11}+0+0 & 0+a_{12}+0 & 0+0+a_{13} \\ a_{21} & a_{22} & a_{23} \\ a_{31} & a_{32} & a_{33} \end{vmatrix} \\
&= \begin{vmatrix} a_{11} & 0 & 0 \\ a_{21} & a_{22} & a_{23} \\ a_{31} & a_{32} & a_{33} \end{vmatrix} + \begin{vmatrix} 0 & a_{12} & 0 \\ a_{21} & a_{22} & a_{23} \\ a_{31} & a_{32} & a_{33} \end{vmatrix} + \begin{vmatrix} 0 & 0 & a_{13} \\ a_{21} & a_{22} & a_{23} \\ a_{31} & a_{32} & a_{33} \end{vmatrix} \\
&= \begin{vmatrix} a_{11} & 0 & 0 \\ a_{21} & a_{22} & a_{23} \\ a_{31} & a_{32} & a_{33} \end{vmatrix} - \begin{vmatrix} a_{12} & 0 & 0 \\ a_{22} & a_{21} & a_{23} \\ a_{32} & a_{31} & a_{33} \end{vmatrix} + \begin{vmatrix} a_{13} & 0 & 0 \\ a_{23} & a_{21} & a_{22} \\ a_{33} & a_{31} & a_{32} \end{vmatrix} \\
&= a_{11} \begin{vmatrix} a_{22} & a_{23} \\ a_{32} & a_{33} \end{vmatrix} - a_{12} \begin{vmatrix} a_{21} & a_{23} \\ a_{31} & a_{33} \end{vmatrix} + a_{13} \begin{vmatrix} a_{21} & a_{22} \\ a_{31} & a_{32} \end{vmatrix} \\
&= a_{11}\widetilde{a}_{11} + a_{12}\widetilde{a}_{12} + a_{13}\widetilde{a}_{13}
\end{aligned}$$

と展開できる．同じように，一般の n 次正方行列の行列式は 1 つの行 (または列) にある成分とその余因子の積和の形で表すことができる．これを行列式の**余因子展開**という．

定理 3.7 (余因子展開)

$A = (a_{ij})$ を n 次正方行列とする．このとき，行列式 $|A|$ は

$$|A| = a_{i1}\widetilde{a}_{i1} + a_{i2}\widetilde{a}_{i2} + \cdots + a_{in}\widetilde{a}_{in} \qquad (i = 1, 2, \cdots, n) \qquad (3.13)$$

と展開できる．これを $|A|$ の**第 i 行に関する展開**という．同様に，

$$|A| = a_{1j}\widetilde{a}_{1j} + a_{2j}\widetilde{a}_{2j} + \cdots + a_{nj}\widetilde{a}_{nj} \qquad (j = 1, 2, \cdots, n) \qquad (3.14)$$

と展開できる．これを $|A|$ の**第 j 列に関する展開**という．

[証明] 定理 3.1 を用いると，列に関する展開式 (3.14) は行に関する展開式 (3.13) から得ることができるので，(3.13) を証明すれば十分である．まず，第 i 行について行列式の多重線形性 (定理 3.4) を用いると，n 次正方行列 $A = (a_{ij})$ の行列式 $|A|$ は 1 つの成分 a_{ij} 以外がすべて 0 の行列式の和で

$$|A| = \sum_{j=1}^{n} \begin{vmatrix} a_{11} & \cdots & a_{1\,j-1} & a_{1j} & a_{1\,j+1} & \cdots & a_{1n} \\ \vdots & & \vdots & \vdots & \vdots & & \vdots \\ a_{i-1\,1} & \cdots & a_{i-1\,j-1} & a_{i-1\,j} & a_{i-1\,j+1} & \cdots & a_{i-1\,n} \\ 0 & \cdots & 0 & a_{ij} & 0 & \cdots & 0 \\ a_{i+1\,1} & \cdots & a_{i+1\,j-1} & a_{i+1\,j} & a_{i+1\,j+1} & \cdots & a_{i+1\,n} \\ \vdots & & \vdots & \vdots & \vdots & & \vdots \\ a_{n1} & \cdots & a_{n\,j-1} & a_{nj} & a_{n\,j+1} & \cdots & a_{nn} \end{vmatrix}$$

と表すことができる．この右辺の各項の行列式において，

第 j 列と第 $(j-1)$ 列，第 $(j-1)$ 列と第 $(j-2)$ 列，$\cdots$，第 2 列と第 1 列

の順に列を入れかえて，次に

第 i 行と第 $(i-1)$ 行，第 $(i-1)$ 行と第 $(i-2)$ 行，$\cdots$，第 2 行と第 1 行

の順に行を入れかえる．このとき，列の入れかえを $(j-1)$ 回，行の入れかえを $(i-1)$ 回することになるので，行列式の交代性 (定理 3.5) より，

$$|A| = \sum_{j=1}^{n} (-1)^{(j-1)+(i-1)} \begin{vmatrix} a_{ij} & 0 & \cdots & 0 & 0 & \cdots & 0 \\ a_{1j} & a_{11} & \cdots & a_{1\,j-1} & a_{1\,j+1} & \cdots & a_{1n} \\ \vdots & \vdots & & \vdots & \vdots & & \vdots \\ a_{i-1\,j} & a_{i-1\,1} & \cdots & a_{i-1\,j-1} & a_{i-1\,j+1} & \cdots & a_{i-1\,n} \\ a_{i+1\,j} & a_{i+1\,1} & \cdots & a_{i+1\,j-1} & a_{i+1\,j+1} & \cdots & a_{i+1\,n} \\ \vdots & \vdots & & \vdots & \vdots & & \vdots \\ a_{nj} & a_{n1} & \cdots & a_{n\,j-1} & a_{n\,j+1} & \cdots & a_{nn} \end{vmatrix}$$

となる．この右辺に定理 3.2 を適用すると，

$$|A| = \sum_{j=1}^{n} a_{ij}\widetilde{a}_{ij}$$

となり，(3.13) が得られる． （証明終）

例題 3.6 行列式の性質と余因子展開を用いて，次の行列の行列式の値を求めよ．

$$(1)\ A = \begin{pmatrix} 6 & 4 & -3 \\ 0 & 0 & 3 \\ 2 & 5 & -1 \end{pmatrix} \qquad (2)\ B = \begin{pmatrix} 2 & 4 & -1 & 7 \\ 3 & -2 & 1 & 0 \\ -1 & 2 & -3 & 5 \\ 6 & -1 & 2 & 3 \end{pmatrix}$$

[解答] (1) 第 2 行に関する展開 $|A| = a_{21}\widetilde{a}_{21} + a_{22}\widetilde{a}_{22} + a_{23}\widetilde{a}_{23}$ に

$$a_{21} = a_{22} = 0, \qquad a_{23} = 3, \qquad \widetilde{a}_{23} = (-1)^{2+3} \begin{vmatrix} 6 & 4 \\ 2 & 5 \end{vmatrix}$$

を代入すると，

$$|A| = -3 \begin{vmatrix} 6 & 4 \\ 2 & 5 \end{vmatrix} = -6 \begin{vmatrix} 3 & 2 \\ 2 & 5 \end{vmatrix} = -6 \cdot 11 = -66$$

となる．ここで，2 つ目の等号では第 1 行から 2 をくくりだした．

(2) 第 1 列から第 3 列の 3 倍を引いて，第 2 列に第 3 列の 2 倍を加えて，その後に第 2 行に関する展開をすると，

$$|B| = \begin{vmatrix} 5 & 2 & -1 & 7 \\ 0 & 0 & 1 & 0 \\ 8 & -4 & -3 & 5 \\ 0 & 3 & 2 & 3 \end{vmatrix} = - \begin{vmatrix} 5 & 2 & 7 \\ 8 & -4 & 5 \\ 0 & 3 & 3 \end{vmatrix}$$

となる．第2列から第3列を引いて，第3行に関する展開をすると，

$$|B| = -\begin{vmatrix} 5 & -5 & 7 \\ 8 & -9 & 5 \\ 0 & 0 & 3 \end{vmatrix} = -3\begin{vmatrix} 5 & -5 \\ 8 & -9 \end{vmatrix} = -3\cdot(-5) = 15$$

となる．（解答終）

定理3.7より，$a_{k1}\widetilde{a}_{i1} + a_{k2}\widetilde{a}_{i2} + \cdots + a_{kn}\widetilde{a}_{in}$ は，n 次正方行列 $A = (a_{ij})$ の第 i 行を $(a_{k1}\ \ a_{k2}\ \ \cdots\ \ a_{kn})$ に置きかえてできる行列の行列式と等しくなる．$k \neq i$ ならば，この行列式の第 i 行と第 k 行の成分が一致するので，定理3.5より0になる．また，$k = i$ ならば，この行列式は $|A|$ である．まとめると，

$$a_{k1}\widetilde{a}_{i1} + a_{k2}\widetilde{a}_{i2} + \cdots + a_{kn}\widetilde{a}_{in} = \begin{cases} |A| & (k = i \text{ のとき}) \\ 0 & (k \neq i \text{ のとき}) \end{cases} \tag{3.15}$$

となる．同様に，

$$a_{1k}\widetilde{a}_{1j} + a_{2k}\widetilde{a}_{2j} + \cdots + a_{nk}\widetilde{a}_{nj} = \begin{cases} |A| & (k = j \text{ のとき}) \\ 0 & (k \neq j \text{ のとき}) \end{cases} \tag{3.16}$$

も成り立つ．(3.15) は行列を用いて，

$$\begin{pmatrix} a_{11} & a_{12} & \cdots & a_{1n} \\ a_{21} & a_{22} & \cdots & a_{2n} \\ \vdots & \vdots & \ddots & \vdots \\ a_{n1} & a_{n2} & \cdots & a_{nn} \end{pmatrix}\begin{pmatrix} \widetilde{a}_{11} & \widetilde{a}_{21} & \cdots & \widetilde{a}_{n1} \\ \widetilde{a}_{12} & \widetilde{a}_{22} & \cdots & \widetilde{a}_{n2} \\ \vdots & \vdots & \ddots & \vdots \\ \widetilde{a}_{1n} & \widetilde{a}_{2n} & \cdots & \widetilde{a}_{nn} \end{pmatrix} = \begin{pmatrix} |A| & 0 & \cdots & 0 \\ 0 & |A| & \ddots & \vdots \\ \vdots & \ddots & \ddots & 0 \\ 0 & \cdots & 0 & |A| \end{pmatrix}$$

と表せる（この等式の左辺の行列の積を計算して得られる行列の (k, i) 成分が (3.15) の左辺である）．ここで，左辺の行列の積において，右側にある行列は余因子 $\widetilde{a}_{ij}$ を (i, j) 成分とする行列

$$\widetilde{A} = \begin{pmatrix} \widetilde{a}_{11} & \widetilde{a}_{12} & \cdots & \widetilde{a}_{1n} \\ \widetilde{a}_{21} & \widetilde{a}_{22} & \cdots & \widetilde{a}_{2n} \\ \vdots & \vdots & \ddots & \vdots \\ \widetilde{a}_{n1} & \widetilde{a}_{n2} & \cdots & \widetilde{a}_{nn} \end{pmatrix}$$

の転置行列 ${}^t\widetilde{A}$ であり，この等式は

$$A\,{}^t\widetilde{A} = |A|E \tag{3.17}$$

と表すことができる．この行列 ${}^t\widetilde{A}$ を A の**余因子行列**という．同様にして，(3.16) より，

$$ {}^t\widetilde{A}A = |A|E \tag{3.18} $$

が成り立つことがわかる．これらの等式により，次の定理が得られる．

定理 3.8 (**n 次正方行列の逆行列**)

n 次正方行列 A は $|A| \neq 0$ ならば正則であり，逆行列は

$$ A^{-1} = \frac{1}{|A|}\,{}^t\widetilde{A} = \frac{1}{|A|}\begin{pmatrix} \widetilde{a}_{11} & \widetilde{a}_{21} & \cdots & \widetilde{a}_{n1} \\ \widetilde{a}_{12} & \widetilde{a}_{22} & \cdots & \widetilde{a}_{n2} \\ \vdots & \vdots & \ddots & \vdots \\ \widetilde{a}_{1n} & \widetilde{a}_{2n} & \cdots & \widetilde{a}_{nn} \end{pmatrix} $$

で与えられる．また，$|A| = 0$ ならば，A は正則ではない．

[証明] $|A| \neq 0$ であるとき，(3.17) と (3.18) の両辺をそれぞれ $|A|$ で割ると，

$$ A\left(\frac{1}{|A|}{}^t\widetilde{A}\right) = E, \qquad \left(\frac{1}{|A|}{}^t\widetilde{A}\right)A = E $$

となるので，$\dfrac{1}{|A|}{}^t\widetilde{A}$ は A の逆行列であり，A は正則であることがわかる．

また，系 3.2 より A が正則ならば $|A| \neq 0$ となるので，$|A| = 0$ ならば A は正則ではない． （証明終）

注意 3.3 2 次正方行列 $A = \begin{pmatrix} a & b \\ c & d \end{pmatrix}$ の余因子行列は ${}^t\widetilde{A} = \begin{pmatrix} d & -b \\ -c & a \end{pmatrix}$ であり，行列式は $|A| = ad - bc$ である．このことから，2 次正方行列の逆行列を与える定理 1.7 を n 次正方行列に一般化したものが定理 3.8 であることがわかる．

定理 2.5 と定理 3.8 より，次の系が成り立つ．

系 3.3

n 次正方行列 A に対し，次の同値関係が成り立つ：

$$ A \text{ は正則行列である} \iff \operatorname{rank} A = n \iff |A| \neq 0. $$

例題 3.7　次の 3 次正方行列が正則であるかどうかを判定し，正則ならば余因子を用いて逆行列を求めよ．

$$(1)\ A = \begin{pmatrix} 1 & 2 & 0 \\ 0 & 3 & -2 \\ 3 & 3 & 4 \end{pmatrix} \qquad (2)\ B = \begin{pmatrix} 1 & 2 & -3 \\ -1 & 3 & 1 \\ 3 & 1 & -7 \end{pmatrix}$$

[解答] (1) 行列式 $|A|$ の値を求める．第 2 列から第 1 列の 2 倍を引いて，第 1 行に関する展開をすると，

$$|A| = \begin{vmatrix} 1 & 2 & 0 \\ 0 & 3 & -2 \\ 3 & 3 & 4 \end{vmatrix} = \begin{vmatrix} 1 & 0 & 0 \\ 0 & 3 & -2 \\ 3 & -3 & 4 \end{vmatrix} = \begin{vmatrix} 3 & -2 \\ -3 & 4 \end{vmatrix} = 6\,(\neq 0)$$

となる．よって，定理 3.8 より A は正則である．A の余因子は

$$\widetilde{a}_{11} = \begin{vmatrix} 3 & -2 \\ 3 & 4 \end{vmatrix} = 18, \quad \widetilde{a}_{12} = -\begin{vmatrix} 0 & -2 \\ 3 & 4 \end{vmatrix} = -6, \quad \widetilde{a}_{13} = \begin{vmatrix} 0 & 3 \\ 3 & 3 \end{vmatrix} = -9,$$

$$\widetilde{a}_{21} = -\begin{vmatrix} 2 & 0 \\ 3 & 4 \end{vmatrix} = -8, \quad \widetilde{a}_{22} = \begin{vmatrix} 1 & 0 \\ 3 & 4 \end{vmatrix} = 4, \quad \widetilde{a}_{23} = -\begin{vmatrix} 1 & 2 \\ 3 & 3 \end{vmatrix} = 3,$$

$$\widetilde{a}_{31} = \begin{vmatrix} 2 & 0 \\ 3 & -2 \end{vmatrix} = -4, \quad \widetilde{a}_{32} = -\begin{vmatrix} 1 & 0 \\ 0 & -2 \end{vmatrix} = 2, \quad \widetilde{a}_{33} = \begin{vmatrix} 1 & 2 \\ 0 & 3 \end{vmatrix} = 3$$

となる．よって，A の逆行列は

$$A^{-1} = \frac{1}{|A|}{}^t\widetilde{A} = \frac{1}{|A|}\begin{pmatrix} \widetilde{a}_{11} & \widetilde{a}_{21} & \widetilde{a}_{31} \\ \widetilde{a}_{12} & \widetilde{a}_{22} & \widetilde{a}_{32} \\ \widetilde{a}_{13} & \widetilde{a}_{23} & \widetilde{a}_{33} \end{pmatrix} = \frac{1}{6}\begin{pmatrix} 18 & -8 & -4 \\ -6 & 4 & 2 \\ -9 & 3 & 3 \end{pmatrix}$$

となる．

(2) 行列式 $|B|$ の値を求める．第 2 行に第 1 行を加えて，第 3 行から第 1 行の 3 倍を引くと，

$$|B| = \begin{vmatrix} 1 & 2 & -3 \\ -1 & 3 & 1 \\ 3 & 1 & -7 \end{vmatrix} = \begin{vmatrix} 1 & 2 & -3 \\ 0 & 5 & -2 \\ 0 & -5 & 2 \end{vmatrix}$$

となる．この右辺の行列式の第 2 行は第 3 行の -1 倍なので，系 3.1 (2) より $|B| = 0$ となる．よって，定理 3.8 より行列 B は正則ではない．　（解答終）

【練 習 問 題】

問 3.3.1. 第2行について余因子展開することにより，次の行列式を求めよ．

$$\begin{vmatrix} 1 & -2 & 3 & -4 \\ 1 & x & x^2 & x^3 \\ 2 & -1 & 2 & -1 \\ 3 & -2 & 4 & -1 \end{vmatrix}$$

問 3.3.2. 次の正方行列が正則であるかどうかを判定し，正則ならば余因子を用いて逆行列を求めよ．

$$(1)\ A = \begin{pmatrix} 3 & 3 & -1 \\ 1 & 2 & 1 \\ -6 & -3 & 4 \end{pmatrix} \qquad (2)\ B = \begin{pmatrix} 2 & -6 & 4 \\ 2 & 1 & -2 \\ 7 & -7 & 2 \end{pmatrix}$$

$$(3)\ C = \begin{pmatrix} -1 & 0 & 2 \\ 3 & -2 & 1 \\ 2 & -1 & 1 \end{pmatrix} \qquad (4)\ D = \begin{pmatrix} 1 & 0 & 0 & 1 \\ 1 & 0 & -2 & 0 \\ 0 & -1 & 1 & 0 \\ 2 & 0 & 0 & 1 \end{pmatrix}$$

3.4 クラメルの公式

この節では，変数と方程式の個数が等しい連立1次方程式について考える．連立1次方程式 (2.1) において $m = n$ であるとすると，係数行列 A，変数ベクトル $\boldsymbol{x}$，定数ベクトル $\boldsymbol{b}$ はそれぞれ

$$A = \begin{pmatrix} a_{11} & a_{12} & \cdots & a_{1n} \\ a_{21} & a_{22} & \cdots & a_{2n} \\ \vdots & \vdots & \ddots & \vdots \\ a_{n1} & a_{n2} & \cdots & a_{nn} \end{pmatrix}, \quad \boldsymbol{x} = \begin{pmatrix} x_1 \\ x_2 \\ \vdots \\ x_n \end{pmatrix}, \quad \boldsymbol{b} = \begin{pmatrix} b_1 \\ b_2 \\ \vdots \\ b_n \end{pmatrix}$$

であり，連立1次方程式は

$$A\boldsymbol{x} = \boldsymbol{b}$$

と表せる．このとき，次の定理が成り立つ．

定理 3.9 (クラメルの公式)

上の記法を用いる．$|A| \neq 0$ であるとき，$\boldsymbol{x}$ についての連立 1 次方程式 $A\boldsymbol{x} = \boldsymbol{b}$ はただ 1 つの解をもち，その解は

$$\boldsymbol{x} = \frac{1}{|A|}\begin{pmatrix} |A_1| \\ |A_2| \\ \vdots \\ |A_n| \end{pmatrix} \tag{3.19}$$

で与えられる．ここで，A_j は係数行列 A の第 j 列を定数ベクトル $\boldsymbol{b}$ で置きかえてできる行列とする．すなわち，

$$A_j = \begin{pmatrix} a_{11} & \cdots & a_{1\,j-1} & b_1 & a_{1\,j+1} & \cdots & a_{1n} \\ a_{21} & \cdots & a_{2\,j-1} & b_2 & a_{2\,j+1} & \cdots & a_{2n} \\ \vdots & & \vdots & \vdots & \vdots & & \vdots \\ a_{n1} & \cdots & a_{n\,j-1} & b_n & a_{n\,j+1} & \cdots & a_{nn} \end{pmatrix}. \tag{3.20}$$

[証明] $|A| \neq 0$ のとき，定理 3.8 より A は逆行列 $A^{-1} = \dfrac{1}{|A|}{}^t\widetilde{A}$ をもつので，

$$A\boldsymbol{x} = \boldsymbol{b} \iff \boldsymbol{x} = A^{-1}\boldsymbol{b} \iff \boldsymbol{x} = \frac{1}{|A|}{}^t\widetilde{A}\,\boldsymbol{b}$$

より，連立 1 次方程式 $A\boldsymbol{x} = \boldsymbol{b}$ はただ 1 つの解 $\boldsymbol{x} = \dfrac{1}{|A|}{}^t\widetilde{A}\,\boldsymbol{b}$ をもつ．ここで，

$${}^t\widetilde{A}\,\boldsymbol{b} = \begin{pmatrix} \widetilde{a}_{11} & \widetilde{a}_{21} & \cdots & \widetilde{a}_{n1} \\ \widetilde{a}_{12} & \widetilde{a}_{22} & \cdots & \widetilde{a}_{n2} \\ \vdots & \vdots & \ddots & \vdots \\ \widetilde{a}_{1n} & \widetilde{a}_{2n} & \cdots & \widetilde{a}_{nn} \end{pmatrix}\begin{pmatrix} b_1 \\ b_2 \\ \vdots \\ b_n \end{pmatrix} = \begin{pmatrix} b_1\widetilde{a}_{11} + b_2\widetilde{a}_{21} + \cdots + b_n\widetilde{a}_{n1} \\ b_1\widetilde{a}_{12} + b_2\widetilde{a}_{22} + \cdots + b_n\widetilde{a}_{n2} \\ \vdots \\ b_1\widetilde{a}_{1n} + b_2\widetilde{a}_{2n} + \cdots + b_n\widetilde{a}_{nn} \end{pmatrix}$$

であり，この右辺の第 j 成分は $|A_j|$ の第 j 列に関する展開と一致するので，

$${}^t\widetilde{A}\,\boldsymbol{b} = \begin{pmatrix} |A_1| \\ |A_2| \\ \vdots \\ |A_n| \end{pmatrix}$$

となり，解の表示 (3.19) が得られる． （証明終）

例題 3.8 x, y, z についての連立 1 次方程式

$$\begin{cases} x+2y-3z=-1 \\ 2x+3y+3z=1 \\ 3x+\ \ y+\ \ z=2 \end{cases}$$

がただ 1 つの解をもつことを示し，クラメルの公式を用いて解を求めよ．

[解答] 問題文の連立 1 次方程式の係数行列を A とおき，行列式 $|A|$ の値を求める．第 3 列から第 2 列を引いて，第 3 列に関する展開をすると，

$$|A| = \begin{vmatrix} 1 & 2 & -3 \\ 2 & 3 & 3 \\ 3 & 1 & 1 \end{vmatrix} = \begin{vmatrix} 1 & 2 & -5 \\ 2 & 3 & 0 \\ 3 & 1 & 0 \end{vmatrix} = -5 \begin{vmatrix} 2 & 3 \\ 3 & 1 \end{vmatrix} = 35$$

となる．よって，$|A| \neq 0$ であるから，ただ 1 つの解をもつ．係数行列 A の第 1 列を定数ベクトルで置きかえてできる行列 A_1 の行列式は，第 3 列から第 2 列を引いて，第 3 列に関する展開をすると，

$$|A_1| = \begin{vmatrix} -1 & 2 & -3 \\ 1 & 3 & 3 \\ 2 & 1 & 1 \end{vmatrix} = \begin{vmatrix} -1 & 2 & -5 \\ 1 & 3 & 0 \\ 2 & 1 & 0 \end{vmatrix} = -5 \begin{vmatrix} 1 & 3 \\ 2 & 1 \end{vmatrix} = 25$$

となる．同様にして，

$$|A_2| = \begin{vmatrix} 1 & -1 & -3 \\ 2 & 1 & 3 \\ 3 & 2 & 1 \end{vmatrix} = -15, \qquad |A_3| = \begin{vmatrix} 1 & 2 & -1 \\ 2 & 3 & 1 \\ 3 & 1 & 2 \end{vmatrix} = 10$$

となる．よって，クラメルの公式より，解は

$$\begin{pmatrix} x \\ y \\ z \end{pmatrix} = \frac{1}{|A|} \begin{pmatrix} |A_1| \\ |A_2| \\ |A_3| \end{pmatrix} = \frac{1}{35} \begin{pmatrix} 25 \\ -15 \\ 10 \end{pmatrix} = \frac{1}{7} \begin{pmatrix} 5 \\ -3 \\ 2 \end{pmatrix}$$

である． （解答終）

系 2.1 と系 3.1 より，係数行列が n 次正方行列の同次連立 1 次方程式について，次の系が成り立つ．

系 3.4

A を n 次正方行列とするとき，x についての同次連立 1 次方程式 $A\boldsymbol{x} = \boldsymbol{0}$ に対し，次の同値関係が成り立つ：

$$A\boldsymbol{x} = \boldsymbol{0} \text{ は非自明な解をもたない} \iff |A| \neq 0,$$
$$A\boldsymbol{x} = \boldsymbol{0} \text{ は非自明な解をもつ} \iff |A| = 0.$$

例題 3.9 x, y, z についての同次連立 1 次方程式

$$\begin{cases} \lambda x + \ \ y - \ \ z = 0 \\ \ \ x + \lambda y + \ \ z = 0 \\ -x + \ \ y + \lambda z = 0 \end{cases}$$

が非自明な解をもつような λ の値を求めよ．また，そのときの解を求めよ．

[解答] 系 3.4 より，係数行列の行列式が 0 になるような λ の値を求めればよい．第 2 行に第 1 行を加えて，第 3 行から第 1 行を引いて，第 2 行と第 3 行からそれぞれ $(\lambda+1)$ をくくりだすと，係数行列の行列式は

$$\begin{vmatrix} \lambda & 1 & -1 \\ 1 & \lambda & 1 \\ -1 & 1 & \lambda \end{vmatrix} = \begin{vmatrix} \lambda & 1 & -1 \\ \lambda+1 & \lambda+1 & 0 \\ -\lambda-1 & 0 & \lambda+1 \end{vmatrix} = (\lambda+1)^2 \begin{vmatrix} \lambda & 1 & -1 \\ 1 & 1 & 0 \\ -1 & 0 & 1 \end{vmatrix}$$
$$= (\lambda+1)^2(\lambda-2)$$

となるので，$(\lambda+1)^2(\lambda-2) = 0$ より，求める λ の値は $\lambda = -1, 2$ である．

• **$\lambda = -1$ のときの解**： 係数行列に掃き出し法を適用すると，

$$\begin{pmatrix} -1 & 1 & -1 \\ 1 & -1 & 1 \\ -1 & 1 & -1 \end{pmatrix} \xrightarrow[\text{第 3 行に第 2 行を加える}]{\text{第 1 行に第 2 行を加える}} \begin{pmatrix} 0 & 0 & 0 \\ 1 & -1 & 1 \\ 0 & 0 & 0 \end{pmatrix} \xrightarrow{\text{第 1 行と第 2 行を入れかえる}} \begin{pmatrix} 1 & -1 & 1 \\ 0 & 0 & 0 \\ 0 & 0 & 0 \end{pmatrix}$$

となり，係数行列の階段標準形に対応する同次 1 次方程式は

$$x - y + z = 0$$

となる ($0 = 0$ という等式は省略した)．よって，$y = r$, $z = s$ とおくと，解は

$$\begin{pmatrix} x \\ y \\ z \end{pmatrix} = \begin{pmatrix} r-s \\ r \\ s \end{pmatrix} = r\begin{pmatrix} 1 \\ 1 \\ 0 \end{pmatrix} + s\begin{pmatrix} -1 \\ 0 \\ 1 \end{pmatrix} \qquad (r, s \text{ は任意定数})$$

と表せる.

• **$\boldsymbol{\lambda = 2}$ のときの解**： 係数行列に掃き出し法を適用すると,

$$\begin{pmatrix} 2 & 1 & -1 \\ 1 & 2 & 1 \\ -1 & 1 & 2 \end{pmatrix} \xrightarrow[\substack{\text{第 3 行に第 2 行}\\\text{を加える}}]{\substack{\text{第 1 行に第 2 行}\\\text{の} -2 \text{倍を加える}}} \begin{pmatrix} 0 & -3 & -3 \\ 1 & 2 & 1 \\ 0 & 3 & 3 \end{pmatrix} \xrightarrow{\substack{\text{第 1 行を}\\ -3 \text{で割る}}} \begin{pmatrix} 0 & 1 & 1 \\ 1 & 2 & 1 \\ 0 & 3 & 3 \end{pmatrix}$$

$$\xrightarrow[\substack{\text{第 3 行に第 1 行}\\\text{の} -3 \text{倍を加える}}]{\substack{\text{第 2 行に第 1 行}\\\text{の} -2 \text{倍を加える}}} \begin{pmatrix} 0 & 1 & 1 \\ 1 & 0 & -1 \\ 0 & 0 & 0 \end{pmatrix} \xrightarrow{\substack{\text{第 1 行と第 2 行}\\\text{を入れかえる}}} \begin{pmatrix} 1 & 0 & -1 \\ 0 & 1 & 1 \\ 0 & 0 & 0 \end{pmatrix}$$

となり，係数行列の階段標準形に対応する同次連立 1 次方程式は

$$\begin{cases} x \qquad - z = 0 \\ \qquad y + z = 0 \end{cases}$$

となる．よって，$z = u$ とおくと，解は

$$\begin{pmatrix} x \\ y \\ z \end{pmatrix} = \begin{pmatrix} u \\ -u \\ u \end{pmatrix} = u \begin{pmatrix} 1 \\ -1 \\ 1 \end{pmatrix} \qquad (u \text{ は任意定数})$$

と表せる. （解答終）

【練 習 問 題】

問 3.4.1. 次の連立方程式をクラメルの公式を用いて解け.

$$(1) \begin{cases} 3x - 4y = 2 \\ 5x + 6y = 1 \end{cases} \qquad (2) \begin{cases} 3x + 2y = -5 \\ 7x + 2y = 1 \end{cases}$$

$$(3) \begin{cases} 2x + y - 3z = 0 \\ x - y - 4z = 1 \\ 4x + y + 4z = -2 \end{cases} \qquad (4) \begin{cases} 2x - 2y + 3z = 1 \\ -2x + 3y - z = -2 \\ 3x - 2y + 6z = 1 \end{cases}$$

問 3.4.2. 次の連立 1 次方程式が非自明な解をもつような定数 λ の値を求め，そのときの解を求めよ.

$$(1) \begin{cases} (\lambda - 2)x - 2y = 0 \\ 2x - (\lambda + 1)y = 0 \end{cases} \qquad (2) \begin{cases} \lambda x - 2y - 2z = 0 \\ 2x - \lambda y - 2z = 0 \\ 2x - 2y - \lambda z = 0 \end{cases}$$

第3章　章末問題

問題 1. 次の行列式の値を求めよ．

(1) $\begin{vmatrix} 2 & 1 & 4 \\ 3 & -4 & 6 \\ 3 & 6 & 9 \end{vmatrix}$　(2) $\begin{vmatrix} 1 & -2 & 3 \\ 6 & 3 & 9 \\ -4 & 5 & -6 \end{vmatrix}$　(3) $\begin{vmatrix} \frac{1}{6} & \frac{1}{4} & -\frac{5}{6} \\ \frac{1}{2} & 0 & -\frac{3}{2} \\ \frac{1}{3} & -\frac{1}{6} & \frac{1}{2} \end{vmatrix}$

(4) $\begin{vmatrix} 2 & 4 & 0 & 6 \\ -3 & 2 & 1 & 0 \\ 5 & 6 & -2 & 7 \\ -2 & 1 & 3 & -1 \end{vmatrix}$　(5) $\begin{vmatrix} 3 & 3 & 2 & 4 \\ 1 & 6 & 0 & -1 \\ 4 & 0 & -6 & 8 \\ 2 & 3 & 1 & 0 \end{vmatrix}$　(6) $\begin{vmatrix} 1 & -3 & 2 & -1 \\ 0 & -2 & -4 & 5 \\ -1 & -2 & -4 & 0 \\ -2 & 1 & 4 & -3 \end{vmatrix}$

問題 2. 次の行列式によって定まる多項式を因数分解せよ．

(1) $\begin{vmatrix} 1 & a & a^3 \\ 1 & b & b^3 \\ 1 & c & c^3 \end{vmatrix}$　(2) $\begin{vmatrix} a & a^3 & ab+ac \\ b & b^3 & ab+bc \\ c & c^3 & ac+bc \end{vmatrix}$

(3) $\begin{vmatrix} a & b & b & b \\ a & b & a & b \\ a & b & b & a \\ b & b & b & a \end{vmatrix}$　(4) $\begin{vmatrix} 1 & 1 & 1 & 1 \\ a & a & a & x \\ b & b & x & y \\ c & x & y & z \end{vmatrix}$

問題 3. 次の行列が正則であるかどうかを判定し，正則ならば余因子を用いて逆行列を求めよ．

(1) $\begin{pmatrix} 2 & 0 & 3 \\ -1 & 1 & 0 \\ 0 & -2 & 1 \end{pmatrix}$　(2) $\begin{pmatrix} 1 & 2 & 1 \\ 2 & 1 & -1 \\ -3 & -1 & 1 \end{pmatrix}$　(3) $\begin{pmatrix} -2 & 1 & -5 \\ 3 & -1 & 2 \\ 5 & -1 & -4 \end{pmatrix}$

(4) $\begin{pmatrix} 2 & 1 & 4 & -1 \\ 1 & 1 & 2 & 0 \\ -1 & -1 & -3 & 1 \\ 2 & 0 & 3 & -1 \end{pmatrix}$　(5) $\begin{pmatrix} 1 & -2 & 1 & -1 \\ 2 & -2 & 3 & -3 \\ 2 & -1 & 3 & -2 \\ -1 & 1 & -1 & 2 \end{pmatrix}$

問題 4. 次の連立 1 次方程式をクラメルの公式を用いて解け.

(1) $\begin{cases} 2x-3y+\ \ z=2 \\ 4x-\ \ y-\ \ z=2 \\ 2x+2y+4z=9 \end{cases}$　　(2) $\begin{cases} x-\ \ y+2z \qquad\quad =3 \\ \qquad 2y+\ \ z+3w=1 \\ -\ x+3y \qquad +2w=0 \\ 3x \qquad +2z+\ \ w=4 \end{cases}$

問題 5. 次の連立 1 次方程式が非自明な解をもつような定数 a の値を求め，そのときの解を求めよ.

$$(1)\ \begin{cases} (a-2)x+\qquad 2y-\qquad 2z=0 \\ \qquad 2x+(a+1)y-\qquad 4z=0 \\ \qquad 2x+\qquad 4y-(a+1)z=0 \end{cases}$$

$$(2)\ \begin{cases} -\ \ y-\qquad z+aw=0 \\ x+2y+\qquad 3z+2w=0 \\ -x-3y+(a+2)z-5w=0 \\ x+3y-\qquad 2z+3w=0 \end{cases}$$

問題 6. 2 以上の整数 n に対し，等式

$$\begin{vmatrix} 1 & 1 & 1 & \cdots & 1 \\ x_1 & x_2 & x_3 & \cdots & x_n \\ {x_1}^2 & {x_2}^2 & {x_3}^2 & \cdots & {x_n}^2 \\ \vdots & \vdots & \vdots & \ddots & \vdots \\ {x_1}^{n-1} & {x_2}^{n-1} & {x_3}^{n-1} & \cdots & {x_n}^{n-1} \end{vmatrix} = \prod_{1 \leqq i<j \leqq n} (x_j - x_i)$$

が成り立つことを示せ．この左辺は，$x_1, x_2, \cdots, x_n$ についての**ヴァンデルモンドの行列式**と呼ばれる．また，この右辺は i, j が $1 \leqq i < j \leqq n$ を満たす整数全体を動くときのすべての $(x_j - x_i)$ を掛け合わせたものを表す．すなわち，

$$\begin{aligned} \prod_{1 \leqq i<j \leqq n} (x_j - x_i) = (x_2-x_1)(x_3-x_1)&\cdots(x_n-x_1) \\ \cdot(x_3-x_2)&\cdots(x_n-x_2) \\ \ddots\quad &\quad\ \vdots \\ &\cdot(x_n-x_{n-1}). \end{aligned}$$

4
線形空間

4.1 線形空間と部分空間

実数全体の集合を $\mathbb{R}$ で表し，**実数体**という．n 次元列ベクトル全体の集合を (n 次元) **ユークリッド空間**といい，$\mathbb{R}^n$ という記号で表す．すなわち，

$$\mathbb{R}^n = \left\{ \boldsymbol{a} = \begin{pmatrix} a_1 \\ a_2 \\ \vdots \\ a_n \end{pmatrix} \middle| \; a_1, a_2, \cdots, a_n \in \mathbb{R} \right\}$$

とする．2 次元列ベクトルを xy 平面上の原点 O を基準とする位置ベクトルと見なすことによって，$\mathbb{R}^2$ を xy 平面と同一視することができる．同様に，$\mathbb{R}^3$ を xyz 空間と同一視できる．また，n 個の n 次元列ベクトル

$$\boldsymbol{e}_1 = \begin{pmatrix} 1 \\ 0 \\ 0 \\ \vdots \\ 0 \end{pmatrix}, \qquad \boldsymbol{e}_2 = \begin{pmatrix} 0 \\ 1 \\ 0 \\ \vdots \\ 0 \end{pmatrix}, \qquad \cdots, \qquad \boldsymbol{e}_n = \begin{pmatrix} 0 \\ 0 \\ \vdots \\ 0 \\ 1 \end{pmatrix}$$

を $\mathbb{R}^n$ の**基本ベクトル**という．n 次元列ベクトル $\boldsymbol{a}$ は，

$$\boldsymbol{a} = \begin{pmatrix} a_1 \\ a_2 \\ \vdots \\ a_n \end{pmatrix} \text{ ならば，} \qquad \boldsymbol{a} = a_1\boldsymbol{e}_1 + a_2\boldsymbol{e}_2 + \cdots + a_n\boldsymbol{e}_n \tag{4.1}$$

と表せる．この表示を $\boldsymbol{a}$ の**基本ベクトル表示**という．

$V = \mathbb{R}^n$ とおくと，集合 V は次の線形空間の公理を満たす．

線形空間の公理

《和の公理》 すべての $\boldsymbol{a}, \boldsymbol{b} \in V$ に対し，$\boldsymbol{a}$ と $\boldsymbol{b}$ の和と呼ばれる V の要素 $\boldsymbol{a} + \boldsymbol{b}$ が定まる．さらに，次の条件を満たす．

(1) すべての $\boldsymbol{a}, \boldsymbol{b}, \boldsymbol{c} \in V$ に対し，結合法則 $(\boldsymbol{a}+\boldsymbol{b})+\boldsymbol{c} = \boldsymbol{a}+(\boldsymbol{b}+\boldsymbol{c})$ と交換法則 $\boldsymbol{a} + \boldsymbol{b} = \boldsymbol{b} + \boldsymbol{a}$ が成り立つ．

(2) 零ベクトルと呼ばれる V の要素 $\boldsymbol{0}$ がただ1つ存在し，すべての $\boldsymbol{a} \in V$ に対して $\boldsymbol{a} + \boldsymbol{0} = \boldsymbol{a}$ が成り立つ．

(3) すべての $\boldsymbol{a} \in V$ に対し，$\boldsymbol{a}$ の逆ベクトルと呼ばれる V の要素 $-\boldsymbol{a}$ が存在して $\boldsymbol{a} + (-\boldsymbol{a}) = \boldsymbol{0}$ が成り立つ．

《スカラー倍の公理》 すべての $\boldsymbol{a} \in V$, $r \in \mathbb{R}$ に対し，$\boldsymbol{a}$ の r 倍と呼ばれる V の要素 $r\boldsymbol{a}$ が定まる．さらに，すべての $\boldsymbol{a}, \boldsymbol{b} \in V$ と $r, s \in \mathbb{R}$ に対し，次の等式が成り立つ：

$$r(\boldsymbol{a} + \boldsymbol{b}) = r\boldsymbol{a} + r\boldsymbol{b}, \qquad (r + s)\boldsymbol{a} = r\boldsymbol{a} + s\boldsymbol{a},$$

$$(rs)\boldsymbol{a} = r(s\boldsymbol{a}), \qquad 1\boldsymbol{a} = \boldsymbol{a}.$$

一般に，線形空間の公理を満たす集合 V を ($\mathbb{R}$ 上の) **線形空間**，または**ベクトル空間**という．また，線形空間 V において，V の要素を**ベクトル**といい，実数を**スカラー**という．本書では，ユークリッド空間 $\mathbb{R}^n$ 以外はあまり扱わないが，線形空間の公理を満たす集合であれば，どのようなものでも線形空間と見なしてよい．たとえば，2 次正方行列全体の集合

$$M_2(\mathbb{R}) = \left\{ \begin{pmatrix} a & b \\ c & d \end{pmatrix} \middle| \, a, b, c, d \in \mathbb{R} \right\}$$

や x についての n 次以下の多項式全体の集合

$$\mathbb{R}[x]_n = \{a_0 + a_1 x + a_2 x^2 + \cdots + a_n x^n \mid a_0, a_1, a_2, \cdots, a_n \in \mathbb{R}\}$$

は線形空間と見なせる．

注意 4.1 実数体 $\mathbb{R}$ のように四則演算が定義されている集合を**体**という．$\mathbb{R}$ 以外の体の例としては，有理数全体の集合である**有理数体** $\mathbb{Q}$ や複素数全体の集合である**複素数体** $\mathbb{C}$ などがある．線形空間の公理において $\mathbb{R}$ を他の体に置きかえると，他の体上の線形空間を定義することができる．

線形空間 V の空集合 $\emptyset$ でない部分集合 W が和とスカラー倍について閉じているとき，すなわち，

(1) すべての $\boldsymbol{a}, \boldsymbol{b} \in W$ に対し，$\boldsymbol{a}+\boldsymbol{b} \in W$ が成り立つ，

(2) すべての $\boldsymbol{a} \in W$, $r \in \mathbb{R}$ に対し，$r\boldsymbol{a} \in W$ が成り立つ，

を満たすとき，W は線形空間になる．この線形空間 W を V の**部分空間**，**部分線形空間**または**部分ベクトル空間**という．V がどのような線形空間であっても，零ベクトルのみの部分集合 $\{\boldsymbol{0}\}$ と V 自身は V の部分空間であり，これらは**自明な部分空間**と呼ばれる．

例題 4.1 $\mathbb{R}^2$ の部分集合

$$W = \left\{ \begin{pmatrix} x \\ y \end{pmatrix} \middle|\ x, y \in \mathbb{R},\ 2x - y = 0 \right\}$$

が $\mathbb{R}^2$ の部分空間であることを示せ．

[解答] $\boldsymbol{a} = \begin{pmatrix} a_1 \\ a_2 \end{pmatrix}, \boldsymbol{b} = \begin{pmatrix} b_1 \\ b_2 \end{pmatrix}$ を W のベクトル，r を実数とする．このとき，

$$\boldsymbol{a}+\boldsymbol{b} = \begin{pmatrix} a_1 + b_1 \\ a_2 + b_2 \end{pmatrix}, \qquad r\boldsymbol{a} = \begin{pmatrix} ra_1 \\ ra_2 \end{pmatrix}$$

がともに W のベクトルであることを示せばよい．$\boldsymbol{a} \in W$ より $2a_1 - a_2 = 0$, $\boldsymbol{b} \in W$ より $2b_1 - b_2 = 0$ である．よって，

$$2(a_1 + b_1) - (a_2 + b_2) = (2a_1 - a_2) + (2b_1 - b_2) = 0 + 0 = 0$$

となるので，$\boldsymbol{a}+\boldsymbol{b} \in W$ である．また，

$$2(ra_1) - (ra_2) = r(2a_1 - a_2) = r \cdot 0 = 0$$

より，$r\boldsymbol{a} \in W$ である．以上により，W は $\mathbb{R}^2$ の部分空間である． （解答終）

例題 4.2 $\mathbb{R}^2$ の部分集合

$$W = \left\{ \begin{pmatrix} x \\ y \end{pmatrix} \middle|\ x, y \in \mathbb{R},\ x + y = 1 \right\}$$

が $\mathbb{R}^2$ の部分空間ではないことを示せ．

[解答] $\boldsymbol{a} = \begin{pmatrix} a_1 \\ a_2 \end{pmatrix}$ と $\boldsymbol{b} = \begin{pmatrix} b_1 \\ b_2 \end{pmatrix}$ を W のベクトルとすると，$a_1 + a_2 = 1$, $b_1 + b_2 = 1$ より，

$$(a_1 + b_1) + (a_2 + b_2) = (a_1 + a_2) + (b_1 + b_2) = 1 + 1 = 2 \neq 1$$

となるので，$\boldsymbol{a} + \boldsymbol{b} = \begin{pmatrix} a_1 + b_1 \\ a_2 + b_2 \end{pmatrix}$ は W のベクトルではない．よって，W は $\mathbb{R}^2$ の部分空間ではない．　（解答終）

$\mathbb{R}^2$ を xy 平面と同一視すると，例題 4.1 の $\mathbb{R}^2$ の部分空間 W は原点 O を通る直線になる（図 4.1）．このように xy 平面上の集合として表すと，$\mathbb{R}^2$ の部分空間は，原点 O，原点 O を通る直線，xy 平面全体の 3 種類のいずれかになることが知られている（原点 O は $\{\boldsymbol{0}\}$ に対応し，xy 平面全体は $\mathbb{R}^2$ に対応する）．この事実については，4.3 節で詳しく説明する．

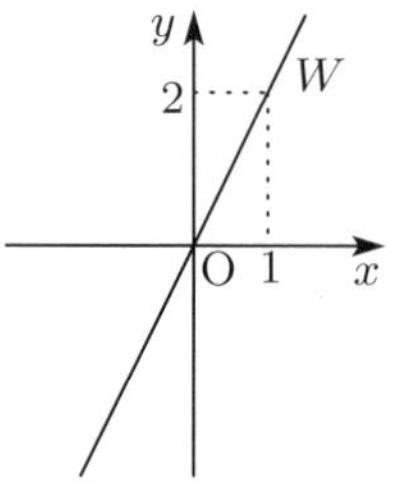

図 4.1　部分空間

また，例題 4.1 の解答を一般化すると，次の定理が得られる．

定理 4.1

A を係数行列とする n 次元変数ベクトル $\boldsymbol{x}$ についての同次連立 1 次方程式 $A\boldsymbol{x} = \boldsymbol{0}$ に対し，その解全体の集合

$$W = \{\boldsymbol{x} \mid \boldsymbol{x} \in \mathbb{R}^n,\ A\boldsymbol{x} = \boldsymbol{0}\}$$

は $\mathbb{R}^n$ の部分空間である．この W を $A\boldsymbol{x} = \boldsymbol{0}$ の**解空間**という．

[証明] すべての $\boldsymbol{a}, \boldsymbol{b} \in W$ と $r \in \mathbb{R}$ に対し，$A\boldsymbol{a} = \boldsymbol{0}$, $A\boldsymbol{b} = \boldsymbol{0}$ より，

$$A(\boldsymbol{a} + \boldsymbol{b}) = A\boldsymbol{a} + A\boldsymbol{b} = \boldsymbol{0} + \boldsymbol{0} = \boldsymbol{0} \text{ となるので，} \qquad \boldsymbol{a} + \boldsymbol{b} \in W,$$
$$A(r\boldsymbol{a}) = r(A\boldsymbol{a}) = r\boldsymbol{0} = \boldsymbol{0} \text{ となるので，} \qquad r\boldsymbol{a} \in W$$

が成り立つ．よって，W は $\mathbb{R}^n$ の部分空間である．　（証明終）

注意 4.2　例題 4.2 を見るとわかるように，定数ベクトルが $\boldsymbol{0}$ でない連立 1 次方程式の解全体の集合はユークリッド空間の部分空間にはならない．

【練　習　問　題】

問 4.1.1. 次の W は $\mathbb{R}^3$ の部分空間かどうかを判定せよ．

(1) $$W = \left\{ \begin{pmatrix} x \\ y \\ z \end{pmatrix} \middle| \; x, y, z \in \mathbb{R},\ x + y = 0 \right\}$$

(2) $$W = \left\{ \begin{pmatrix} x \\ y \\ z \end{pmatrix} \middle| \; x, y, z \in \mathbb{R},\ x - 2y + z = 0,\ x - 3y + 2z = 2 \right\}$$

(3) $$W = \left\{ \begin{pmatrix} x \\ y \\ z \end{pmatrix} \middle| \; x, y, z \in \mathbb{R},\ y - z \geqq 0 \right\}$$

(4) $$W = \left\{ \begin{pmatrix} x \\ y \\ z \end{pmatrix} \middle| \; x, y, z \in \mathbb{R},\ x^2 + y^2 + z^2 = 0 \right\}$$

4.2　1 次独立と 1 次従属

この節では，線形空間において重要な概念であるベクトルの 1 次独立性と 1 次従属性について説明する．$\boldsymbol{a}_1, \boldsymbol{a}_2, \cdots, \boldsymbol{a}_m$ を線形空間 V の m 個のベクトルとする．実数 $r_1, r_2, \cdots, r_m$ に対し，

$$r_1\boldsymbol{a}_1 + r_2\boldsymbol{a}_2 + \cdots + r_m\boldsymbol{a}_m \tag{4.2}$$

を ($r_1, r_2, \cdots, r_m$ を係数とする) $\boldsymbol{a}_1, \boldsymbol{a}_2, \cdots, \boldsymbol{a}_m$ の **1 次結合**，または**線形結合**という．1 次結合 (4.2) が $\boldsymbol{0}$ となるとき，すなわち，

$$r_1\boldsymbol{a}_1 + r_2\boldsymbol{a}_2 + \cdots + r_m\boldsymbol{a}_m = \boldsymbol{0} \tag{4.3}$$

が成り立つとき，これを $\boldsymbol{a}_1, \boldsymbol{a}_2, \cdots, \boldsymbol{a}_m$ の **1 次関係式**または**線形関係式**という．$r_1 = r_2 = \cdots = r_m = 0$ に対する 1 次関係式 (4.3) は，$\boldsymbol{a}_1, \boldsymbol{a}_2, \cdots, \boldsymbol{a}_m$ がどのようなベクトルでも必ず成り立つので，**自明な 1 次関係式** (線形関係式) と呼ばれる．逆に $r_1 = r_2 = \cdots = r_m = 0$ 以外に (4.3) が成り立つ実数 $r_1, r_2, \cdots, r_m$ が存在しないとき，すなわち，

$$r_1\boldsymbol{a}_1 + r_2\boldsymbol{a}_2 + \cdots + r_m\boldsymbol{a}_m = \boldsymbol{0} \quad \Longrightarrow \quad r_1 = r_2 = \cdots = r_m = 0$$

が成り立つとき，$\boldsymbol{a}_1, \boldsymbol{a}_2, \cdots, \boldsymbol{a}_m$ は**1 次独立**，または**線形独立**であるという．また，少なくとも 1 つは 0 でない実数 $r_1, r_2, \cdots, r_m$ に対する 1 次関係式 (4.3) が成り立つとき，$\boldsymbol{a}_1, \boldsymbol{a}_2, \cdots, \boldsymbol{a}_m$ は**1 次従属**，または**線形従属**であるといい，その 1 次関係式は**非自明な 1 次関係式** (線形関係式) と呼ばれる．

<u>**例 4.1**</u> $\mathbb{R}^3$ の基本ベクトル $\boldsymbol{e}_1, \boldsymbol{e}_2, \boldsymbol{e}_3$ は 1 次独立である．実際，

$$r\boldsymbol{e}_1 + s\boldsymbol{e}_2 + u\boldsymbol{e}_3 = r\begin{pmatrix}1\\0\\0\end{pmatrix} + s\begin{pmatrix}0\\1\\0\end{pmatrix} + u\begin{pmatrix}0\\0\\1\end{pmatrix} = \begin{pmatrix}r\\s\\u\end{pmatrix}$$

より，1 次関係式 $r\boldsymbol{e}_1 + s\boldsymbol{e}_2 + u\boldsymbol{e}_3 = \boldsymbol{0}$ は $r = s = u = 0$ のときのみ成り立つ．一般に，$\mathbb{R}^n$ の基本ベクトルは 1 次独立である．

さて，$\mathbb{R}^3$ の 3 個のベクトル

$$\boldsymbol{a} = \begin{pmatrix}a_1\\a_2\\a_3\end{pmatrix}, \qquad \boldsymbol{b} = \begin{pmatrix}b_1\\b_2\\b_3\end{pmatrix}, \qquad \boldsymbol{c} = \begin{pmatrix}c_1\\c_2\\c_3\end{pmatrix}$$

が 1 次独立か 1 次従属かを判定する方法を考えよう．実数 r, s, u を係数とする $\boldsymbol{a}, \boldsymbol{b}, \boldsymbol{c}$ の 1 次結合は

$$r\boldsymbol{a} + s\boldsymbol{b} + u\boldsymbol{c} = \begin{pmatrix}ra_1 + sb_1 + uc_1\\ra_2 + sb_2 + uc_2\\ra_3 + sb_3 + uc_3\end{pmatrix} = \begin{pmatrix}a_1 & b_1 & c_1\\a_2 & b_2 & c_2\\a_3 & b_3 & c_3\end{pmatrix}\begin{pmatrix}r\\s\\u\end{pmatrix}$$

と変形できるので，1 次関係式 $r\boldsymbol{a} + s\boldsymbol{b} + u\boldsymbol{c} = \boldsymbol{0}$ は

$$\begin{pmatrix}a_1 & b_1 & c_1\\a_2 & b_2 & c_2\\a_3 & b_3 & c_3\end{pmatrix}\begin{pmatrix}r\\s\\u\end{pmatrix} = \begin{pmatrix}0\\0\\0\end{pmatrix} \tag{4.4}$$

と書きかえられる．よって，$\boldsymbol{a}, \boldsymbol{b}, \boldsymbol{c}$ が 1 次独立か 1 次従属かは，r, s, u についての同次連立 1 次方程式 (4.4) が非自明な解 ($r = s = u = 0$ 以外の解) をもたないかもつかによって判定できる．系 2.1 より，(4.4) の係数行列

$$(\boldsymbol{a}\ \boldsymbol{b}\ \boldsymbol{c}) = \begin{pmatrix} a_1 & b_1 & c_1 \\ a_2 & b_2 & c_2 \\ a_3 & b_3 & c_3 \end{pmatrix}$$

の階数が $\mathrm{rank}(\boldsymbol{a}\ \boldsymbol{b}\ \boldsymbol{c}) = 3$ であるとき，(4.4) は非自明な解をもたないので，$\boldsymbol{a}, \boldsymbol{b}, \boldsymbol{c}$ は1次独立である．$\mathrm{rank}(\boldsymbol{a}\ \boldsymbol{b}\ \boldsymbol{c}) < 3$ であるとき，(4.4) は非自明な解をもつので，$\boldsymbol{a}, \boldsymbol{b}, \boldsymbol{c}$ は1次従属である．

ここまでの説明はそのまま $\mathbb{R}^n$ の m 個のベクトル $\boldsymbol{a}_1, \boldsymbol{a}_2, \cdots, \boldsymbol{a}_m$ の場合に拡張できる．$r_1\boldsymbol{a}_1 + r_2\boldsymbol{a}_2 + \cdots + r_m\boldsymbol{a}_m = \boldsymbol{0}$ という1次関係式は，係数行列が $(\boldsymbol{a}_1\ \boldsymbol{a}_2\ \cdots\ \boldsymbol{a}_m)$ である $r_1, r_2, \cdots, r_m$ についての同次連立1次方程式に書きかえられるので，系2.1より，次の定理が成り立つ．

定理 4.2

$\mathbb{R}^n$ の m 個のベクトル $\boldsymbol{a}_1, \boldsymbol{a}_2, \cdots, \boldsymbol{a}_m$ に対し，次の同値関係が成り立つ：

$$\boldsymbol{a}_1, \boldsymbol{a}_2, \cdots, \boldsymbol{a}_m \text{ は1次独立} \iff \mathrm{rank}(\boldsymbol{a}_1\ \boldsymbol{a}_2\ \cdots\ \boldsymbol{a}_m) = m,$$
$$\boldsymbol{a}_1, \boldsymbol{a}_2, \cdots, \boldsymbol{a}_m \text{ は1次従属} \iff \mathrm{rank}(\boldsymbol{a}_1\ \boldsymbol{a}_2\ \cdots\ \boldsymbol{a}_m) < m.$$

注意 4.3　$\boldsymbol{a}_1, \boldsymbol{a}_2, \cdots, \boldsymbol{a}_m$ を $\mathbb{R}^n$ の m 個のベクトルとすると，注意2.2より，(n, m) 型の行列 $(\boldsymbol{a}_1\ \boldsymbol{a}_2\ \cdots\ \boldsymbol{a}_m)$ の階数は n 以下である．よって，定理4.2より，$n < m$ ならば，$\boldsymbol{a}_1, \boldsymbol{a}_2, \cdots, \boldsymbol{a}_m$ は1次従属である．

例題 4.3　$\mathbb{R}^3$ のベクトル $\boldsymbol{a}_1, \boldsymbol{a}_2, \boldsymbol{a}_3, \boldsymbol{a}_4, \boldsymbol{a}_5$ を

$$\boldsymbol{a}_1 = \begin{pmatrix} 1 \\ -2 \\ 1 \end{pmatrix}, \quad \boldsymbol{a}_2 = \begin{pmatrix} 1 \\ -1 \\ 0 \end{pmatrix}, \quad \boldsymbol{a}_3 = \begin{pmatrix} 1 \\ 0 \\ -1 \end{pmatrix}, \quad \boldsymbol{a}_4 = \begin{pmatrix} 1 \\ 2 \\ 0 \end{pmatrix}, \quad \boldsymbol{a}_5 = \begin{pmatrix} 0 \\ 1 \\ 2 \end{pmatrix}$$

と定める．このとき，次のベクトルについて，その1次関係式をすべて求め，1次独立か1次従属かを判定せよ．

(1) $\boldsymbol{a}_1, \boldsymbol{a}_2$　　(2) $\boldsymbol{a}_1, \boldsymbol{a}_2, \boldsymbol{a}_3$　　(3) $\boldsymbol{a}_3, \boldsymbol{a}_4, \boldsymbol{a}_5$

[解答] (1) 実数 r_1, r_2 を係数とする1次関係式 $r_1\boldsymbol{a}_1 + r_2\boldsymbol{a}_2 = \boldsymbol{0}$ は，

$$r_1\boldsymbol{a}_1 + r_2\boldsymbol{a}_2 = (\boldsymbol{a}_1\ \boldsymbol{a}_2)\begin{pmatrix} r_1 \\ r_2 \end{pmatrix} \text{ より，} \qquad (\boldsymbol{a}_1\ \boldsymbol{a}_2)\begin{pmatrix} r_1 \\ r_2 \end{pmatrix} = \boldsymbol{0}$$

と書きかえられる．これを r_1, r_2 についての同次連立1次方程式と見なして解く．掃き出し法によって，係数行列 $(\boldsymbol{a}_1\ \boldsymbol{a}_2)$ の階段標準形を求めると，

$$(\boldsymbol{a}_1\ \boldsymbol{a}_2) = \begin{pmatrix} 1 & 1 \\ -2 & -1 \\ 1 & 0 \end{pmatrix} \xrightarrow[\substack{\text{第 3 行に第 1 行} \\ \text{の } -1 \text{ 倍を加える}}]{\substack{\text{第 2 行に第 1 行} \\ \text{の 2 倍を加える}}} \begin{pmatrix} 1 & 1 \\ 0 & 1 \\ 0 & -1 \end{pmatrix} \xrightarrow[\substack{\text{第 3 行に第 2 行} \\ \text{を加える}}]{\substack{\text{第 1 行に第 2 行} \\ \text{の } -1 \text{ 倍を加える}}} \begin{pmatrix} 1 & 0 \\ 0 & 1 \\ 0 & 0 \end{pmatrix}$$

となる．この階段標準形に対応する同次連立 1 次方程式は

$$\begin{cases} r_1 = 0 \\ r_2 = 0 \end{cases} \qquad \text{であるので，解は} \begin{pmatrix} r_1 \\ r_2 \end{pmatrix} = \begin{pmatrix} 0 \\ 0 \end{pmatrix} \text{である．}$$

これより，$\boldsymbol{a}_1, \boldsymbol{a}_2$ の 1 次関係式は $0\boldsymbol{a}_1 + 0\boldsymbol{a}_2 = \boldsymbol{0}$ のみであることがわかる．よって，$\boldsymbol{a}_1, \boldsymbol{a}_2$ は 1 次独立である．

(2) 実数 r_3, r_4, r_5 を係数とする 1 次関係式 $r_3\boldsymbol{a}_1 + r_4\boldsymbol{a}_2 + r_5\boldsymbol{a}_3 = \boldsymbol{0}$ は,

$$r_3\boldsymbol{a}_1 + r_4\boldsymbol{a}_2 + r_5\boldsymbol{a}_3 = (\boldsymbol{a}_1\ \boldsymbol{a}_2\ \boldsymbol{a}_3)\begin{pmatrix} r_3 \\ r_4 \\ r_5 \end{pmatrix} \text{より，} \quad (\boldsymbol{a}_1\ \boldsymbol{a}_2\ \boldsymbol{a}_3)\begin{pmatrix} r_3 \\ r_4 \\ r_5 \end{pmatrix} = \boldsymbol{0}$$

と書きかえられる．これを r_3, r_4, r_5 についての同次連立 1 次方程式と見なして解く．掃き出し法によって，係数行列 $(\boldsymbol{a}_1\ \boldsymbol{a}_2\ \boldsymbol{a}_3)$ の階段標準形を求めると,

$$(\boldsymbol{a}_1\ \boldsymbol{a}_2\ \boldsymbol{a}_3) = \begin{pmatrix} 1 & 1 & 1 \\ -2 & -1 & 0 \\ 1 & 0 & -1 \end{pmatrix} \xrightarrow[\substack{\text{第 3 行に第 1 行} \\ \text{の } -1 \text{ 倍を加える}}]{\substack{\text{第 2 行に第 1 行} \\ \text{の 2 倍を加える}}} \begin{pmatrix} 1 & 1 & 1 \\ 0 & 1 & 2 \\ 0 & -1 & -2 \end{pmatrix}$$

$$\xrightarrow[\text{第 3 行に第 2 行を加える}]{\text{第 1 行に第 2 行の } -1 \text{ 倍を加える}} \begin{pmatrix} 1 & 0 & -1 \\ 0 & 1 & 2 \\ 0 & 0 & 0 \end{pmatrix}$$

となる．この階段標準形に対応する同次連立 1 次方程式は

$$\begin{cases} r_3 - r_5 = 0 \\ r_4 + 2r_5 = 0 \end{cases}$$

である．よって，$r_5 = s$ とおくと，解は

$$\begin{pmatrix} r_3 \\ r_4 \\ r_5 \end{pmatrix} = \begin{pmatrix} s \\ -2s \\ s \end{pmatrix} \qquad (s \text{ は任意定数})$$

と表せる．これより，$\boldsymbol{a}_1, \boldsymbol{a}_2, \boldsymbol{a}_3$ の 1 次関係式は

$$s\boldsymbol{a}_1 - 2s\boldsymbol{a}_2 + s\boldsymbol{a}_3 = \boldsymbol{0} \qquad (s \text{ は任意定数}) \qquad (4.5)$$

と表せることがわかる．$s \neq 0$ のとき，これは非自明な1次関係式であるので，$\boldsymbol{a}_1, \boldsymbol{a}_2, \boldsymbol{a}_3$ は1次従属である．

(3) 実数 r_6, r_7, r_8 を係数とする1次関係式 $r_6\boldsymbol{a}_3 + r_7\boldsymbol{a}_4 + r_8\boldsymbol{a}_5 = \boldsymbol{0}$ は，

$$r_6\boldsymbol{a}_3 + r_7\boldsymbol{a}_4 + r_8\boldsymbol{a}_5 = (\boldsymbol{a}_3\ \boldsymbol{a}_4\ \boldsymbol{a}_5)\begin{pmatrix} r_6 \\ r_7 \\ r_8 \end{pmatrix} \text{ より，}\quad (\boldsymbol{a}_3\ \boldsymbol{a}_4\ \boldsymbol{a}_5)\begin{pmatrix} r_6 \\ r_7 \\ r_8 \end{pmatrix} = \boldsymbol{0}$$

と書きかえられる．これを r_6, r_7, r_8 についての同次連立1次方程式と見なして解く．掃き出し法によって，係数行列 $(\boldsymbol{a}_3\ \boldsymbol{a}_4\ \boldsymbol{a}_5)$ の階段標準形を求めると，

$$(\boldsymbol{a}_3\ \boldsymbol{a}_4\ \boldsymbol{a}_5) = \begin{pmatrix} 1 & 1 & 0 \\ 0 & 2 & 1 \\ -1 & 0 & 2 \end{pmatrix} \xrightarrow{\substack{\text{第3行に第1行} \\ \text{を加える}}} \begin{pmatrix} 1 & 1 & 0 \\ 0 & 2 & 1 \\ 0 & 1 & 2 \end{pmatrix}$$

$$\xrightarrow[\substack{\text{第2行に第3行} \\ \text{の}-2\text{倍を加える}}]{\substack{\text{第1行に第3行} \\ \text{の}-1\text{倍を加える}}} \begin{pmatrix} 1 & 0 & -2 \\ 0 & 0 & -3 \\ 0 & 1 & 2 \end{pmatrix} \xrightarrow{\substack{\text{第2行を} \\ -3\text{で割る}}} \begin{pmatrix} 1 & 0 & -2 \\ 0 & 0 & 1 \\ 0 & 1 & 2 \end{pmatrix}$$

$$\xrightarrow[\substack{\text{第3行に第2行} \\ \text{の}-2\text{倍を加える}}]{\substack{\text{第1行に第2行} \\ \text{の2倍を加える}}} \begin{pmatrix} 1 & 0 & 0 \\ 0 & 0 & 1 \\ 0 & 1 & 0 \end{pmatrix} \xrightarrow{\substack{\text{第2行と第3行} \\ \text{を入れかえる}}} \begin{pmatrix} 1 & 0 & 0 \\ 0 & 1 & 0 \\ 0 & 0 & 1 \end{pmatrix}$$

となる．この階段標準形に対応する同次連立1次方程式は

$$\begin{cases} r_6 & & & = 0 \\ & r_7 & & = 0 \\ & & r_8 & = 0 \end{cases} \quad \text{であるので，解は} \begin{pmatrix} r_6 \\ r_7 \\ r_8 \end{pmatrix} = \begin{pmatrix} 0 \\ 0 \\ 0 \end{pmatrix} \text{である．}$$

これより，$\boldsymbol{a}_3, \boldsymbol{a}_4, \boldsymbol{a}_5$ の1次関係式は $0\boldsymbol{a}_3 + 0\boldsymbol{a}_4 + 0\boldsymbol{a}_5 = \boldsymbol{0}$ のみであることがわかる．よって，$\boldsymbol{a}_3, \boldsymbol{a}_4, \boldsymbol{a}_5$ は1次独立である． （解答終）

系3.3と定理4.2より，次の系が成り立つことがわかる．

系 4.1

$\boldsymbol{a}_1, \boldsymbol{a}_2, \cdots, \boldsymbol{a}_n$ を $\mathbb{R}^n$ の n 個のベクトルとし，$A = (\boldsymbol{a}_1\ \boldsymbol{a}_2\ \cdots\ \boldsymbol{a}_n)$ とおく．このとき，次の同値関係が成り立つ：

$$\boldsymbol{a}_1, \boldsymbol{a}_2, \cdots, \boldsymbol{a}_n \text{ は1次独立} \iff \operatorname{rank} A = n \iff |A| \neq 0$$
$$\iff A \text{ は正則行列である．}$$

例 4.2 例題 4.3 (2), (3) のベクトルが 1 次独立か 1 次従属かは行列式でも判定できる．$(\boldsymbol{a}_1\ \boldsymbol{a}_2\ \boldsymbol{a}_3)$ と $(\boldsymbol{a}_3\ \boldsymbol{a}_4\ \boldsymbol{a}_5)$ の行列式を計算すると，

$$|\boldsymbol{a}_1\ \boldsymbol{a}_2\ \boldsymbol{a}_3| = \begin{vmatrix} 1 & 1 & 1 \\ -2 & -1 & 0 \\ 1 & 0 & -1 \end{vmatrix} = 0, \quad |\boldsymbol{a}_3\ \boldsymbol{a}_4\ \boldsymbol{a}_5| = \begin{vmatrix} 1 & 1 & 0 \\ 0 & 2 & 1 \\ -1 & 0 & 2 \end{vmatrix} = 3$$

となるので，$\boldsymbol{a}_1, \boldsymbol{a}_2, \boldsymbol{a}_3$ は 1 次従属，$\boldsymbol{a}_3, \boldsymbol{a}_4, \boldsymbol{a}_5$ は 1 次独立だとわかる．

定理 4.3

(1) 線形空間 V のベクトル $\boldsymbol{a}$ に対し，次の同値関係が成り立つ：

$$\boldsymbol{a} \text{ は 1 次独立} \iff \boldsymbol{a} \neq \boldsymbol{0}.$$

(2) 線形空間 V の 2 つのベクトル $\boldsymbol{a}, \boldsymbol{b}$ に対し，次の同値関係が成り立つ：

$$\boldsymbol{a}, \boldsymbol{b} \text{ は 1 次独立} \iff \begin{array}{l} \boldsymbol{a} \text{ と } \boldsymbol{b} \text{ はともに } \boldsymbol{0} \text{ ではなく，} \\ \boldsymbol{a} \text{ は } \boldsymbol{b} \text{ のスカラー倍ではない．} \end{array}$$

定理 4.3 は覚えておくと便利である．証明は容易なので，読者にゆだねる．

例 4.3 定理 4.3 (2) を用いると，例題 4.3 (1) の $\boldsymbol{a}_1, \boldsymbol{a}_2$ はともに $\boldsymbol{0}$ ではなく，$\boldsymbol{a}_1$ は $\boldsymbol{a}_2$ のスカラー倍ではないことから，$\boldsymbol{a}_1, \boldsymbol{a}_2$ は 1 次独立だとわかる．

さて，ベクトルの 1 次従属性や 1 次独立性の意味について考えよう．まず，ベクトルが 1 次従属であるとは，その非自明な 1 次関係式が存在するということであった．たとえば，(4.5) より，例題 4.3 (2) の 1 次従属なベクトル $\boldsymbol{a}_1$, $\boldsymbol{a}_2, \boldsymbol{a}_3$ は非自明な 1 次関係式

$$\boldsymbol{a}_1 - 2\boldsymbol{a}_2 + \boldsymbol{a}_3 = \boldsymbol{0}$$

を満たす．ここで，$\boldsymbol{a}_1, \boldsymbol{a}_2, \boldsymbol{a}_3$ の 1 次結合を考えると，$\boldsymbol{a}_3 = -\boldsymbol{a}_1 + 2\boldsymbol{a}_3$ より，

$$r_1\boldsymbol{a}_1 + r_2\boldsymbol{a}_2 + r_3\boldsymbol{a}_3 = (r_1 - r_3)\boldsymbol{a}_1 + (r_2 + 2r_3)\boldsymbol{a}_2 \qquad (r_1, r_2, r_3 \in \mathbb{R})$$

が成り立つ．よって，$\boldsymbol{a}_1, \boldsymbol{a}_2, \boldsymbol{a}_3$ の 1 次結合が表すベクトルは $\boldsymbol{a}_1, \boldsymbol{a}_2$ だけの 1 次結合でも表せることがわかる．このように，非自明な 1 次関係式の存在は「1 次結合を考えるときに無駄なベクトルがある」ということを意味する．

一方，ベクトルの 1 次独立性は「1 次結合を考えるときに無駄なベクトルがない」ということを意味しており，次の定理が成り立つ．

定理 4.4

$\boldsymbol{a}_1, \boldsymbol{a}_2, \cdots, \boldsymbol{a}_m$ を線形空間 V の 1 次独立なベクトルとする．V のベクトル $\boldsymbol{v}$ が $\boldsymbol{a}_1, \boldsymbol{a}_2, \cdots, \boldsymbol{a}_m$ の 1 次結合で表せるとき，その表し方 (係数の選び方) はただ 1 通りである．

[証明] V のベクトル $\boldsymbol{v}$ が $\boldsymbol{a}_1, \boldsymbol{a}_2, \cdots, \boldsymbol{a}_m$ の 1 次結合による 2 つの表示

$$r_1\boldsymbol{a}_1 + r_2\boldsymbol{a}_2 + \cdots + r_m\boldsymbol{a}_m = \boldsymbol{v}, \tag{4.6}$$

$$s_1\boldsymbol{a}_1 + s_2\boldsymbol{a}_2 + \cdots + s_m\boldsymbol{a}_m = \boldsymbol{v} \tag{4.7}$$

をもつとする．(4.6) の両辺から (4.7) の両辺をそれぞれ引くと，

$$(r_1 - s_1)\boldsymbol{a}_1 + (r_2 - s_2)\boldsymbol{a}_2 + \cdots + (r_m - s_m)\boldsymbol{a}_m = \boldsymbol{0}$$

となるので，$\boldsymbol{a}_1, \boldsymbol{a}_2, \cdots, \boldsymbol{a}_m$ の 1 次独立性により，

$$r_1 - s_1 = r_2 - s_2 = \cdots = r_m - s_m = 0$$

となる．よって，$r_1 = s_1, r_2 = s_2, \cdots, r_m = s_m$ となる．　(証明終)

例題 4.4　$\mathbb{R}^3$ のベクトル $\boldsymbol{a}_1, \boldsymbol{a}_2, \boldsymbol{b}_1, \boldsymbol{b}_2, \boldsymbol{c}$ を

$$\boldsymbol{a}_1 = \begin{pmatrix} 1 \\ -2 \\ 3 \end{pmatrix}, \quad \boldsymbol{a}_2 = \begin{pmatrix} 1 \\ -1 \\ 2 \end{pmatrix}, \quad \boldsymbol{b}_1 = \begin{pmatrix} 1 \\ 0 \\ 1 \end{pmatrix}, \quad \boldsymbol{b}_2 = \begin{pmatrix} 2 \\ 0 \\ 2 \end{pmatrix}, \quad \boldsymbol{c} = \begin{pmatrix} 3 \\ 0 \\ 3 \end{pmatrix}$$

と定める．次のベクトルの 1 次結合による $\boldsymbol{c}$ の表示をすべて求めよ．

(1) 1 次独立なベクトル $\boldsymbol{a}_1, \boldsymbol{a}_2$　　(2) 1 次従属なベクトル $\boldsymbol{b}_1, \boldsymbol{b}_2$

[解答] (1) $\boldsymbol{c} = r_1\boldsymbol{a}_1 + r_2\boldsymbol{a}_2$ を満たす実数 r_1, r_2 を考える．この等式は，

$$(\boldsymbol{a}_1\ \boldsymbol{a}_2)\begin{pmatrix} r_1 \\ r_2 \end{pmatrix} = \boldsymbol{c}, \qquad \text{すなわち,} \qquad \begin{pmatrix} 1 & 1 \\ -2 & -1 \\ 3 & 2 \end{pmatrix}\begin{pmatrix} r_1 \\ r_2 \end{pmatrix} = \begin{pmatrix} 3 \\ 0 \\ 3 \end{pmatrix}$$

と書きかえられる．これを r_1, r_2 についての連立 1 次方程式と見なして解く．掃き出し法によって，拡大係数行列 $(\boldsymbol{a}_1\ \boldsymbol{a}_2|\boldsymbol{c})$ の階段標準形を求めると，

$$\left(\begin{array}{cc|c} 1 & 1 & 3 \\ -2 & -1 & 0 \\ 3 & 2 & 3 \end{array}\right) \xrightarrow[\substack{\text{第 3 行に第 1 行} \\ \text{の } -3 \text{ 倍を加える}}]{\substack{\text{第 2 行に第 1 行} \\ \text{の 2 倍を加える}}} \left(\begin{array}{cc|c} 1 & 1 & 3 \\ 0 & 1 & 6 \\ 0 & -1 & -6 \end{array}\right) \xrightarrow[\substack{\text{第 3 行に第 2 行} \\ \text{を加える}}]{\substack{\text{第 1 行に第 2 行} \\ \text{の } -1 \text{ 倍を加える}}} \left(\begin{array}{cc|c} 1 & 0 & -3 \\ 0 & 1 & 6 \\ 0 & 0 & 0 \end{array}\right)$$

となる．この階段標準形に対応する同次連立1次方程式は

$$\begin{cases} r_1 \qquad = -3 \\ \qquad r_2 = \ \ 6 \end{cases} \qquad \text{であるので，解は} \begin{pmatrix} r_1 \\ r_2 \end{pmatrix} = \begin{pmatrix} -3 \\ 6 \end{pmatrix} \text{である．}$$

よって，$\boldsymbol{a}_1$, $\boldsymbol{a}_2$ の1次結合による $\boldsymbol{c}$ の表示は

$$\boldsymbol{c} = -3\boldsymbol{a}_1 + 6\boldsymbol{a}_2$$

のみである．

(2) $\boldsymbol{c} = s_1\boldsymbol{b}_1 + s_2\boldsymbol{b}_2$ を満たす実数 s_1, s_2 を考える．この等式は，

$$(\boldsymbol{b}_1\ \boldsymbol{b}_2)\begin{pmatrix} s_1 \\ s_2 \end{pmatrix} = \boldsymbol{c}, \qquad \text{すなわち，} \qquad \begin{pmatrix} 1 & 2 \\ 0 & 0 \\ 1 & 2 \end{pmatrix}\begin{pmatrix} s_1 \\ s_2 \end{pmatrix} = \begin{pmatrix} 3 \\ 0 \\ 3 \end{pmatrix}$$

と書きかえられる．これを s_1, s_2 についての連立1次方程式と見なして解く．掃き出し法によって，拡大係数行列 $(\boldsymbol{b}_1\ \boldsymbol{b}_2|\boldsymbol{c})$ の階段標準形を求めると，

$$\left(\begin{array}{cc|c} 1 & 2 & 3 \\ 0 & 0 & 0 \\ 1 & 2 & 3 \end{array}\right) \xrightarrow{\text{第3行に第1行の}\ -1\ \text{倍を加える}} \left(\begin{array}{cc|c} 1 & 2 & 3 \\ 0 & 0 & 0 \\ 0 & 0 & 0 \end{array}\right)$$

となる．この階段標準形に対応する1次方程式は $s_1 + 2s_2 = 3$ であるので，$s_2 = u$ とおくと，解は

$$\begin{pmatrix} s_1 \\ s_2 \end{pmatrix} = \begin{pmatrix} 3 - 2u \\ u \end{pmatrix} \qquad (u\ \text{は任意定数})$$

と表せる．よって，$\boldsymbol{b}_1$, $\boldsymbol{b}_2$ の1次結合による $\boldsymbol{c}$ の表示は無数にあり，

$$\boldsymbol{c} = (3 - 2u)\boldsymbol{b}_1 + u\boldsymbol{b}_2 \qquad (u\ \text{は任意定数})$$

と表せる． (解答終)

注意 4.4 例題4.4では，1次独立なベクトル $\boldsymbol{a}_1$, $\boldsymbol{a}_2$ の1次結合による表示と1次従属なベクトル $\boldsymbol{b}_1$, $\boldsymbol{b}_2$ の1次結合による表示について考えたが，当然ながら，そのような表示が存在しない場合もある．たとえば，

$$\begin{pmatrix} 1 \\ 1 \\ 1 \end{pmatrix}$$

は $\boldsymbol{a}_1$, $\boldsymbol{a}_2$ の1次結合や $\boldsymbol{b}_1$, $\boldsymbol{b}_2$ の1次結合では表すことができない．

最後に，$\mathbb{R}^2$ の 2 つのベクトル $\boldsymbol{a}, \boldsymbol{b}$ の 1 次従属性と 1 次独立性を幾何学的に述べておこう．$\mathbb{R}^2$ のベクトルを原点 O を始点とする有向線分で表すとき，$\boldsymbol{a}, \boldsymbol{b}$ が 1 次従属ならば図 4.2 のように $\boldsymbol{a}, \boldsymbol{b}$ は原点 O を通るある直線に含まれ，$\boldsymbol{a}, \boldsymbol{b}$ の 1 次結合もその直線に含まれる．また，$\boldsymbol{a}, \boldsymbol{b}$ が 1 次独立ならば図 4.3 のように $\boldsymbol{a}, \boldsymbol{b}$ は平行ではない有向線分で表され，どのような $\mathbb{R}^2$ のベクトルも $\boldsymbol{a}, \boldsymbol{b}$ の 1 次結合によってただ 1 通りに表される．

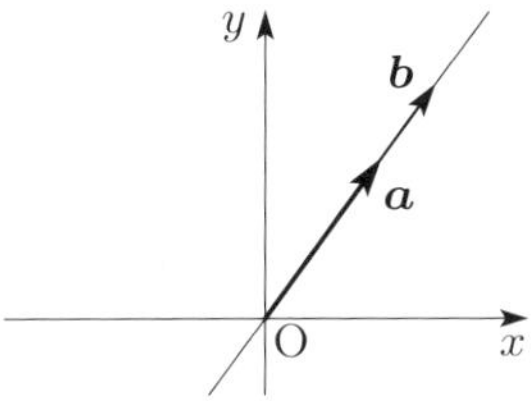

図 4.2　1 次従属

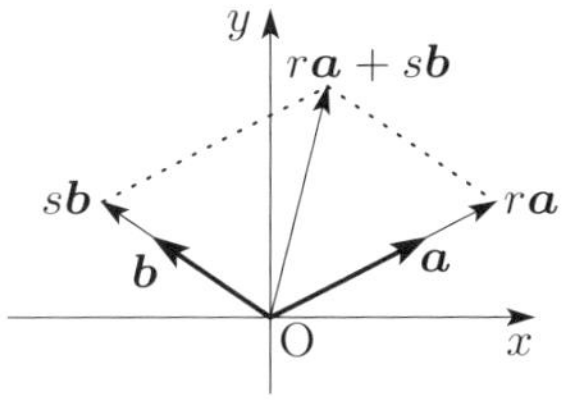

図 4.3　1 次独立

【練　習　問　題】

問 4.2.1. 次の $\mathbb{R}^3$ のベクトルは 1 次独立か 1 次従属かを判定せよ．

(1) $\begin{pmatrix}1\\2\\1\end{pmatrix}, \begin{pmatrix}2\\1\\2\end{pmatrix}$　(2) $\begin{pmatrix}1\\-1\\2\end{pmatrix}, \begin{pmatrix}-2\\2\\-4\end{pmatrix}$　(3) $\begin{pmatrix}2\\2\\1\end{pmatrix}, \begin{pmatrix}-1\\3\\2\end{pmatrix}, \begin{pmatrix}2\\0\\1\end{pmatrix}$

(4) $\begin{pmatrix}1\\-1\\-1\end{pmatrix}, \begin{pmatrix}-1\\2\\0\end{pmatrix}, \begin{pmatrix}-1\\-3\\5\end{pmatrix}$　(5) $\begin{pmatrix}-1\\-3\\2\end{pmatrix}, \begin{pmatrix}2\\4\\1\end{pmatrix}, \begin{pmatrix}3\\-5\\7\end{pmatrix}, \begin{pmatrix}6\\-2\\-4\end{pmatrix}$

問 4.2.2. $\mathbb{R}^3$ のベクトル $\boldsymbol{a}_1, \boldsymbol{a}_2, \boldsymbol{a}_3, \boldsymbol{b}$ を次のように定める：

$$\boldsymbol{a}_1 = \begin{pmatrix}2\\-4\\1\end{pmatrix}, \quad \boldsymbol{a}_2 = \begin{pmatrix}1\\-2\\-2\end{pmatrix}, \quad \boldsymbol{a}_3 = \begin{pmatrix}-2\\-1\\3\end{pmatrix}, \quad \boldsymbol{b} = \begin{pmatrix}9\\2\\1\end{pmatrix}.$$

(1) $\boldsymbol{a}_1, \boldsymbol{a}_2, \boldsymbol{a}_3$ は 1 次独立であることを示せ．

(2) $\boldsymbol{a}_1, \boldsymbol{a}_2, \boldsymbol{a}_3$ の 1 次結合による $\boldsymbol{b}$ の表示をすべて求めよ．

4.3 線形空間の基底と次元

線形空間 V のベクトル $\boldsymbol{a}_1$, $\boldsymbol{a}_2$, $\cdots$, $\boldsymbol{a}_m$ の1次結合全体の集合は，V の部分空間となる．この部分空間を $\langle \boldsymbol{a}_1, \boldsymbol{a}_2, \cdots, \boldsymbol{a}_m \rangle$ で表す．すなわち，

$$\langle \boldsymbol{a}_1, \boldsymbol{a}_2, \cdots, \boldsymbol{a}_m \rangle = \{ r_1\boldsymbol{a}_1 + r_2\boldsymbol{a}_2 + \cdots + r_m\boldsymbol{a}_m \mid r_1, r_2, \cdots, r_m \in \mathbb{R} \}$$

とする．また，$V = \langle \boldsymbol{a}_1, \boldsymbol{a}_2, \cdots, \boldsymbol{a}_m \rangle$ が成り立つとき，すなわち，V のすべてのベクトルが $\boldsymbol{a}_1$, $\boldsymbol{a}_2$, $\cdots$, $\boldsymbol{a}_m$ の1次結合で表せるとき，$\boldsymbol{a}_1$, $\boldsymbol{a}_2$, $\cdots$, $\boldsymbol{a}_m$ は V を**生成する**，または**張る**という．

V を生成するベクトルの組を選ぶとき，無駄がない1次独立なものを選ぶことは自然であろう．V を生成する1次独立なベクトルの組を V の基底という．

定義 4.1 (基底)

線形空間 V の n 個のベクトル $\boldsymbol{a}_1$, $\boldsymbol{a}_2$, $\cdots$, $\boldsymbol{a}_n$ が次の2つの条件を満たすとき，$\{\boldsymbol{a}_1, \boldsymbol{a}_2, \cdots, \boldsymbol{a}_n\}$ を V の**基底**という：

(1) $\boldsymbol{a}_1$, $\boldsymbol{a}_2$, $\cdots$, $\boldsymbol{a}_n$ は1次独立である．

(2) $\boldsymbol{a}_1$, $\boldsymbol{a}_2$, $\cdots$, $\boldsymbol{a}_n$ は V を生成する．すなわち，$V = \langle \boldsymbol{a}_1, \boldsymbol{a}_2, \cdots, \boldsymbol{a}_n \rangle$.

線形空間の基底は，ユークリッド空間の基本ベクトルの一般化と見なせる．実際，例 4.3 で述べたように $\mathbb{R}^n$ の基本ベクトル $\boldsymbol{e}_1$, $\boldsymbol{e}_2$, $\cdots$, $\boldsymbol{e}_n$ は1次独立であり，(4.1) より $\mathbb{R}^n = \langle \boldsymbol{e}_1, \boldsymbol{e}_2, \cdots, \boldsymbol{e}_n \rangle$ が成り立つので，$\{\boldsymbol{e}_1, \boldsymbol{e}_2, \cdots, \boldsymbol{e}_n\}$ は $\mathbb{R}^n$ の基底である．この基底を $\mathbb{R}^n$ の**標準基底**という．また，$\{\boldsymbol{a}_1, \boldsymbol{a}_2, \cdots, \boldsymbol{a}_n\}$ を線形空間 V の基底とするとき，定義 4.1 と定理 4.4 より，V の各ベクトル $\boldsymbol{v}$ は $\boldsymbol{a}_1$, $\boldsymbol{a}_2$, $\cdots$, $\boldsymbol{a}_n$ の1次結合によるただ1通りの表示

$$\boldsymbol{v} = r_1\boldsymbol{a}_1 + r_2\boldsymbol{a}_2 + \cdots + r_n\boldsymbol{a}_n$$

をもつ．この表示は，基本ベクトル表示 (4.1) の一般化と見なすことができる．

例 4.4 $\boldsymbol{a} = \begin{pmatrix} 2 \\ 1 \end{pmatrix}$, $\boldsymbol{b} = \begin{pmatrix} 1 \\ 1 \end{pmatrix}$ とおく．$\mathbb{R}^2$ のベクトル $\boldsymbol{x} = \begin{pmatrix} x \\ y \end{pmatrix}$ に対し，

$$\begin{pmatrix} r \\ s \end{pmatrix} = \begin{pmatrix} \boldsymbol{a} & \boldsymbol{b} \end{pmatrix}^{-1} \begin{pmatrix} x \\ y \end{pmatrix} = \begin{pmatrix} 2 & 1 \\ 1 & 1 \end{pmatrix}^{-1} \begin{pmatrix} x \\ y \end{pmatrix} = \begin{pmatrix} x - y \\ -x + 2y \end{pmatrix}$$

とおくと $\boldsymbol{x} = r\boldsymbol{a} + s\boldsymbol{b}$ と表せることから，$\mathbb{R}^2 = \langle \boldsymbol{a}, \boldsymbol{b} \rangle$ となることがわかる．定理 4.3 (2) より $\boldsymbol{a}$, $\boldsymbol{b}$ は1次独立なので，$\{\boldsymbol{a}, \boldsymbol{b}\}$ は $\mathbb{R}^2$ の基底である．

例 4.4 より，$\mathbb{R}^2$ の基底は標準基底 $\{\boldsymbol{e}_1, \boldsymbol{e}_2\}$ だけではないことがわかる．一般に，$\{\boldsymbol{0}\}$ でない線形空間の基底の選び方は 1 通りではないので注意しよう．

線形空間に「次元」の概念を導入しよう．その準備として，次の定理を示す．

定理 4.5

線形空間 V の 1 次独立な n 個のベクトル $\boldsymbol{b}_1$, $\boldsymbol{b}_2$, $\cdots$, $\boldsymbol{b}_n$ がそれぞれ V の m 個のベクトル $\boldsymbol{a}_1$, $\boldsymbol{a}_2$, $\cdots$, $\boldsymbol{a}_m$ の 1 次結合で表せるとする．このとき，$m \geqq n$ が成り立つ．

[証明] $\boldsymbol{b}_1$, $\boldsymbol{b}_2$, $\cdots$, $\boldsymbol{b}_n$ はそれぞれ $\boldsymbol{a}_1$, $\boldsymbol{a}_2$, $\cdots$, $\boldsymbol{a}_m$ の 1 次結合で

$$\boldsymbol{b}_j = r_{1j}\boldsymbol{a}_1 + r_{2j}\boldsymbol{a}_2 + \cdots + r_{mj}\boldsymbol{a}_m \qquad (j = 1, 2, \cdots, n)$$

と表せるとする．このとき，

$$\begin{aligned} s_1\boldsymbol{b}_1 + s_2\boldsymbol{b}_2 + \cdots + s_n\boldsymbol{b}_n =& (r_{11}s_1 + r_{12}s_2 + \cdots + r_{1n}s_n)\boldsymbol{a}_1 \\ &+ (r_{21}s_1 + r_{22}s_2 + \cdots + r_{2n}s_n)\boldsymbol{a}_2 + \cdots \\ &+ (r_{m1}s_1 + r_{m2}s_2 + \cdots + r_{mn}s_n)\boldsymbol{a}_m \end{aligned}$$

となるので，実数 s_1, s_2, $\cdots$, s_n が

$$\left\{\begin{array}{l} r_{11}s_1 + r_{12}s_2 + \cdots + r_{1n}s_n = 0 \\ r_{21}s_1 + r_{22}s_2 + \cdots + r_{2n}s_n = 0 \\ \qquad\qquad\vdots \\ r_{m1}s_1 + r_{m2}s_2 + \cdots + r_{mn}s_n = 0 \end{array}\right. \tag{4.8}$$

を満たすとき，$s_1\boldsymbol{b}_1 + s_2\boldsymbol{b}_2 + \cdots + s_n\boldsymbol{b}_n = \boldsymbol{0}$ が成り立つ．$\boldsymbol{b}_1$, $\boldsymbol{b}_2$, $\cdots$, $\boldsymbol{b}_n$ の 1 次独立性より $s_1\boldsymbol{b}_1 + s_2\boldsymbol{b}_2 + \cdots + s_n\boldsymbol{b}_n = \boldsymbol{0}$ は $s_1 = s_2 = \cdots = s_n = 0$ 以外では成り立たないので，s_1, s_2, $\cdots$, s_n についての同次連立 1 次方程式 (4.8) は非自明な解をもたない．よって，系 2.1 より，係数行列

$$R = \begin{pmatrix} r_{11} & r_{12} & \cdots & r_{1n} \\ r_{21} & r_{22} & \cdots & r_{2n} \\ \vdots & \vdots & \ddots & \vdots \\ r_{m1} & r_{m2} & \cdots & r_{mn} \end{pmatrix}$$

の階数は $\operatorname{rank} R = n$ である．係数行列 R は (m, n) 型の行列なので，注意 2.2 より，$m \geqq \operatorname{rank} R = n$ が成り立つ．（証明終）

系 4.2

$\{\boldsymbol{a}_1, \boldsymbol{a}_2, \cdots, \boldsymbol{a}_m\}$, $\{\boldsymbol{b}_1, \boldsymbol{b}_2, \cdots, \boldsymbol{b}_n\}$ を線形空間 V の2つの基底とする．このとき，$m = n$ である．

[証明] 基底の定義 (定義 4.1) より，$\boldsymbol{b}_1$, $\boldsymbol{b}_2$, $\cdots$, $\boldsymbol{b}_n$ は1次独立であり，それぞれが $\boldsymbol{a}_1$, $\boldsymbol{a}_2$, $\cdots$, $\boldsymbol{a}_m$ の1次結合で表せる．よって，定理 4.5 より $m \geqq n$ である．同様に，$n \geqq m$ であることも示せるので，$m = n$ が成り立つ．（証明終）

系 4.2 より，基底をなすベクトルの個数は基底の選び方に関係なく一定である．線形空間の基底をなすベクトルの個数を，その線形空間の次元という．

定義 4.2 (次元)

線形空間 V が n 個のベクトルからなる基底をもつとき，n を V の**次元**といい，$\dim V = n$ で表す．ただし，$V = \{\boldsymbol{0}\}$ のときは $\dim\{\boldsymbol{0}\} = 0$ とする．また，V の次元が n であるとき，V を n 次元線形空間という．

例 4.5 $\mathbb{R}^n$ は n 個の基本ベクトルからなる標準基底 $\{\boldsymbol{e}_1, \boldsymbol{e}_2, \cdots, \boldsymbol{e}_n\}$ をもつので，$\mathbb{R}^n$ の次元は $\dim \mathbb{R}^n = n$ である．

例題 4.5 $(2, 3)$ 型の行列

$$A = \begin{pmatrix} 2 & -6 & 4 \\ -3 & 9 & -6 \end{pmatrix}$$

を係数行列とする3次元変数ベクトル $\boldsymbol{x}$ についての同次連立1次方程式 $A\boldsymbol{x} = \boldsymbol{0}$ の解空間 $W = \{\boldsymbol{x} \mid \boldsymbol{x} \in \mathbb{R}^3,\ A\boldsymbol{x} = \boldsymbol{0}\}$ の1組の基底と次元を求めよ．

[解答] $\boldsymbol{x}$ についての同次連立1次方程式 $A\boldsymbol{x} = \boldsymbol{0}$ は，

$$\boldsymbol{x} = \begin{pmatrix} x \\ y \\ z \end{pmatrix} \text{とおくと，} \qquad \begin{pmatrix} 2 & -6 & 4 \\ -3 & 9 & -6 \end{pmatrix}\begin{pmatrix} x \\ y \\ z \end{pmatrix} = \begin{pmatrix} 0 \\ 0 \end{pmatrix}$$

となる．係数行列 A に掃き出し法を適用すると，

$$A = \begin{pmatrix} 2 & -6 & 4 \\ -3 & 9 & -6 \end{pmatrix} \xrightarrow[\text{2で割る}]{\text{第1行を}} \begin{pmatrix} 1 & -3 & 2 \\ -3 & 9 & -6 \end{pmatrix} \xrightarrow[\text{の3倍を加える}]{\text{第2行に第1行}} \begin{pmatrix} 1 & -3 & 2 \\ 0 & 0 & 0 \end{pmatrix}$$

となる．係数行列 A の階段標準形に対応する同次1次方程式は，

$$x - 3y + 2z = 0$$

である．$y = r,\ z = s$ とおくと，解 (W のベクトル) は

$$\begin{pmatrix} x \\ y \\ z \end{pmatrix} = \begin{pmatrix} 3r - 2s \\ r \\ s \end{pmatrix} = r\begin{pmatrix} 3 \\ 1 \\ 0 \end{pmatrix} + s\begin{pmatrix} -2 \\ 0 \\ 1 \end{pmatrix} \quad (r, s \text{ は任意定数}) \qquad (4.9)$$

と表すことができる．(4.9) の右辺の1次結合が $\mathbf{0}$ となるとき，すなわち，自明な解 $x = y = z = 0$ を表すとき，$y = r,\ z = s$ より，$r = s = 0$ となるので，$\begin{pmatrix} 3 \\ 1 \\ 0 \end{pmatrix}, \begin{pmatrix} -2 \\ 0 \\ 1 \end{pmatrix}$ は1次独立である．よって，$\left\{\begin{pmatrix} 3 \\ 1 \\ 0 \end{pmatrix}, \begin{pmatrix} -2 \\ 0 \\ 1 \end{pmatrix}\right\}$ は解空間 W の1組の基底であり，$\dim W = 2$ である． （解答終）

注意 4.5 例題 4.5 の解答では一般の場合に適用できる方法で1次独立性を示したが，定理 4.3 (2) を用いて1次独立性を示してもよい．

n 次元変数ベクトル $\boldsymbol{x}$ についての同次連立1次方程式 $A\boldsymbol{x} = \mathbf{0}$ の解空間 W を考える．2.2 節で説明したように，係数行列 A の階段標準形を求め，その行の主成分に対応しない $(n - \operatorname{rank} A)$ 個の変数の値を任意定数とすると，$A\boldsymbol{x} = \mathbf{0}$ の解の表示が得られる．例題 4.5 の解答のように解を任意定数を係数とする1次結合で表すと，その1次結合に用いられる $(n - \operatorname{rank} A)$ 個のベクトルは1次独立であり，解空間 W の基底をなす．これより，次の定理が成り立つ．

定理 4.6

n 次元変数ベクトル $\boldsymbol{x}$ についての同次連立1次方程式 $A\boldsymbol{x} = \mathbf{0}$ の解空間 $W = \{\boldsymbol{x} \mid \boldsymbol{x} \in \mathbb{R}^n,\ A\boldsymbol{x} = \mathbf{0}\}$ の次元は $\dim W = n - \operatorname{rank} A$ である．

以下では，基底と次元に関する基本的な定理をいくつか紹介する．

定理 4.7

$\boldsymbol{v}, \boldsymbol{a}_1, \boldsymbol{a}_2, \cdots, \boldsymbol{a}_m$ を線形空間 V のベクトルとし，$\boldsymbol{a}_1, \boldsymbol{a}_2, \cdots, \boldsymbol{a}_m$ は1次独立であり，$\boldsymbol{v}, \boldsymbol{a}_1, \boldsymbol{a}_2, \cdots, \boldsymbol{a}_m$ は1次従属であるとする．このとき，$\boldsymbol{v}$ は $\boldsymbol{a}_1, \boldsymbol{a}_2, \cdots, \boldsymbol{a}_m$ の1次結合で表せる．

[証明] $\boldsymbol{v}$, $\boldsymbol{a}_1$, $\boldsymbol{a}_2$, $\cdots$, $\boldsymbol{a}_m$ は1次従属であるので，

$$r\boldsymbol{v} + r_1\boldsymbol{a}_1 + r_2\boldsymbol{a}_2 + \cdots + r_m\boldsymbol{a}_m = \boldsymbol{0}$$

となる少なくとも1つは0でない実数 r, r_1, r_2, $\cdots$, r_m が存在する．もし $r = 0$ ならば $\boldsymbol{a}_1$, $\boldsymbol{a}_2$, $\cdots$, $\boldsymbol{a}_m$ の1次独立性より $r_1 = r_2 = \cdots = r_m = 0$ となってしまうので，$r \neq 0$ である．よって，

$$\boldsymbol{v} = -\frac{r_1}{r}\boldsymbol{a}_1 - \frac{r_2}{r}\boldsymbol{a}_2 - \cdots - \frac{r_m}{r}\boldsymbol{a}_m$$

となり，$\boldsymbol{v}$ は $\boldsymbol{a}_1$, $\boldsymbol{a}_2$, $\cdots$, $\boldsymbol{a}_m$ の1次結合で表せる．　（証明終）

定理 4.8

線形空間 V と0以上の整数 n に対し，次の同値関係が成り立つ：

$\dim V = n \iff V$ の1次独立なベクトルの最大個数は n である．

[証明] まず,「$\Longleftarrow$」を示す．$\boldsymbol{a}_1$, $\boldsymbol{a}_2$, $\cdots$, $\boldsymbol{a}_n$ を V の1次独立な n 個のベクトルとする．V の1次独立なベクトルの最大個数を n とすると，V のすべてのベクトル $\boldsymbol{v}$ に対し，V の $(n+1)$ 個のベクトル $\boldsymbol{v}$, $\boldsymbol{a}_1$, $\boldsymbol{a}_2$, $\cdots$, $\boldsymbol{a}_n$ は1次従属なので，定理4.7より $\boldsymbol{v}$ は $\boldsymbol{a}_1$, $\boldsymbol{a}_2$, $\cdots$, $\boldsymbol{a}_n$ の1次結合で表すことができる．よって，$\boldsymbol{a}_1$, $\boldsymbol{a}_2$, $\cdots$, $\boldsymbol{a}_n$ は V を生成するので，$\{\boldsymbol{a}_1, \boldsymbol{a}_2, \cdots, \boldsymbol{a}_n\}$ は V の基底となる．これより，$\dim V = n$ を得る．

次に,「$\Longrightarrow$」を示す．$\dim V = n$ とすると，n 個のベクトルからなる V の基底 $\{\boldsymbol{b}_1, \boldsymbol{b}_2, \cdots, \boldsymbol{b}_n\}$ が存在する．V のすべてのベクトルは $\boldsymbol{b}_1$, $\boldsymbol{b}_2$, $\cdots$, $\boldsymbol{b}_n$ の1次結合で表せるので，定理4.5より，V の1次独立なベクトルの個数は n 個以下になる．また，$\boldsymbol{b}_1$, $\boldsymbol{b}_2$, $\cdots$, $\boldsymbol{b}_n$ は V の1次独立な n 個のベクトルである．よって，1次独立な V のベクトルの最大個数は n である．　（証明終）

注意 4.6 1次独立なベクトルの個数に上限がない線形空間も存在し，そのような線形空間は**無限次元**線形空間と呼ばれる．たとえば，x についての多項式全体の線形空間 $\mathbb{R}[x]$ において，次数の相異なる多項式（ベクトル）は何個あっても1次独立なので，$\mathbb{R}[x]$ は無限次元線形空間である．

W を n 次元線形空間 V の部分空間とすると，W の1次独立なベクトルの最大個数が V の1次独立なベクトルの最大個数を超えることはないので，定理4.8より，次の系が得られる．

系 4.3

n 次元線形空間 V の部分空間は n 以下の次元をもつ.

定理 4.8 の「$\Longleftarrow$」の証明において，線形空間 V の最大個数の 1 次独立なベクトルは V の基底をなすことを示した．これより，次の系が成り立つ.

系 4.4

n 次元線形空間 V の n 個のベクトル $\boldsymbol{a}_1, \boldsymbol{a}_2, \cdots, \boldsymbol{a}_n$ が 1 次独立であるとき，$\{\boldsymbol{a}_1, \boldsymbol{a}_2, \cdots, \boldsymbol{a}_n\}$ は V の基底である.

例題 4.6 $\mathbb{R}^3$ のベクトル

$$\boldsymbol{a} = \begin{pmatrix} -3 \\ 2 \\ -2 \end{pmatrix}, \qquad \boldsymbol{b} = \begin{pmatrix} 2 \\ -1 \\ 3 \end{pmatrix}, \qquad \boldsymbol{c} = \begin{pmatrix} 1 \\ 2 \\ 4 \end{pmatrix}$$

の組 $\{\boldsymbol{a}, \boldsymbol{b}, \boldsymbol{c}\}$ は $\mathbb{R}^3$ の基底であることを示せ.

[解答] 行列 $(\boldsymbol{a}\ \boldsymbol{b}\ \boldsymbol{c})$ の行列式 $|\boldsymbol{a}\ \boldsymbol{b}\ \boldsymbol{c}|$ は

$$|\boldsymbol{a}\ \boldsymbol{b}\ \boldsymbol{c}| = \begin{vmatrix} -3 & 2 & 1 \\ 2 & -1 & 2 \\ -2 & 3 & 4 \end{vmatrix} = 10 \neq 0$$

となるので，系 4.1 より，$\boldsymbol{a}, \boldsymbol{b}, \boldsymbol{c}$ は $\mathbb{R}^3$ の 1 次独立な 3 個のベクトルである．よって，$\dim \mathbb{R}^3 = 3$ と系 4.4 より，$\{\boldsymbol{a}, \boldsymbol{b}, \boldsymbol{c}\}$ は $\mathbb{R}^3$ の基底である．（解答終）

$\mathbb{R}^2$ を xy 平面と同一視すると，$\mathbb{R}^2$ の部分空間は原点 O，原点 O を通る直線，xy 平面全体の 3 種類のいずれかになるということを，基底と次元を用いて説明しよう．$\dim \mathbb{R}^2 = 2$ と系 4.3 より，W を $\mathbb{R}^2$ の部分空間とすると，W の次元は 0, 1, 2 のいずれかになる．0 次元ならば $W = \{\boldsymbol{0}\}$ であり，W は原点 O に対応する．1 次元ならば 1 つのベクトルからなる W の基底 $\{\boldsymbol{a}\}$ が存在するので，W は $\boldsymbol{a}$ のスカラー倍 (1 次結合) 全体の表す原点 O を通る直線 (図 4.4) に対応する．2 次元ならば $W = \mathbb{R}^2$ であり，W は xy 平面全体に対応する.

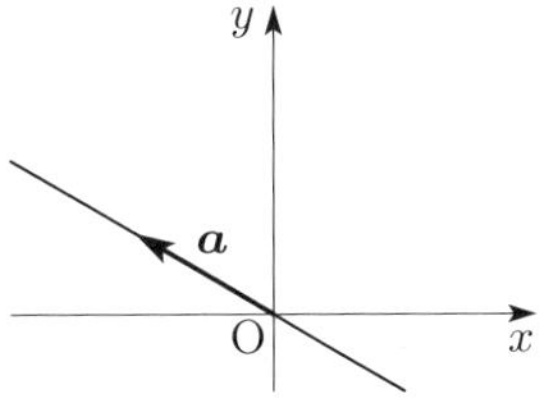

図 4.4 1 次元

同様に考えると，$\mathbb{R}^3$ の部分空間は 0, 1, 2, 3 のいずれかの次元をもち，0 次元ならば原点 O，1 次元ならば原点 O を通る直線，2 次元ならば原点 O を通る平面，3 次元ならば xyz 空間全体に対応することがわかる．このように基底や次元を考えることで，どのような線形空間なのかを把握しやすくなる．

【練 習 問 題】

問 4.3.1. 2 つの行列

$$A = \begin{pmatrix} -2 & -1 & 4 \\ 1 & 2 & 1 \\ 1 & 3 & 3 \end{pmatrix}, \qquad B = \begin{pmatrix} -1 & 3 & -1 \\ 3 & -9 & 3 \\ -1 & 3 & -1 \end{pmatrix}$$

に対し，次の $\mathbb{R}^3$ の部分空間の 1 組の基底と次元を求めよ．

(1) $W_A = \{\boldsymbol{x} \mid \boldsymbol{x} \in \mathbb{R}^3,\ A\boldsymbol{x} = \boldsymbol{0}\}$

(2) $W_B = \{\boldsymbol{x} \mid \boldsymbol{x} \in \mathbb{R}^3,\ B\boldsymbol{x} = \boldsymbol{0}\}$

問 4.3.2. $\mathbb{R}^3$ のベクトル $\boldsymbol{a}, \boldsymbol{b}, \boldsymbol{c}, \boldsymbol{d}$ を次のように定める：

$$\boldsymbol{a} = \begin{pmatrix} 2 \\ 1 \\ 4 \end{pmatrix}, \quad \boldsymbol{b} = \begin{pmatrix} 5 \\ -1 \\ 3 \end{pmatrix}, \quad \boldsymbol{c} = \begin{pmatrix} 2 \\ 3 \\ 7 \end{pmatrix}, \quad \boldsymbol{d} = \begin{pmatrix} 2 \\ -3 \\ -2 \end{pmatrix}.$$

(1) $\{\boldsymbol{a}, \boldsymbol{b}, \boldsymbol{c}\}$ は $\mathbb{R}^3$ の基底であることを示せ．

(2) $\boldsymbol{a}, \boldsymbol{c}, \boldsymbol{d}$ の 1 次関係式をすべて求めよ．

(3) $\boldsymbol{a}, \boldsymbol{c}, \boldsymbol{d}$ が生成する部分空間 $\langle \boldsymbol{a}, \boldsymbol{c}, \boldsymbol{d} \rangle$ の 1 組の基底と次元を求めよ．

4.4 線形写像と線形変換

V, W を 2 つの集合とする．V の各要素 $\boldsymbol{x}$ に W のただ 1 つの要素 $\boldsymbol{y}$ を対応させる規則 f を V から W への**写像**といい，

$$f \colon V \to W$$

で表す．また，V の要素 $\boldsymbol{x}$ が写像 f によって W の要素 $\boldsymbol{y}$ に対応することを

$$f(\boldsymbol{x}) = \boldsymbol{y} \qquad \text{または} \qquad f \colon \boldsymbol{x} \mapsto \boldsymbol{y}$$

と表し，$\boldsymbol{y}$ を $\boldsymbol{x}$ の f による**像**という．$V = W$ であるとき，写像 $f\colon V \to V$ を V 上の**変換**という．また，V の各要素をその要素自身に移す V 上の変換を**恒等変換**といい，id_V で表す．すなわち，$\mathrm{id}_V(\boldsymbol{x}) = \boldsymbol{x}$ $(\boldsymbol{x} \in V)$ とする．

例 4.6　写像 $f\colon \mathbb{R}^2 \to \mathbb{R}^3$ を

$$f\left(\begin{pmatrix} x \\ y \end{pmatrix}\right) = \begin{pmatrix} 2x+y \\ 3x^2 \\ 2y+1 \end{pmatrix} \qquad \left(\begin{pmatrix} x \\ y \end{pmatrix} \in \mathbb{R}^2\right)$$

で定める．いくつかのベクトルの f による像を書くと，

$$f\left(\begin{pmatrix} 1 \\ 1 \end{pmatrix}\right) = \begin{pmatrix} 3 \\ 3 \\ 3 \end{pmatrix}, \quad f\left(\begin{pmatrix} -1 \\ -3 \end{pmatrix}\right) = \begin{pmatrix} -5 \\ 3 \\ -5 \end{pmatrix}, \quad f\left(\begin{pmatrix} 2 \\ 2 \end{pmatrix}\right) = \begin{pmatrix} 6 \\ 12 \\ 5 \end{pmatrix}$$

となる．

V, W を 2 つの線形空間とする．写像 $f\colon V \to W$ が次の 2 つの条件を満たすとき，f を V から W への**線形写像**，または **1 次写像**という：

(1) すべての $\boldsymbol{x}, \boldsymbol{y} \in V$ に対し，$f(\boldsymbol{x} + \boldsymbol{y}) = f(\boldsymbol{x}) + f(\boldsymbol{y})$ が成り立つ，

(2) すべての $r \in \mathbb{R}, \boldsymbol{x} \in V$ に対し，$f(r\boldsymbol{x}) = rf(\boldsymbol{x})$ が成り立つ．

これらの性質 (1), (2) は**線形性**と呼ばれる．また，$V = W$ であるとき，線形写像 $f\colon V \to V$ を V 上の**線形変換**，または **1 次変換**という．

定理 4.9

写像 $f\colon \mathbb{R}^n \to \mathbb{R}^m$ に対し，次の同値関係が成り立つ：

f は線形写像である $\iff$ $f(\boldsymbol{x}) = A\boldsymbol{x}$ $(\boldsymbol{x} \in \mathbb{R}^n)$ となる (m, n) 型の行列 A が存在する．

[証明]　まず,「$\Longrightarrow$」を示す．$\mathbb{R}^n$ のすべてのベクトル $\boldsymbol{x}$ は，

$$\boldsymbol{x} = \begin{pmatrix} x_1 \\ x_2 \\ \vdots \\ x_n \end{pmatrix} \text{ とおくと，} \qquad \boldsymbol{x} = x_1\boldsymbol{e}_1 + x_2\boldsymbol{e}_2 + \cdots + x_n\boldsymbol{e}_n$$

と基本ベクトル表示できるので，$f\colon \mathbb{R}^n \to \mathbb{R}^m$ を線形写像とすると，

$$\begin{aligned} f(\boldsymbol{x}) &= f(x_1\boldsymbol{e}_1 + x_2\boldsymbol{e}_2 + \cdots + x_n\boldsymbol{e}_n) \\ &= x_1 f(\boldsymbol{e}_1) + x_2 f(\boldsymbol{e}_2) + \cdots + x_n f(\boldsymbol{e}_n) \\ &= \begin{pmatrix} f(\boldsymbol{e}_1) & f(\boldsymbol{e}_2) & \cdots & f(\boldsymbol{e}_n) \end{pmatrix} \begin{pmatrix} x_1 \\ x_2 \\ \vdots \\ x_n \end{pmatrix} \end{aligned}$$

となる．よって，$A = \begin{pmatrix} f(\boldsymbol{e}_1) & f(\boldsymbol{e}_2) & \cdots & f(\boldsymbol{e}_n) \end{pmatrix}$ とおくと，A は (m,n) 型の行列であり，$f(\boldsymbol{x}) = A\boldsymbol{x}$ $(\boldsymbol{x} \in \mathbb{R}^n)$ が成り立つ．

次に,「$\Longleftarrow$」を示す．(m,n) 型の行列 A に対し，$f(\boldsymbol{x}) = A\boldsymbol{x}$ $(\boldsymbol{x} \in \mathbb{R}^n)$ で写像 $f\colon \mathbb{R}^n \to \mathbb{R}^m$ を定める．このとき，$\mathbb{R}^n$ のベクトル $\boldsymbol{x}, \boldsymbol{y}$ と実数 r に対し，

$$\begin{aligned} &f(\boldsymbol{x}+\boldsymbol{y}) = A(\boldsymbol{x}+\boldsymbol{y}) = A\boldsymbol{x} + A\boldsymbol{y} = f(\boldsymbol{x}) + f(\boldsymbol{y}), \\ &f(r\boldsymbol{x}) = A(r\boldsymbol{x}) = r(A\boldsymbol{x}) = rf(\boldsymbol{x}) \end{aligned}$$

となるので，f は線形写像である． (証明終)

この定理より，(m,n) 型の行列は，$\mathbb{R}^n$ から $\mathbb{R}^m$ への線形写像に対応するものであることがわかる．線形写像 $f\colon \mathbb{R}^n \to \mathbb{R}^m$ に対し，$f(\boldsymbol{x}) = A\boldsymbol{x}$ $(\boldsymbol{x} \in \mathbb{R}^n)$ となる (m,n) 型の行列 A を f の (標準基底に関する) **表現行列**という．

例 4.7 $A = \begin{pmatrix} 1 & 2 & 3 \\ 1 & -1 & 1 \end{pmatrix}$ を表現行列とする線形写像 $f\colon \mathbb{R}^3 \to \mathbb{R}^2$ は，

$$f\left(\begin{pmatrix} x \\ y \\ z \end{pmatrix}\right) = A\begin{pmatrix} x \\ y \\ z \end{pmatrix} = \begin{pmatrix} x+2y+3z \\ x-y+z \end{pmatrix} \qquad \left(\begin{pmatrix} x \\ y \\ z \end{pmatrix} \in \mathbb{R}^3\right)$$

である．

例 4.8 例 4.6 の写像 f は

$$f\left(\begin{pmatrix} 2 \\ 2 \end{pmatrix}\right) = \begin{pmatrix} 6 \\ 12 \\ 5 \end{pmatrix} \neq \begin{pmatrix} 6 \\ 6 \\ 6 \end{pmatrix} = 2f\left(\begin{pmatrix} 1 \\ 1 \end{pmatrix}\right)$$

より，線形写像の条件 (2) を満たさないので，線形写像ではない．

例 4.9 $\mathrm{id}_{\mathbb{R}^n}(\boldsymbol{x}) = \boldsymbol{x} = E\boldsymbol{x} \quad (\boldsymbol{x} \in \mathbb{R}^n)$ より，$\mathbb{R}^n$ 上の恒等変換 $\mathrm{id}_{\mathbb{R}^n}$ は単位行列 E を表現行列とする $\mathbb{R}^n$ 上の線形変換である．

$\mathbb{R}^2$ を xy 平面と同一視すると，$\mathbb{R}^2$ 上の線形変換は xy 平面上の各点を移動させる変換と見なせる．$\mathbb{R}^2$ 上の線形変換と見なせる xy 平面上の点の移動の例を 2 つ紹介しよう．

例 4.10 xy 平面上の点 $\mathrm{P}(x, y)$ を x 軸対称な点 $\mathrm{Q}(x, -y)$ に移す変換は，

$$\begin{pmatrix} x \\ -y \end{pmatrix} = \begin{pmatrix} 1 & 0 \\ 0 & -1 \end{pmatrix} \begin{pmatrix} x \\ y \end{pmatrix}$$

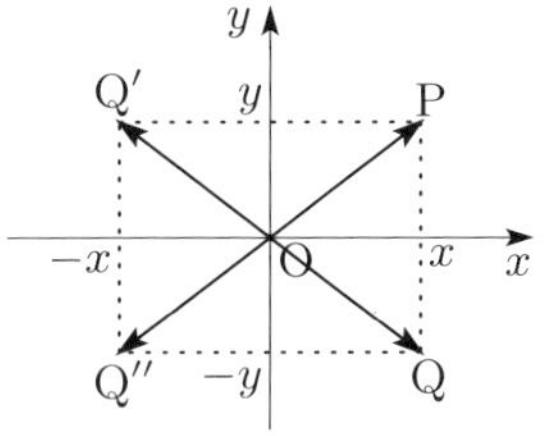

図 4.5 対称移動

と表せるので，$\begin{pmatrix} 1 & 0 \\ 0 & -1 \end{pmatrix}$ を表現行列とする $\mathbb{R}^2$ 上の線形変換である (図 4.5)．同様に，点 $\mathrm{P}(x, y)$ を y 軸対称な点 $\mathrm{Q}'(-x, y)$ に移す変換，点 $\mathrm{P}(x, y)$ を原点対称な点 $\mathrm{Q}''(-x, -y)$ に移す変換はそれぞれ

$$\begin{pmatrix} -x \\ y \end{pmatrix} = \begin{pmatrix} -1 & 0 \\ 0 & 1 \end{pmatrix} \begin{pmatrix} x \\ y \end{pmatrix}, \quad \begin{pmatrix} -x \\ -y \end{pmatrix} = \begin{pmatrix} -1 & 0 \\ 0 & -1 \end{pmatrix} \begin{pmatrix} x \\ y \end{pmatrix}$$

と表せるので，これらも $\mathbb{R}^2$ 上の線形変換である (図 4.5)．

例 4.11 xy 平面上の点 $\mathrm{P}(x, y)$ を原点 O を中心に角 θ だけ回転させた点 $\mathrm{Q}(x', y')$ に移す変換を考える (図 4.6)．線分 OP の長さを r，線分 OP と x 軸の正の向きのなす角を α とおくと，

$$\begin{cases} x = r\cos\alpha \\ y = r\sin\alpha, \end{cases}$$

$$\begin{cases} x' = r\cos(\theta + \alpha) \\ y' = r\sin(\theta + \alpha) \end{cases}$$

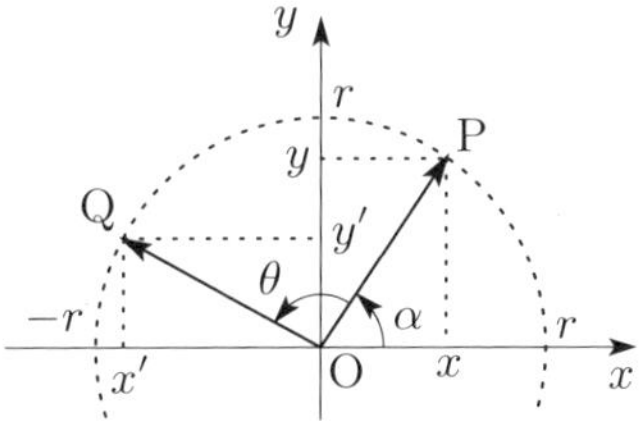

図 4.6 回転移動

と表せるので，三角関数の加法定理より，

$$\begin{pmatrix} x' \\ y' \end{pmatrix} = \begin{pmatrix} r\cos(\theta + \alpha) \\ r\sin(\theta + \alpha) \end{pmatrix} = \begin{pmatrix} r(\cos\theta\cos\alpha - \sin\theta\sin\alpha) \\ r(\sin\theta\cos\alpha + \cos\theta\sin\alpha) \end{pmatrix}$$

$$= \begin{pmatrix} \cos\theta & -\sin\theta \\ \sin\theta & \cos\theta \end{pmatrix} \begin{pmatrix} r\cos\alpha \\ r\sin\alpha \end{pmatrix} = \begin{pmatrix} \cos\theta & -\sin\theta \\ \sin\theta & \cos\theta \end{pmatrix} \begin{pmatrix} x \\ y \end{pmatrix}$$

となる．よって，xy 平面上の点を原点 O を中心として角 θ だけ回転させる変換は，$\begin{pmatrix} \cos\theta & -\sin\theta \\ \sin\theta & \cos\theta \end{pmatrix}$ を表現行列とする $\mathbb{R}^2$ 上の線形変換である．

写像の相等・合成・逆写像を紹介しよう．線形写像に対するこれらの概念はそれぞれ行列の相等・積・逆行列に対応するものである．

写像の相等： V から W への 2 つの写像 f と g による V のすべての要素の像が等しいとき，f と g は**等しい**といい，$f = g$ と書く．すなわち，

$$f = g \iff f(\boldsymbol{x}) = g(\boldsymbol{x}) \quad (\boldsymbol{x} \in V).$$

f, g がそれぞれ A, B を表現行列とする $\mathbb{R}^n$ から $\mathbb{R}^m$ への線形写像のとき，

$$\begin{aligned} f = g &\iff f(\boldsymbol{x}) = g(\boldsymbol{x}) \quad (\boldsymbol{x} \in \mathbb{R}^n) \\ &\iff A\boldsymbol{x} = B\boldsymbol{x} \quad (\boldsymbol{x} \in \mathbb{R}^n) \iff A = B \end{aligned}$$

となる．ここで，最後の「$\iff$」の「$\Longrightarrow$」については

$$A\boldsymbol{e}_i = [A \text{ の第 } i \text{ 列}], \qquad B\boldsymbol{e}_i = [B \text{ の第 } i \text{ 列}] \qquad (i = 1, 2, \cdots, n)$$

に注意すれば成り立つことがわかる．

写像の合成： 2 つの写像 $f \colon V \to W$, $g \colon U \to V$ に対し，

$$(f \circ g)(\boldsymbol{x}) = f(g(\boldsymbol{x})) \qquad\qquad (\boldsymbol{x} \in U)$$

で定まる写像 $f \circ g \colon U \to W$ を f と g の**合成写像**という．f と g がともに V 上の変換であるとき，$f \circ g$ は**合成変換**と呼ばれる．f が A を表現行列とする $\mathbb{R}^m$ から $\mathbb{R}^l$ への線形写像であり，g が B を表現行列とする $\mathbb{R}^n$ から $\mathbb{R}^m$ への線形写像であるとき，

$$(f \circ g)(\boldsymbol{x}) = f(g(\boldsymbol{x})) = f(B\boldsymbol{x}) = A(B\boldsymbol{x}) = (AB)\boldsymbol{x} \quad (\boldsymbol{x} \in \mathbb{R}^n)$$

より，$f \circ g$ は AB を表現行列とする $\mathbb{R}^n$ から $\mathbb{R}^l$ への線形写像である．

逆写像： 写像 $f \colon V \to W$ に対し，写像 $g \colon W \to V$ が $f \circ g = \mathrm{id}_W$ かつ $g \circ f = \mathrm{id}_V$ を満たすとき，すなわち，

$$(f \circ g)(\boldsymbol{y}) = \boldsymbol{y} \quad (\boldsymbol{y} \in W), \qquad (g \circ f)(\boldsymbol{x}) = \boldsymbol{x} \quad (\boldsymbol{x} \in V)$$

が成り立つとき，g を f の**逆写像**といい，$g = f^{-1}$ で表す．f が V 上の変換であるとき，逆写像 f^{-1} は f の**逆変換**と呼ばれる．$\mathbb{R}^n$ 上の恒等変換

$\mathrm{id}_{\mathbb{R}^n}$ の表現行列は単位行列 E なので，f, g がそれぞれ A, B を表現行列とする $\mathbb{R}^n$ 上の線形変換であるとき，

$$\begin{aligned} g = f^{-1} &\iff f \circ g = g \circ f = \mathrm{id}_{\mathbb{R}^n} \\ &\iff AB = BA = E \iff B = A^{-1} \end{aligned}$$

となる．よって，$\mathbb{R}^n$ 上の線形変換が逆変換をもつための必要十分条件は，その表現行列が正則であることである．

例題 4.7 線形変換 $f\colon \mathbb{R}^2 \to \mathbb{R}^2$ と線形写像 $g\colon \mathbb{R}^2 \to \mathbb{R}^3$ を次のように定める：

$$f\left(\begin{pmatrix} x \\ y \end{pmatrix}\right) = \begin{pmatrix} x - 2y \\ x + y \end{pmatrix}, \qquad g\left(\begin{pmatrix} x \\ y \end{pmatrix}\right) = \begin{pmatrix} -x + 5y \\ 3x - 2y \\ 2x + 4y \end{pmatrix}.$$

(1) f と g の表現行列をそれぞれ求めよ．

(2) 合成写像 $g \circ f\colon \mathbb{R}^2 \to \mathbb{R}^3$ の表現行列を求めよ．

(3) f の逆変換 f^{-1} の表現行列を求めよ．

[解答] (1) 定義より，

$$f\left(\begin{pmatrix} x \\ y \end{pmatrix}\right) = \begin{pmatrix} 1 & -2 \\ 1 & 1 \end{pmatrix}\begin{pmatrix} x \\ y \end{pmatrix} \text{ なので，} \qquad f \text{ の表現行列は } \begin{pmatrix} 1 & -2 \\ 1 & 1 \end{pmatrix},$$

$$g\left(\begin{pmatrix} x \\ y \end{pmatrix}\right) = \begin{pmatrix} -1 & 5 \\ 3 & -2 \\ 2 & 4 \end{pmatrix}\begin{pmatrix} x \\ y \end{pmatrix} \text{ なので，} \quad g \text{ の表現行列は } \begin{pmatrix} -1 & 5 \\ 3 & -2 \\ 2 & 4 \end{pmatrix}.$$

(2) $g \circ f$ の表現行列は，g の表現行列と f の表現行列の積であるので，

$$\begin{pmatrix} -1 & 5 \\ 3 & -2 \\ 2 & 4 \end{pmatrix}\begin{pmatrix} 1 & -2 \\ 1 & 1 \end{pmatrix} = \begin{pmatrix} 4 & 7 \\ 1 & -8 \\ 6 & 0 \end{pmatrix}.$$

(3) f^{-1} の表現行列は，f の表現行列の逆行列であるので，

$$\begin{pmatrix} 1 & -2 \\ 1 & 1 \end{pmatrix}^{-1} = \frac{1}{3}\begin{pmatrix} 1 & 2 \\ -1 & 1 \end{pmatrix}.$$

（解答終）

線形写像から定まる部分空間である核と像を紹介する．V と W を線形空間とし，$f\colon V \to W$ を線形写像とする．このとき，

$$\mathrm{Ker}(f) = \{\boldsymbol{x} \mid \boldsymbol{x} \in V,\ f(\boldsymbol{x}) = \boldsymbol{0}\}, \qquad \mathrm{Im}(f) = \{f(\boldsymbol{x}) \mid \boldsymbol{x} \in V\}$$

で定まる $\mathrm{Ker}(f)$ を f の**核**，$\mathrm{Im}(f)$ を f の**像**という．$\mathrm{Ker}(f)$ は V の部分空間であり，$\mathrm{Im}(f)$ は W の部分空間である．$V = \mathbb{R}^n$, $W = \mathbb{R}^m$ とし，$f\colon \mathbb{R}^n \to \mathbb{R}^m$ の表現行列を A とおく．このとき，$f(\boldsymbol{x}) = A\boldsymbol{x}$ $(\boldsymbol{x} \in \mathbb{R}^n)$ より，

$$\mathrm{Ker}(f) = \{\boldsymbol{x} \mid \boldsymbol{x} \in \mathbb{R}^n,\ A\boldsymbol{x} = \boldsymbol{0}\}$$

となるので，$\mathrm{Ker}(f)$ は $\boldsymbol{x}$ についての同次連立 1 次方程式 $A\boldsymbol{x} = \boldsymbol{0}$ の解空間と一致する．また，A の第 1 列，第 2 列，$\cdots$，第 n 列を $\boldsymbol{a}_1$, $\boldsymbol{a}_2$, $\cdots$, $\boldsymbol{a}_n$ とする，すなわち，$A = (\boldsymbol{a}_1\ \boldsymbol{a}_2\ \cdots\ \boldsymbol{a}_n)$ とすると，

$$f(\boldsymbol{x}) = A\boldsymbol{x} = x_1\boldsymbol{a}_1 + x_2\boldsymbol{a}_2 + \cdots + x_n\boldsymbol{a}_n \qquad \left(\boldsymbol{x} = \begin{pmatrix} x_1 \\ x_2 \\ \vdots \\ x_n \end{pmatrix} \in \mathbb{R}^n \right)$$

となる．よって，$\mathrm{Im}(f)$ は A の列をなす $\mathbb{R}^n$ の n 個のベクトル $\boldsymbol{a}_1$, $\boldsymbol{a}_2$, $\cdots$, $\boldsymbol{a}_n$ の生成する部分空間であり，$\mathrm{Im}(f) = \langle \boldsymbol{a}_1, \boldsymbol{a}_2, \cdots, \boldsymbol{a}_n \rangle$ となる．線形写像の核と像について，次の定理が成り立つことが知られている．

定理 4.10

$f\colon \mathbb{R}^n \to \mathbb{R}^m$ を表現行列が A である線形写像とする．このとき，

$$\dim \mathrm{Ker}(f) = n - \mathrm{rank}\, A, \qquad \dim \mathrm{Im}(f) = \mathrm{rank}\, A$$

が成り立つ．特に，$\dim \mathrm{Ker}(f) + \dim \mathrm{Im}(f) = n$ が成り立つ．

例題 4.8 次の行列 A を線形変換 $f\colon \mathbb{R}^3 \to \mathbb{R}^3$ の表現行列とする：

$$A = \begin{pmatrix} 3 & 1 & -4 \\ -2 & -3 & -9 \\ 1 & 2 & 7 \end{pmatrix}.$$

(1) $\mathrm{Ker}(f)$ の 1 組の基底と次元を求めよ．

(2) $\mathrm{Im}(f)$ の 1 組の基底と次元を求めよ．

[解答] (1) $\mathrm{Ker}(f)$ は 3 次元変数ベクトル $\boldsymbol{x}$ についての同次連立 1 次方程式 $A\boldsymbol{x}=\boldsymbol{0}$ の解空間である．ここで，$A\boldsymbol{x}=\boldsymbol{0}$ は，

$$\boldsymbol{x}=\begin{pmatrix}x\\y\\z\end{pmatrix} \text{とおくと，} \qquad \begin{pmatrix}3&1&-4\\-2&-3&-9\\1&2&7\end{pmatrix}\begin{pmatrix}x\\y\\z\end{pmatrix}=\begin{pmatrix}0\\0\\0\end{pmatrix}$$

となる．係数行列 A に掃き出し法を適用すると，

$$A=\begin{pmatrix}3&1&-4\\-2&-3&-9\\1&2&7\end{pmatrix}\xrightarrow[\substack{\text{第 2 行に第 3 行}\\\text{の 2 倍を加える}}]{\substack{\text{第 1 行に第 3 行}\\\text{の } -3 \text{ 倍を加える}}}\begin{pmatrix}0&-5&-25\\0&1&5\\1&2&7\end{pmatrix}$$

$$\xrightarrow[\substack{\text{第 3 行に第 2 行}\\\text{の } -2 \text{ 倍を加える}}]{\substack{\text{第 1 行に第 2 行}\\\text{の 5 倍を加える}}}\begin{pmatrix}0&0&0\\0&1&5\\1&0&-3\end{pmatrix}\xrightarrow{\substack{\text{第 1 行と第 3 行}\\\text{を入れかえる}}}\begin{pmatrix}1&0&-3\\0&1&5\\0&0&0\end{pmatrix}$$

となる．A の階段標準形に対応する x, y, z の同次連立 1 次方程式は

$$\begin{cases}x \qquad -3z=0\\ \qquad y+5z=0\end{cases}$$

となる．よって，$z=r$ とおくと，解は

$$\begin{pmatrix}x\\y\\z\end{pmatrix}=\begin{pmatrix}3r\\-5r\\r\end{pmatrix}=r\begin{pmatrix}3\\-5\\1\end{pmatrix} \qquad (r \text{ は任意定数})$$

と表せるので，$\left\{\begin{pmatrix}3\\-5\\1\end{pmatrix}\right\}$ は $\mathrm{Ker}(f)$ の基底であり，$\dim \mathrm{Ker}(f)=1$ である．

(2) A の第 1 列，第 2 列，第 3 列をそれぞれ $\boldsymbol{a}$, $\boldsymbol{b}$, $\boldsymbol{c}$ とおく．すなわち，

$$\boldsymbol{a}=\begin{pmatrix}3\\-2\\1\end{pmatrix}, \qquad \boldsymbol{b}=\begin{pmatrix}1\\-3\\2\end{pmatrix}, \qquad \boldsymbol{c}=\begin{pmatrix}-4\\-9\\7\end{pmatrix}$$

とする．このとき，$\mathrm{Im}(f)=\langle \boldsymbol{a},\boldsymbol{b},\boldsymbol{c}\rangle$ となる．(1) のように変数ベクトル $\boldsymbol{x}$ をとると，$A\boldsymbol{x}=x\boldsymbol{a}+y\boldsymbol{b}+z\boldsymbol{c}$ となるので，$\boldsymbol{a}$, $\boldsymbol{b}$, $\boldsymbol{c}$ の 1 次関係式は

$$3r\boldsymbol{a}-5r\boldsymbol{b}+r\boldsymbol{c}=\boldsymbol{0} \qquad (r \text{ は任意定数})$$

と表せる．$r \neq 0$ の場合を考えると，$\boldsymbol{c} = -3\boldsymbol{a} + 5\boldsymbol{b}$ であるので，

$$\mathrm{Im}(f) = \langle \boldsymbol{a}, \boldsymbol{b}, \boldsymbol{c} \rangle = \langle \boldsymbol{a}, \boldsymbol{b} \rangle$$

となる．定理 4.3 (2) より，$\boldsymbol{a}, \boldsymbol{b}$ は 1 次独立なので，$\{\boldsymbol{a}, \boldsymbol{b}\}$ は $\mathrm{Im}(f) = \langle \boldsymbol{a}, \boldsymbol{b}, \boldsymbol{c} \rangle$ の基底であり，$\dim \mathrm{Im}(f) = 2$ である． （解答終）

【練　習　問　題】

問 4.4.1. 2 つの線形写像 $f \colon \mathbb{R}^3 \to \mathbb{R}^2$, $g \colon \mathbb{R}^3 \to \mathbb{R}^3$ を次のように定める：

$$f\left(\begin{pmatrix} x \\ y \\ z \end{pmatrix}\right) = \begin{pmatrix} 2x + y + 3z \\ 3x + 2y + 2z \end{pmatrix}, \quad g\left(\begin{pmatrix} x \\ y \\ z \end{pmatrix}\right) = \begin{pmatrix} x - 2y + 2z \\ -2x + y - 2z \\ 3x - 2y + 3z \end{pmatrix}.$$

(1) $\mathbb{R}^3$ の基本ベクトル $\boldsymbol{e}_1, \boldsymbol{e}_2, \boldsymbol{e}_3$ に対し，$f(\boldsymbol{e}_1), f(\boldsymbol{e}_2), f(\boldsymbol{e}_3)$ を求めよ．

(2) f と g の表現行列をそれぞれ求めよ．

(3) 合成写像 $f \circ g$ の表現行列を求めよ．

(4) g の逆変換 g^{-1} の表現行列を求めよ．

問 4.4.2. $f \colon \mathbb{R}^3 \to \mathbb{R}^2$ を $\begin{pmatrix} 1 & 2 & 4 \\ 2 & 4 & 8 \end{pmatrix}$ を表現行列とする線形変換とする．

(1) $\mathrm{Ker}(f)$ の 1 組の基底と次元を求めよ．

(2) $\mathrm{Im}(f)$ の 1 組の基底と次元を求めよ．

問 4.4.3. 次の xy 平面上の点の移動は $\mathbb{R}^2$ 上の線形変換と見なせるかどうか判定し，$\mathbb{R}^2$ 上の線形変換と見なせる場合はその表現行列を求めよ．

(1) 点 P を直線 $y = x$ に関して対称な点 Q に移す変換．

(2) 点 P を x 軸方向に 1 だけ平行移動した点 Q に移す変換．

(3) 点 P を x 軸対称な点を Q，原点 O を中心として点 Q を角 $\pi/6$ だけ回転した点を R とするとき，点 P を点 R に移す変換．

第4章　章末問題

問題 1. 次の $\mathbb{R}^3$ のベクトルは1次独立か1次従属か判定せよ.

(1) $\begin{pmatrix} 1 \\ -2 \\ 3 \\ -4 \end{pmatrix}, \begin{pmatrix} 0 \\ 0 \\ 0 \\ 0 \end{pmatrix}$　(2) $\begin{pmatrix} 1 \\ -1 \\ 1 \\ -1 \end{pmatrix}, \begin{pmatrix} 2 \\ 2 \\ 2 \\ 2 \end{pmatrix}$　(3) $\begin{pmatrix} 3 \\ 4 \\ 4 \\ 2 \end{pmatrix}, \begin{pmatrix} 2 \\ 2 \\ 3 \\ 1 \end{pmatrix}, \begin{pmatrix} 5 \\ 2 \\ 9 \\ 1 \end{pmatrix}$

(4) $\begin{pmatrix} 1 \\ 3 \\ 4 \\ 1 \end{pmatrix}, \begin{pmatrix} 2 \\ 2 \\ 6 \\ 2 \end{pmatrix}, \begin{pmatrix} 3 \\ 4 \\ 2 \\ 1 \end{pmatrix}, \begin{pmatrix} 2 \\ 5 \\ 2 \\ 3 \end{pmatrix}$　(5) $\begin{pmatrix} 5 \\ -2 \\ -4 \\ 3 \end{pmatrix}, \begin{pmatrix} 4 \\ 1 \\ -1 \\ 2 \end{pmatrix}, \begin{pmatrix} 4 \\ 3 \\ 2 \\ 2 \end{pmatrix}, \begin{pmatrix} -1 \\ 2 \\ -7 \\ -3 \end{pmatrix}$

問題 2. $\boldsymbol{a}, \boldsymbol{b}, \boldsymbol{c}$ を線形空間 V の1次独立なベクトルとする.

(1) $\boldsymbol{a}+\boldsymbol{b}, \boldsymbol{a}+\boldsymbol{c}, \boldsymbol{b}+\boldsymbol{c}$ は1次独立であることを示せ.

(2) $\boldsymbol{a}-\boldsymbol{b}, \boldsymbol{a}-\boldsymbol{c}, \boldsymbol{b}-\boldsymbol{c}$ は1次従属であることを示せ.

問題 3. 2つの行列

$$A = \begin{pmatrix} 1 & -3 & 1 & -2 \end{pmatrix}, \qquad B = \begin{pmatrix} 2 & -4 & 1 & -4 \\ 1 & -2 & 1 & 1 \\ 3 & -6 & 2 & -3 \end{pmatrix}$$

に対し，次の $\mathbb{R}^4$ の部分空間の1組の基底と次元を求めよ.

(1) $W_A = \{\boldsymbol{x} \mid \boldsymbol{x} \in \mathbb{R}^4,\ A\boldsymbol{x} = \boldsymbol{0}\}$

(2) $W_B = \{\boldsymbol{x} \mid \boldsymbol{x} \in \mathbb{R}^4,\ B\boldsymbol{x} = \boldsymbol{0}\}$

問題 4. $\mathbb{R}^4$ のベクトル $\boldsymbol{a}, \boldsymbol{b}, \boldsymbol{c}, \boldsymbol{d}$ を次のように定める：

$$\boldsymbol{a} = \begin{pmatrix} 4 \\ 3 \\ 0 \\ 1 \end{pmatrix}, \quad \boldsymbol{b} = \begin{pmatrix} 3 \\ 2 \\ -1 \\ 1 \end{pmatrix}, \quad \boldsymbol{c} = \begin{pmatrix} 5 \\ 6 \\ 9 \\ -1 \end{pmatrix}, \quad \boldsymbol{d} = \begin{pmatrix} 5 \\ -2 \\ 4 \\ 7 \end{pmatrix}.$$

(1) $\boldsymbol{a}, \boldsymbol{b}, \boldsymbol{c}, \boldsymbol{d}$ の1次関係式をすべて求めよ.

(2) $\mathbb{R}^4$ の部分空間 $\langle \boldsymbol{a}, \boldsymbol{b}, \boldsymbol{c}, \boldsymbol{d} \rangle$ の1組の基底と次元を求めよ.

問題 5. xy 平面上に正三角形 OAB がある．O を原点とし，頂点 A の座標を $(2, -4)$，頂点 B の x 座標を正とする．このとき，例 4.11 の線形変換を利用して B の座標を求めよ．

問題 6. (1) 線形変換 $f\colon \mathbb{R}^2 \to \mathbb{R}^2$ が

$$f\left(\begin{pmatrix} 1 \\ 2 \end{pmatrix}\right) = \begin{pmatrix} 1 \\ 3 \end{pmatrix}, \qquad f\left(\begin{pmatrix} -4 \\ -7 \end{pmatrix}\right) = \begin{pmatrix} -3 \\ 2 \end{pmatrix}$$

を満たすとき，f の表現行列 A を求めよ．

(2) 線形変換 $g\colon \mathbb{R}^3 \to \mathbb{R}^3$ が

$$g\left(\begin{pmatrix} 2 \\ 0 \\ 1 \end{pmatrix}\right) = \begin{pmatrix} 1 \\ 1 \\ 0 \end{pmatrix}, \quad g\left(\begin{pmatrix} 0 \\ 1 \\ 3 \end{pmatrix}\right) = \begin{pmatrix} 0 \\ 1 \\ 1 \end{pmatrix}, \quad g\left(\begin{pmatrix} 1 \\ 1 \\ 3 \end{pmatrix}\right) = \begin{pmatrix} 1 \\ 0 \\ 1 \end{pmatrix}$$

を満たすとき，g の表現行列 B を求めよ．

5
固 有 値

5.1 固有値と固有ベクトル

この節では，正方行列や線形変換を扱ううえで重要な概念である固有値と固有ベクトルを紹介する．n 次正方行列

$$A = \begin{pmatrix} a_{11} & a_{12} & \cdots & a_{1n} \\ a_{21} & a_{22} & \cdots & a_{2n} \\ \vdots & \vdots & \ddots & \vdots \\ a_{n1} & a_{n2} & \cdots & a_{nn} \end{pmatrix}$$

に対し，

$$A\boldsymbol{v} = \lambda\boldsymbol{v} \qquad\qquad (\boldsymbol{v} \neq \boldsymbol{0})$$

を満たす定数 λ と n 次元列ベクトル $\boldsymbol{v}$ が存在するとき，λ を A の**固有値**，$\boldsymbol{v}$ を固有値 λ に対する A の**固有ベクトル**という．また，固有値 λ に対する A の固有ベクトル全体に零ベクトル $\boldsymbol{0}$ を加えてできる集合

$$W(A;\lambda) = \{\boldsymbol{v} \,|\, \boldsymbol{v} \in \mathbb{R}^n, A\boldsymbol{v} = \lambda\boldsymbol{v}\}$$

は n 次元ユークリッド空間 $\mathbb{R}^n$ の部分空間になる．この $W(A;\lambda)$ を固有値 λ に対する A の**固有空間**という．

さて，A の固有値を求める方法を考えよう．

$$A\boldsymbol{v} = \lambda\boldsymbol{v} \iff \lambda\boldsymbol{v} - A\boldsymbol{v} = 0 \iff (\lambda E - A)\boldsymbol{v} = 0 \tag{5.1}$$

より，定数 λ が A の固有値であるということは，n 次元変数ベクトル $\boldsymbol{x}$ についての同次連立 1 次方程式

$$(\lambda E - A)\boldsymbol{x} = 0 \tag{5.2}$$

が非自明な解をもつということだといいかえられる．系 3.4 より，同次連立 1 次方程式 (5.2) が非自明な解をもつための必要十分条件は $|\lambda E - A| = 0$ である．よって，変数 t についての多項式 $\varphi_A(t)$ を

$$\varphi_A(t) = |tE - A| = \begin{vmatrix} t - a_{11} & -a_{12} & \cdots & -a_{1n} \\ -a_{21} & t - a_{22} & \ddots & \vdots \\ \vdots & \ddots & \ddots & -a_{n-1\,n} \\ -a_{n1} & \cdots & -a_{n\,n-1} & t - a_{nn} \end{vmatrix}$$

で定めると，定数 λ に対し，

$$\lambda \text{は} A \text{の固有値} \iff t = \lambda \text{は方程式} \varphi_A(t) = 0 \text{の解である}$$

が成り立つ．この多項式 $\varphi_A(t)$ を A の**固有多項式**といい，方程式 $\varphi_A(t) = 0$ を A の**固有方程式**という．

$f(t)$ を t についての多項式とするとき，方程式 $f(t) = 0$ の解 α に対し，

$$f(t) = (t - \alpha)^m g(t) \qquad (g(t) \text{は} g(\alpha) \neq 0 \text{を満たす多項式})$$

となるような正の整数 m を解 α の**重複度**という．方程式の解の個数を数えるとき，重複度の個数だけ同じ値の解があると考えて個数を数えることを，重複度を込めて数えるという．つまり，方程式 $f(t) = 0$ の相異なる解が全部で k 個あり，それぞれの解の重複度が $m_1, m_2, \cdots, m_k$ であるとき，重複度を込めた解の個数は $m_1 + m_2 + \cdots + m_k$ 個となる．正方行列 A の固有値 λ に対し，固有方程式 $\varphi_A(t) = 0$ の解としての λ の重複度を，単に λ の重複度という．正方行列の固有値の個数は重複度を込めて数えられることも多い．

例題 5.1　2 次正方行列

$$A = \begin{pmatrix} 1 & 2 \\ 3 & 2 \end{pmatrix}, \qquad B = \begin{pmatrix} 3 & 1 \\ 0 & 3 \end{pmatrix}, \qquad C = \begin{pmatrix} 1 & 2 \\ -2 & 1 \end{pmatrix}$$

に対し，それぞれの固有値とその重複度を求めよ．

[解答] 3 つの行列 A, B, C の固有多項式はそれぞれ

$$\varphi_A(t) = |tE - A| = \begin{vmatrix} t - 1 & -2 \\ -3 & t - 2 \end{vmatrix} = (t - 1)(t - 2) - 6$$

$$= t^2 - 3t - 4 = (t - 4)(t + 1),$$

$$\varphi_B(t) = |tE - B| = \begin{vmatrix} t-3 & -1 \\ 0 & t-3 \end{vmatrix} = (t-3)^2,$$

$$\varphi_C(t) = |tE - C| = \begin{vmatrix} t-1 & -2 \\ 2 & t-1 \end{vmatrix} = (t-1)^2 + 4$$

となる．よって，A の固有値は 4 と -1 であり，重複度はともに 1 である．B の固有値は 3 のみであり，その重複度は 2 である．すべての実数 t に対して $\varphi_C(t) \geqq 4$ となるので，C は実数の範囲では固有値をもたない．（解答終）

注意 5.1 本書では実数の範囲で考えているため，例題 5.1 の 2 次正方行列 C は固有値をもたないが，複素数の範囲で考えれば C は固有値をもつ．実際，虚数単位を i で表すと，C の固有多項式は

$$\varphi_C(t) = (t-1)^2 + 4 = (t-1+2i)(t-1-2i)$$

と因数分解され，$1 \pm 2i$ が C の固有値となる．一般に，1 変数の n 次方程式の複素数解は重複度を込めてちょうど n 個あることが知られており，これを**代数学の基本定理**という．n 次正方行列の固有方程式は n 次方程式となるので，代数学の基本定理により n 次正方行列の固有値は複素数の範囲では重複度を込めてちょうど n 個あることがわかる．

次に，固有ベクトルと固有空間について考えよう．A を n 次正方行列とし，λ を A の固有値とする．(5.1) より，λ に対する A の固有ベクトルは，n 次元変数ベクトル $\boldsymbol{x}$ についての同次連立 1 次方程式

$$(\lambda E - A)\boldsymbol{x} = \boldsymbol{0}$$

の非自明な解であり，固有空間 $W(A; \lambda)$ は同次連立 1 次方程式 $(\lambda E - A)\boldsymbol{x} = \boldsymbol{0}$ の解空間である．

例題 5.2 行列 A, B を例題 5.1 のようにとる．すなわち，

$$A = \begin{pmatrix} 1 & 2 \\ 3 & 2 \end{pmatrix}, \qquad B = \begin{pmatrix} 3 & 1 \\ 0 & 3 \end{pmatrix}.$$

(1) A の固有ベクトルをすべて求めよ．

(2) B の固有ベクトルをすべて求めよ．

[解答] (1) 例題 5.1 の解答より，A の固有値は 4 と -1 である．

- <u>固有値 4 に対する固有ベクトル</u>：

$\boldsymbol{x}$ についての同次連立 1 次方程式 $(4E-A)\boldsymbol{x}=\boldsymbol{0}$ を解けばよい．

$$\boldsymbol{x}=\begin{pmatrix} x \\ y \end{pmatrix} \text{とおくと，} \qquad \begin{pmatrix} 3 & -2 \\ -3 & 2 \end{pmatrix}\begin{pmatrix} x \\ y \end{pmatrix}=\begin{pmatrix} 0 \\ 0 \end{pmatrix}.$$

この同次連立 1 次方程式の係数行列に掃き出し法を適用すると，

$$\begin{pmatrix} 3 & -2 \\ -3 & 2 \end{pmatrix} \xrightarrow[\text{を掛ける}]{\text{第 1 行に } -1/3} \begin{pmatrix} 1 & -\frac{2}{3} \\ -3 & 2 \end{pmatrix} \xrightarrow[\text{の 3 倍を加える}]{\text{第 2 行に第 1 行}} \begin{pmatrix} 1 & -\frac{2}{3} \\ 0 & 0 \end{pmatrix}$$

となり，係数行列の階段標準形に対応する同次 1 次方程式は

$$x-\frac{2}{3}y=0$$

となる．よって，$y=3r$ とおくと，固有値 4 に対する A の固有ベクトルは

$$\begin{pmatrix} x \\ y \end{pmatrix}=\begin{pmatrix} 2r \\ 3r \end{pmatrix}=r\begin{pmatrix} 2 \\ 3 \end{pmatrix} \qquad (r \text{ は } 0 \text{ でない任意定数})$$

と表せる (固有ベクトルは $\boldsymbol{0}$ ではないので，r を 0 でない任意定数としている)．

- <u>固有値 -1 に対する固有ベクトル</u>：

$\boldsymbol{x}$ についての同次連立 1 次方程式 $(-E-A)\boldsymbol{x}=\boldsymbol{0}$ を解けばよい．

$$\boldsymbol{x}=\begin{pmatrix} x \\ y \end{pmatrix} \text{とおくと，} \qquad \begin{pmatrix} -2 & -2 \\ -3 & -3 \end{pmatrix}\begin{pmatrix} x \\ y \end{pmatrix}=\begin{pmatrix} 0 \\ 0 \end{pmatrix}.$$

この同次連立 1 次方程式の係数行列に掃き出し法を適用すると，

$$\begin{pmatrix} -2 & -2 \\ -3 & -3 \end{pmatrix} \xrightarrow[\text{を掛ける}]{\text{第 1 行に } -1/2} \begin{pmatrix} 1 & 1 \\ -3 & -3 \end{pmatrix} \xrightarrow[\text{の 3 倍を加える}]{\text{第 2 行に第 1 行}} \begin{pmatrix} 1 & 1 \\ 0 & 0 \end{pmatrix}$$

となり，係数行列の階段標準形に対応する同次 1 次方程式は $x+y=0$ となる．よって，$y=s$ とおくと，固有値 -1 に対する A の固有ベクトルは

$$\begin{pmatrix} x \\ y \end{pmatrix}=\begin{pmatrix} -s \\ s \end{pmatrix}=s\begin{pmatrix} -1 \\ 1 \end{pmatrix} \qquad (s \text{ は } 0 \text{ でない任意定数})$$

と表せる．

(2) 例題 5.1 の解答より，B の固有値は 3 のみである．固有値 3 に対する B の固有ベクトルを求めるには，$\boldsymbol{x}$ についての同次連立 1 次方程式 $(3E-B)\boldsymbol{x}=\boldsymbol{0}$

を解けばよい.

$$\boldsymbol{x} = \begin{pmatrix} x \\ y \end{pmatrix} \text{とおくと,} \qquad \begin{pmatrix} 0 & -1 \\ 0 & 0 \end{pmatrix}\begin{pmatrix} x \\ y \end{pmatrix} = \begin{pmatrix} 0 \\ 0 \end{pmatrix}.$$

この方程式を行列を用いずに表すと，$-y = 0$ となる．よって，$x = u$ とおくと，固有値 3 に対する B の固有ベクトルは

$$\begin{pmatrix} x \\ y \end{pmatrix} = \begin{pmatrix} u \\ 0 \end{pmatrix} = u\begin{pmatrix} 1 \\ 0 \end{pmatrix} \qquad (u \text{ は } 0 \text{ でない任意定数})$$

と表せる. (解答終)

<u>**注意 5.2**</u> 例題 5.2 の解答より,

$$\left\{\begin{pmatrix} 2 \\ 3 \end{pmatrix}\right\}, \qquad \left\{\begin{pmatrix} -1 \\ 1 \end{pmatrix}\right\}, \qquad \left\{\begin{pmatrix} 1 \\ 0 \end{pmatrix}\right\}$$

はそれぞれ固有空間 $W(A;4)$, $W(A;-1)$, $W(B;3)$ の 1 組の基底となる.

固有値や固有空間を考える意義の 1 つである固有空間分解について紹介しておこう．線形空間 V の部分空間 $W_1, W_2, \cdots, W_k$ に対し,

$$\boldsymbol{v} = \boldsymbol{w}_1 + \boldsymbol{w}_2 + \cdots + \boldsymbol{w}_k \qquad (\boldsymbol{w}_1 \in W_1,\ \boldsymbol{w}_2 \in W_2,\ \cdots,\ \boldsymbol{w}_k \in W_k)$$

という形で表せるベクトル $\boldsymbol{v}$ 全体の集合は V の部分空間となる．この部分空間を $W_1, W_2, \cdots, W_k$ の**和空間**といい，$W_1 + W_2 + \cdots + W_k$ で表す．n 次正方行列 A とその相異なる固有値 $\lambda_1, \lambda_2, \cdots, \lambda_k$ に対し,

$$\mathbb{R}^n = W(A;\lambda_1) + W(A;\lambda_2) + \cdots + W(A;\lambda_k) \tag{5.3}$$

が成り立つとき，これを $\mathbb{R}^n$ の A についての**固有空間分解**という．$\mathbb{R}^n$ の固有空間分解はどのような n 次正方行列についてもできるわけではない．たとえば，例題 5.2 の 2 次正方行列 B の固有値は 3 のみであり，3 に対する B の固有空間 $W(B;3)$ は 1 次元なので，$\mathbb{R}^2$ を B について固有空間分解することはできない．$\mathbb{R}^n$ を n 次正方行列 A について固有空間分解できるための必要十分条件は，A の固有ベクトルからなる $\mathbb{R}^n$ の基底が存在することである.

固有空間分解の意味を具体例で説明しよう．例題 5.2 の 2 次正方行列

$$A = \begin{pmatrix} 1 & 2 \\ 3 & 2 \end{pmatrix}$$

を考える．注意 5.2 の $W(A;4)$ と $W(A;-1)$ の基底を集めると，$\mathbb{R}^2$ の基底

$$\left\{\begin{pmatrix}2\\3\end{pmatrix}, \begin{pmatrix}-1\\1\end{pmatrix}\right\}$$

が得られるので，$\mathbb{R}^2$ は A について固有空間分解できて，

$$\mathbb{R}^2 = W(A;4) + W(A;-1)$$

となる．この固有空間分解に沿って，$\mathbb{R}^2$ のベクトル $\boldsymbol{v}$ を

$$\boldsymbol{v} = \boldsymbol{w}_1 + \boldsymbol{w}_2 \qquad (\boldsymbol{w}_1 \in W(A;4),\ \boldsymbol{w}_2 \in W(A;-1))$$

と分解すると，A を表現行列とする $\mathbb{R}^2$ 上の線形変換

$$f\left(\begin{pmatrix}x\\y\end{pmatrix}\right) = A\begin{pmatrix}x\\y\end{pmatrix} = \begin{pmatrix}x+2y\\3x+2y\end{pmatrix} \qquad \left(\begin{pmatrix}x\\y\end{pmatrix} \in \mathbb{R}^2\right)$$

による $\boldsymbol{v}$ の像は

$$\begin{aligned} f(\boldsymbol{v}) &= A\boldsymbol{v} = A\boldsymbol{w}_1 + A\boldsymbol{w}_2 \\ &= 4\boldsymbol{w}_1 - \boldsymbol{w}_2 \end{aligned}$$

となる (図 5.1)．つまり，A を表現行列とする線形変換 f は固有空間分解に沿って 4 倍と -1 倍というスカラー倍に分解されたのである．線形変換はスカラー倍という単純な変換に分解することで扱いやすくなり，直感的にも理解しやすくなる．次節以降では，固有空間分解を行列の変形として表したものである正方行列の対角化とその応用について学ぶ．

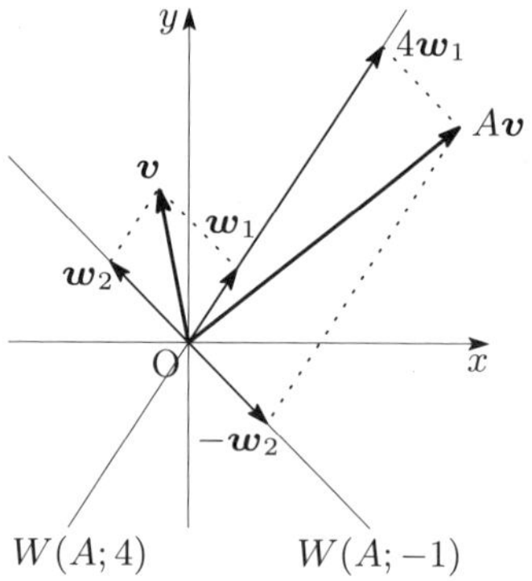

図 5.1 固有空間分解

定理 5.1

A を正方行列とする．$\lambda_1, \lambda_2, \cdots, \lambda_k$ を A の相異なる k 個の固有値とし，$\boldsymbol{w}_1 \in W(A;\lambda_1)$, $\boldsymbol{w}_2 \in W(A;\lambda_2)$, $\cdots$, $\boldsymbol{w}_k \in W(A;\lambda_k)$ とするとき，

$$\boldsymbol{w}_1 + \boldsymbol{w}_2 + \cdots + \boldsymbol{w}_k = \boldsymbol{0} \Longrightarrow \boldsymbol{w}_1 = \boldsymbol{w}_2 = \cdots = \boldsymbol{w}_k = \boldsymbol{0}$$

が成り立つ．

[証明] k についての数学的帰納法で証明しよう．まず，$k=1$ のときの定理の主張は「$\boldsymbol{w}_1=\boldsymbol{0} \Longrightarrow \boldsymbol{w}_1=\boldsymbol{0}$」であるので，これは成り立つ．

$k=m$ のときに定理の主張が成り立つと仮定して，$k=m+1$ のときも定理の主張が成り立つことを証明しよう．

$$\boldsymbol{w}_1+\boldsymbol{w}_2+\cdots+\boldsymbol{w}_m+\boldsymbol{w}_{m+1}=\boldsymbol{0} \tag{5.4}$$

が成り立つとする．$A\boldsymbol{w}_i=\lambda_i\boldsymbol{w}_i \ \ (i=1,\,2,\,\cdots,\,m,\,m+1)$ より，(5.4) の両辺にそれぞれ左から A を掛けると，

$$\lambda_1\boldsymbol{w}_1+\lambda_2\boldsymbol{w}_2+\cdots+\lambda_m\boldsymbol{w}_m+\lambda_{m+1}\boldsymbol{w}_{m+1}=\boldsymbol{0} \tag{5.5}$$

となる．また，(5.4) の両辺にそれぞれ λ_{m+1} を掛けると，

$$\lambda_{m+1}\boldsymbol{w}_1+\lambda_{m+1}\boldsymbol{w}_2+\cdots+\lambda_{m+1}\boldsymbol{w}_m+\lambda_{m+1}\boldsymbol{w}_{m+1}=\boldsymbol{0} \tag{5.6}$$

となる．(5.5) の両辺から (5.6) の両辺をそれぞれ引くと，

$$(\lambda_1-\lambda_{m+1})\boldsymbol{w}_1+(\lambda_2-\lambda_{m+1})\boldsymbol{w}_2+\cdots+(\lambda_m-\lambda_{m+1})\boldsymbol{w}_m=\boldsymbol{0}$$

を得る．ここで，$k=m$ のときは定理の主張が成り立つという仮定を用いると，

$$(\lambda_1-\lambda_{m+1})\boldsymbol{w}_1=(\lambda_2-\lambda_{m+1})\boldsymbol{w}_2=\cdots=(\lambda_m-\lambda_{m+1})\boldsymbol{w}_m=\boldsymbol{0}$$

となる．$\lambda_i-\lambda_{m+1}\neq 0 \ (i=1,\,2,\,\cdots,\,m)$ より，$\boldsymbol{w}_1=\boldsymbol{w}_2=\cdots=\boldsymbol{w}_m=\boldsymbol{0}$ を得る．また，これを (5.4) に代入すると $\boldsymbol{w}_{m+1}=\boldsymbol{0}$ も得られる．よって，$k=m+1$ のときも定理の主張が成り立つ．

以上により，数学的帰納法によって，すべての正の整数 k に対して定理の主張が成り立つことが証明された．（証明終）

定理 5.1 より，次の系が成り立つことがわかる．

系 5.1

$\lambda_1,\,\lambda_2,\,\cdots,\,\lambda_k$ を正方行列 A の相異なる固有値とする．各 $i=1,\,2,\,\cdots,\,k$ ごとに λ_i に対する A の 1 次独立な m_i 個の固有ベクトルをとったとき，その $m_1+m_2+\cdots+m_k$ 個の固有ベクトルは 1 次独立である．

記号の煩雑さを避けるために，系 5.1 が成り立つ理由を簡単な場合で説明しよう．$\lambda_1,\,\lambda_2$ を正方行列 A の相異なる固有値とし，$\boldsymbol{v}_1,\,\boldsymbol{v}_2$ を λ_1 に対する A の 1 次独立な固有ベクトル，$\boldsymbol{v}_3,\,\boldsymbol{v}_4$ を λ_2 に対する A の 1 次独立な固有ベクトルとする．このとき，実数 $r_1,\,r_2,\,r_3,\,r_4$ に対し，

$$r_1\boldsymbol{v}_1 + r_2\boldsymbol{v}_2 \in W(A;\lambda_1),\quad r_3\boldsymbol{v}_3 + r_4\boldsymbol{v}_4 \in W(A;\lambda_2) \text{ と定理 5.1 より}$$

$$(r_1\boldsymbol{v}_1 + r_2\boldsymbol{v}_2) + (r_3\boldsymbol{v}_3 + r_4\boldsymbol{v}_4) = \mathbf{0}$$

$$\Longrightarrow r_1\boldsymbol{v}_1 + r_2\boldsymbol{v}_2 = r_3\boldsymbol{v}_3 + r_4\boldsymbol{v}_4 = \mathbf{0},$$

$\boldsymbol{v}_1, \boldsymbol{v}_2$ の 1 次独立性より $\quad r_1\boldsymbol{v}_1 + r_2\boldsymbol{v}_2 = \mathbf{0} \Longrightarrow r_1 = r_2 = 0,$

$\boldsymbol{v}_3, \boldsymbol{v}_4$ の 1 次独立性より $\quad r_3\boldsymbol{v}_3 + r_4\boldsymbol{v}_4 = \mathbf{0} \Longrightarrow r_3 = r_4 = 0$

となるので,

$$r_1\boldsymbol{v}_1 + r_2\boldsymbol{v}_2 + r_3\boldsymbol{v}_3 + r_4\boldsymbol{v}_4 = \mathbf{0} \Longrightarrow r_1 = r_2 = r_3 = r_4 = 0$$

が成り立つ．よって，$\boldsymbol{v}_1, \boldsymbol{v}_2, \boldsymbol{v}_3, \boldsymbol{v}_4$ は 1 次独立であることがわかる．一般の場合についても同様に示すことができる．

系 5.1 より，n 次正方行列 A の相異なる固有値 $\lambda_1, \lambda_2, \cdots, \lambda_k$ に対し，各固有空間 $W(A;\lambda_i)$ の基底 $\{\boldsymbol{w}_1^{(\lambda_i)}, \boldsymbol{w}_2^{(\lambda_i)}, \cdots, \boldsymbol{w}_{d_i}^{(\lambda_i)}\}$ をとったとき，それらをすべて集めてできるベクトルの組

$$\{\boldsymbol{w}_1^{(\lambda_1)}, \cdots, \boldsymbol{w}_{d_1}^{(\lambda_1)}, \boldsymbol{w}_1^{(\lambda_2)}, \cdots, \boldsymbol{w}_{d_2}^{(\lambda_2)}, \cdots\cdots, \boldsymbol{w}_1^{(\lambda_k)}, \cdots, \boldsymbol{w}_{d_k}^{(\lambda_k)}\}$$

は $W(A;\lambda_1) + W(A;\lambda_2) + \cdots + W(A;\lambda_k)$ の基底となることがわかる．よって，$\dim \mathbb{R}^n = n$ と系 4.4 より，A の固有空間の次元の総和 $d_1 + d_2 + \cdots + d_k$ が n となることが，$\mathbb{R}^n$ を A について固有空間分解できるための必要十分条件である．また，各固有空間の次元について，次の定理が知られている．

定理 5.2

A を正方行列とし，λ を重複度 m の A の固有値とする．このとき，λ に対する A の固有空間 $W(A;\lambda)$ の次元は m 以下である．

【練　習　問　題】

問 5.1.1. 3 つの正方行列

$$A = \begin{pmatrix} 6 & -6 \\ 2 & -1 \end{pmatrix}, \quad B = \begin{pmatrix} 5 & -9 \\ 1 & -1 \end{pmatrix}, \quad C = \begin{pmatrix} 1 & 0 & 4 \\ 2 & -1 & 4 \\ -1 & 0 & -3 \end{pmatrix}$$

について，それぞれの固有値とその重複度，固有ベクトルをすべて求めよ．

5.2 正方行列の対角化

この節では，固有空間分解を行列の変形として表したものである正方行列の対角化について説明する．まずは例として，例題 5.2 の 2 次正方行列

$$A = \begin{pmatrix} 1 & 2 \\ 3 & 2 \end{pmatrix} \tag{5.7}$$

を考えよう．例題 5.2 の解答より，$\boldsymbol{v}_1 = \begin{pmatrix} 2 \\ 3 \end{pmatrix}$, $\boldsymbol{v}_2 = \begin{pmatrix} -1 \\ 1 \end{pmatrix}$ はそれぞれ固有値 4, -1 に対する A の固有ベクトルであり，

$$P = (\boldsymbol{v}_1\ \boldsymbol{v}_2) = \begin{pmatrix} 2 & -1 \\ 3 & 1 \end{pmatrix}$$

とおくと，

$$\begin{aligned} AP =& (A\boldsymbol{v}_1\ A\boldsymbol{v}_2) = (4\boldsymbol{v}_1\ \ -\boldsymbol{v}_2) \\ =& (\boldsymbol{v}_1\ \boldsymbol{v}_2)\begin{pmatrix} 4 & 0 \\ 0 & -1 \end{pmatrix} = P\begin{pmatrix} 4 & 0 \\ 0 & -1 \end{pmatrix} \end{aligned} \tag{5.8}$$

となる．また，定理 1.7 より，P は正則行列であり，その逆行列は

$$P^{-1} = \frac{1}{5}\begin{pmatrix} 1 & 1 \\ -3 & 2 \end{pmatrix}$$

となる．(5.8) の両辺に左から P^{-1} を掛けると，

$$P^{-1}AP = \begin{pmatrix} 4 & 0 \\ 0 & -1 \end{pmatrix} \tag{5.9}$$

となる．これを P による A の対角化という．A の対角化 (5.9) を用いると，正の整数 m に対し，A の m 乗 A^m が

$$\begin{aligned} A^m &= \overbrace{AA\cdots A}^{m\text{ 個}} = P\,\overbrace{(P^{-1}AP)\,(P^{-1}AP)\,\cdots\,(P^{-1}AP)}^{m\text{ 個}}\,P^{-1} \\ &= P\,(P^{-1}AP)^m\,P^{-1} \\ &= \begin{pmatrix} 2 & -1 \\ 3 & 1 \end{pmatrix}\begin{pmatrix} 4^m & 0 \\ 0 & (-1)^m \end{pmatrix}\left(\frac{1}{5}\begin{pmatrix} 1 & 1 \\ -3 & 2 \end{pmatrix}\right) \\ &= \frac{1}{5}\begin{pmatrix} 2\cdot 4^m + 3(-1)^m & 2\cdot 4^m - 2(-1)^m \\ 3\cdot 4^m - 3(-1)^m & 3\cdot 4^m + 2(-1)^m \end{pmatrix} \end{aligned}$$

となることがわかる．

n 次正方行列 A に対し，

$$P^{-1}AP = \begin{pmatrix} \lambda_1 & 0 & \cdots & 0 \\ 0 & \lambda_2 & \ddots & \vdots \\ \vdots & \ddots & \ddots & 0 \\ 0 & \cdots & 0 & \lambda_n \end{pmatrix} \tag{5.10}$$

となるような n 次正則行列 P が存在するとき，A は**対角化可能**であるといい，(5.10) を正方行列 A の正則行列 P による**対角化**という．正方行列 A が (5.10) のように対角化されているとき，正の整数 m に対し，

$$A^m = P\,(P^{-1}AP)^m\,P^{-1} = P \begin{pmatrix} \lambda_1^m & 0 & \cdots & 0 \\ 0 & \lambda_2^m & \ddots & \vdots \\ \vdots & \ddots & \ddots & 0 \\ 0 & \cdots & 0 & \lambda_n^m \end{pmatrix} P^{-1}$$

となり，これを用いて A の m 乗 A^m を計算できる．

定理 5.3

n 次正方行列 A について，次の (1), (2) が成り立つ．

(1) A は 1 次独立な n 個の固有ベクトル $\boldsymbol{v}_1, \boldsymbol{v}_2, \cdots, \boldsymbol{v}_n$ をもつとし，それらに対応する固有値をそれぞれ $\lambda_1, \lambda_2, \cdots, \lambda_n$ とおくと，

$$P = (\boldsymbol{v}_1 \ \boldsymbol{v}_2 \ \cdots \ \boldsymbol{v}_n) \tag{5.11}$$

で定まる正方行列 P によって，A は次のように対角化される：

$$P^{-1}AP = \begin{pmatrix} \lambda_1 & 0 & \cdots & 0 \\ 0 & \lambda_2 & \ddots & \vdots \\ \vdots & \ddots & \ddots & 0 \\ 0 & \cdots & 0 & \lambda_n \end{pmatrix}. \tag{5.12}$$

(2) n 次正則行列 P に対して (5.12) が成り立つとき，(5.11) で定まる n 個の列ベクトル $\boldsymbol{v}_1$，$\boldsymbol{v}_2$，$\cdots$，$\boldsymbol{v}_n$ は 1 次独立であり，それぞれ固有値 $\lambda_1, \lambda_2, \cdots, \lambda_n$ に対する A の固有ベクトルである．

[証明] A を n 次正方行列とし，$\lambda_1, \lambda_2, \cdots, \lambda_n$ を定数とする．$\boldsymbol{v}_1$, $\boldsymbol{v}_2$, $\cdots$, $\boldsymbol{v}_n$ を n 個の n 次元列ベクトルとし，$P = (\boldsymbol{v}_1\ \boldsymbol{v}_2\ \cdots\ \boldsymbol{v}_n)$ とおく．系 4.1 より，

$$
\begin{aligned}
&\boldsymbol{v}_1,\ \boldsymbol{v}_2,\ \cdots,\ \boldsymbol{v}_n \text{は 1 次独立であり，} A\boldsymbol{v}_j = \lambda_j \boldsymbol{v}_j \quad (j = 1, 2, \cdots, n) \\
\iff\ & \text{正方行列 } P = (\boldsymbol{v}_1\ \boldsymbol{v}_2\ \cdots\ \boldsymbol{v}_n) \text{ は正則であり，} \\
& (A\boldsymbol{v}_1\ A\boldsymbol{v}_2\ \cdots\ A\boldsymbol{v}_n) = (\lambda_1\boldsymbol{v}_1\ \lambda_2\boldsymbol{v}_2\ \cdots\ \lambda_n\boldsymbol{v}_n) \\
\iff\ & P \text{ は正則であり，} AP = P\begin{pmatrix} \lambda_1 & 0 & \cdots & 0 \\ 0 & \lambda_2 & \ddots & \vdots \\ \vdots & \ddots & \ddots & 0 \\ 0 & \cdots & 0 & \lambda_n \end{pmatrix} \\
\iff\ & P \text{ は正則であり，(5.12) が成り立つ}
\end{aligned}
$$

となるので，この定理の (1), (2) が成り立つことがわかる． （証明終）

注意 5.3 正方行列が対角化可能なとき，その正方行列を対角化する正則行列は無数に存在する．たとえば，(5.7) の正方行列 A は

$$
P' = (2\boldsymbol{v}_1\ 3\boldsymbol{v}_2) = \begin{pmatrix} 4 & -3 \\ 6 & 3 \end{pmatrix}, \quad P'' = (\boldsymbol{v}_2\ \boldsymbol{v}_1) = \begin{pmatrix} -1 & 2 \\ 1 & 3 \end{pmatrix}
$$

などの正則行列でも対角化できる．

定理 5.3 より，n 次正方行列 A が対角化可能であるための必要十分条件は，A の 1 次独立な n 個の固有ベクトルが存在することである．$\dim \mathbb{R}^n = n$ と系 4.4 より，$\mathbb{R}^n$ の 1 次独立な n 個のベクトルは $\mathbb{R}^n$ の基底をなすので，A が対角化可能であるための必要十分条件は $\mathbb{R}^n$ が A について固有空間分解できることである．よって，前節の系 5.1 の後の考察から次の定理が得られる．

定理 5.4

A を n 次正方行列とする．このとき，A のすべての固有空間の次元の和は n 以下であり，次の同値関係が成り立つ：

$$
\begin{aligned}
A \text{ は対角化可能} \iff\ & \mathbb{R}^n \text{ は } A \text{ について固有空間分解できる} \\
\iff\ & A \text{ のすべての固有空間の次元の和は } n \text{ である．}
\end{aligned}
$$

注意 5.4 定理 5.4 により，A のすべての固有空間の次元の和が n 未満のとき，A は対角化できないことがわかる．

各固有空間の次元は 1 以上であることに注意すると，次の系が得られる．

系 5.2

n 個の相異なる固有値をもつ n 次正方行列 A は対角化可能である．

さて，ここまでの説明してきたことをまとめると，実際に n 次正方行列 A の対角化をするときには次のような手順で考えればよいことがわかる．

手順 1. A の固有方程式 $\varphi_A(t) = 0$ を解き，A の相異なる固有値 $\lambda_1, \lambda_2, \cdots, \lambda_k$ をすべて求める．

手順 2. 各固有値 λ_i に対し，$\boldsymbol{x}$ についての同次連立 1 次方程式

$$(\lambda_i E - A)\boldsymbol{x} = \boldsymbol{0}$$

を解き，λ_i に対する A の 1 次独立な固有ベクトルをできる限り多くとる．(つまり，λ_i に対する A の固有空間 $W(A; \lambda_i)$ の基底を 1 組とる．)

手順 3. 手順 2 で求めた固有ベクトルが全部で n 個あれば，A は対角化可能である．実際，系 5.1 より，その n 個の固有ベクトル $\boldsymbol{v}_1, \boldsymbol{v}_2, \cdots, \boldsymbol{v}_n$ は 1 次独立なので，定理 5.3 (1) より，正則行列 $P = (\boldsymbol{v}_1\ \boldsymbol{v}_2\ \cdots\ \boldsymbol{v}_n)$ によって A は対角化できる．

(また，手順 2 で求めた固有ベクトルが全部で n 個未満ならば，それは A のすべての固有空間の次元 (基底をなすベクトルの個数) の総和が n 未満ということであり，注意 5.4 より，A は対角化できない．)

例題 5.3 3 次正方行列 A を

$$A = \begin{pmatrix} 0 & 3 & 1 \\ -1 & 4 & 1 \\ 1 & -3 & 0 \end{pmatrix}$$

と定める．

(1) A を対角化する正則行列を 1 つ求め，対角化せよ．

(2) 正の整数 m に対し，A の m 乗 A^m を求めよ．

[解答] (1) まず，A の固有値を求める．$|tE-A|$ の第 3 行に第 1 行を加えて，第 2 行から第 1 行を引くと，

$$\varphi_A(t) = |tE-A| = \begin{vmatrix} t & -3 & -1 \\ 1 & t-4 & -1 \\ -1 & 3 & t \end{vmatrix} = \begin{vmatrix} t & -3 & -1 \\ -t+1 & t-1 & 0 \\ t-1 & 0 & t-1 \end{vmatrix}.$$

第 2 行と第 3 行のそれぞれから $t-1$ をくくりだし，サラスの方法を用いると，

$$\varphi_A(t) = (t-1)^2 \begin{vmatrix} t & -3 & -1 \\ -1 & 1 & 0 \\ 1 & 0 & 1 \end{vmatrix} = (t-1)^2(t-2)$$

となる．よって，A の固有方程式は $(t-1)^2(t-2)=0$ であり，これを解くと A の固有値は $1, 2$ であることがわかる．

- **固有値 1 に対する固有ベクトル**：

 $\boldsymbol{x}$ についての同次連立 1 次方程式 $(E-A)\boldsymbol{x}=\boldsymbol{0}$ の解を求めればよい．

$$\boldsymbol{x} = \begin{pmatrix} x \\ y \\ z \end{pmatrix} \text{とおくと，} \qquad \begin{pmatrix} 1 & -3 & -1 \\ 1 & -3 & -1 \\ -1 & 3 & 1 \end{pmatrix} \begin{pmatrix} x \\ y \\ z \end{pmatrix} = \begin{pmatrix} 0 \\ 0 \\ 0 \end{pmatrix}.$$

この同次連立 1 次方程式の係数行列に掃き出し法を適用すると，

$$\begin{pmatrix} 1 & -3 & -1 \\ 1 & -3 & -1 \\ -1 & 3 & 1 \end{pmatrix} \xrightarrow[\text{第 3 行に第 1 行を加える}]{\text{第 2 行に第 1 行の } -1 \text{ 倍を加える}} \begin{pmatrix} 1 & -3 & -1 \\ 0 & 0 & 0 \\ 0 & 0 & 0 \end{pmatrix}$$

となり，係数行列の階段標準形に対応する同次 1 次方程式は

$$x - 3y - z = 0$$

である．$y=r,\ z=s$ とおくと，解は

$$\begin{pmatrix} x \\ y \\ z \end{pmatrix} = \begin{pmatrix} 3r+s \\ r \\ s \end{pmatrix} = r\begin{pmatrix} 3 \\ 1 \\ 0 \end{pmatrix} + s\begin{pmatrix} 1 \\ 0 \\ 1 \end{pmatrix} \qquad (r, s \text{ は任意定数})$$

と表せる．よって，固有値 1 に対する A の 1 次独立な固有ベクトルとして，

$$\boldsymbol{v}_1 = \begin{pmatrix} 3 \\ 1 \\ 0 \end{pmatrix}, \qquad \boldsymbol{v}_2 = \begin{pmatrix} 1 \\ 0 \\ 1 \end{pmatrix} \tag{5.13}$$

がとれる.

- <u>固有値 **2** に対する固有ベクトル</u>：
  $\boldsymbol{x}$ についての同次連立 1 次方程式 $(2E-A)\boldsymbol{x}=\boldsymbol{0}$ の解を求めればよい.

$$\boldsymbol{x}=\begin{pmatrix}x\\y\\z\end{pmatrix} \text{とおくと,} \qquad \begin{pmatrix}2&-3&-1\\1&-2&-1\\-1&3&2\end{pmatrix}\begin{pmatrix}x\\y\\z\end{pmatrix}=\begin{pmatrix}0\\0\\0\end{pmatrix}.$$

この同次連立 1 次方程式の係数行列に掃き出し法を適用すると,

$$\begin{pmatrix}2&-3&-1\\1&-2&-1\\-1&3&2\end{pmatrix}\xrightarrow[\substack{\text{第 3 行に第 2 行}\\\text{を加える}}]{\substack{\text{第 1 行に第 2 行}\\\text{の } -2 \text{ 倍を加える}}}\begin{pmatrix}0&1&1\\1&-2&-1\\0&1&1\end{pmatrix}$$

$$\xrightarrow[\substack{\text{第 3 行に第 1 行}\\\text{の } -1 \text{ 倍を加える}}]{\substack{\text{第 2 行に第 1 行}\\\text{の 2 倍を加える}}}\begin{pmatrix}0&1&1\\1&0&1\\0&0&0\end{pmatrix}\xrightarrow{\substack{\text{第 1 行と第 2 行}\\\text{を入れかえる}}}\begin{pmatrix}1&0&1\\0&1&1\\0&0&0\end{pmatrix}$$

となり，係数行列の階段標準形に対応する同次連立 1 次方程式は

$$\begin{cases}x \qquad +z=0\\ \qquad y+z=0\end{cases}$$

である. $z=u$ とおくと，解は

$$\begin{pmatrix}x\\y\\z\end{pmatrix}=\begin{pmatrix}-u\\-u\\u\end{pmatrix}=u\begin{pmatrix}-1\\-1\\1\end{pmatrix} \qquad (u \text{ は任意定数})$$

と表せる. よって，固有値 2 に対する A の固有ベクトルとして,

$$\boldsymbol{v}_3=\begin{pmatrix}-1\\-1\\1\end{pmatrix} \tag{5.14}$$

がとれる.

(5.13), (5.14) の固有ベクトル $\boldsymbol{v}_1$, $\boldsymbol{v}_2$, $\boldsymbol{v}_3$ を並べてできる正則行列

$$P=(\boldsymbol{v}_1\ \boldsymbol{v}_2\ \boldsymbol{v}_3)=\begin{pmatrix}3&1&-1\\1&0&-1\\0&1&1\end{pmatrix} \tag{5.15}$$

によって A は

$$P^{-1}AP = \begin{pmatrix} 1 & 0 & 0 \\ 0 & 1 & 0 \\ 0 & 0 & 2 \end{pmatrix}$$

と対角化される．

(2) まず，(5.15) の正則行列 P の逆行列 P^{-1} を求める．行列

$$(P\,|\,E) = \left(\begin{array}{ccc|ccc} 3 & 1 & -1 & 1 & 0 & 0 \\ 1 & 0 & -1 & 0 & 1 & 0 \\ 0 & 1 & 1 & 0 & 0 & 1 \end{array}\right)$$

に掃き出し法を適用すると，

$$\left(\begin{array}{ccc|ccc} 3 & 1 & -1 & 1 & 0 & 0 \\ 1 & 0 & -1 & 0 & 1 & 0 \\ 0 & 1 & 1 & 0 & 0 & 1 \end{array}\right) \xrightarrow[\text{の }-3\text{ 倍を加える}]{\text{第 1 行に第 2 行}} \left(\begin{array}{ccc|ccc} 0 & 1 & 2 & 1 & -3 & 0 \\ 1 & 0 & -1 & 0 & 1 & 0 \\ 0 & 1 & 1 & 0 & 0 & 1 \end{array}\right)$$

$$\xrightarrow{\text{第 1 行に第 3 行の }-1\text{ 倍を加える}} \left(\begin{array}{ccc|ccc} 0 & 0 & 1 & 1 & -3 & -1 \\ 1 & 0 & -1 & 0 & 1 & 0 \\ 0 & 1 & 1 & 0 & 0 & 1 \end{array}\right)$$

$$\xrightarrow[\text{第 3 行に第 1 行の }-1\text{ 倍を加える}]{\text{第 2 行に第 1 行を加える}} \left(\begin{array}{ccc|ccc} 0 & 0 & 1 & 1 & -3 & -1 \\ 1 & 0 & 0 & 1 & -2 & -1 \\ 0 & 1 & 0 & -1 & 3 & 2 \end{array}\right)$$

$$\xrightarrow{\text{行を並べかえる}} \left(\begin{array}{ccc|ccc} 1 & 0 & 0 & 1 & -2 & -1 \\ 0 & 1 & 0 & -1 & 3 & 2 \\ 0 & 0 & 1 & 1 & -3 & -1 \end{array}\right)$$

となるので，P の逆行列は

$$P^{-1} = \begin{pmatrix} 1 & -2 & -1 \\ -1 & 3 & 2 \\ 1 & -3 & -1 \end{pmatrix}$$

である．よって，A の m 乗 A^m は

$$\begin{aligned} A^m &= P(P^{-1}AP)^m P^{-1} \\ &= \begin{pmatrix} 3 & 1 & -1 \\ 1 & 0 & -1 \\ 0 & 1 & 1 \end{pmatrix} \begin{pmatrix} 1 & 0 & 0 \\ 0 & 1 & 0 \\ 0 & 0 & 2^m \end{pmatrix} \begin{pmatrix} 1 & -2 & -1 \\ -1 & 3 & 2 \\ 1 & -3 & -1 \end{pmatrix} \end{aligned}$$

$$
= \begin{pmatrix} 2-2^m & -3+3\cdot 2^m & -1+2^m \\ 1-2^m & -2+3\cdot 2^m & -1+2^m \\ -1+2^m & 3-3\cdot 2^m & 2-2^m \end{pmatrix}
$$

となる. （解答終）

対角化できない正方行列の例も紹介しておこう. 系 5.2 より, n 次正方行列が n 個の相異なる固有値をもつ場合は対角化可能であるが, それ以外の場合は各固有空間を調べてみなければ対角化可能かどうかはわからない.

例題 5.4 3 次正方行列

$$
A = \begin{pmatrix} -3 & 1 & -3 \\ 2 & -2 & 3 \\ 2 & -1 & 2 \end{pmatrix}
$$

は対角化できないことを示せ.

[解答] $|tE-A|$ の第 2 行と第 3 行にそれぞれ第 1 行を加えると,

$$
\varphi_A(t) = |tE-A| = \begin{vmatrix} t+3 & -1 & 3 \\ -2 & t+2 & -3 \\ -2 & 1 & t-2 \end{vmatrix} = \begin{vmatrix} t+3 & -1 & 3 \\ t+1 & t+1 & 0 \\ t+1 & 0 & t+1 \end{vmatrix}.
$$

第 2 行と第 3 行のそれぞれから $(t+1)$ をくくりだし, サラスの方法を用いると,

$$
\varphi_A(t) = (t+1)^2 \begin{vmatrix} t+3 & -1 & 3 \\ 1 & 1 & 0 \\ 1 & 0 & 1 \end{vmatrix} = (t+1)^3
$$

となる. よって, A の固有方程式は $(t+1)^3 = 0$ であり, これを解くと A の固有値は -1 のみであることがわかる.

固有値 -1 に対する A の固有ベクトルを求めるには, $\boldsymbol{x}$ についての同次連立 1 次方程式 $(-E-A)\boldsymbol{x} = \boldsymbol{0}$ の解を求めればよい.

$$
\boldsymbol{x} = \begin{pmatrix} x \\ y \\ z \end{pmatrix} \text{とおくと,} \qquad \begin{pmatrix} 2 & -1 & 3 \\ -2 & 1 & -3 \\ -2 & 1 & -3 \end{pmatrix} \begin{pmatrix} x \\ y \\ z \end{pmatrix} = \begin{pmatrix} 0 \\ 0 \\ 0 \end{pmatrix}.
$$

この同次連立 1 次方程式の係数行列に掃き出し法を適用すると,

$$\begin{pmatrix} 2 & -1 & 3 \\ -2 & 1 & -3 \\ -2 & 1 & -3 \end{pmatrix} \xrightarrow{\text{第 1 行を 1/2 倍する}} \begin{pmatrix} 1 & -\frac{1}{2} & \frac{3}{2} \\ -2 & 1 & -3 \\ -2 & 1 & -3 \end{pmatrix}$$

$$\xrightarrow[\substack{\text{第 3 行に第 1 行} \\ \text{の 2 倍を加える}}]{\substack{\text{第 2 行に第 1 行} \\ \text{の 2 倍を加える}}} \begin{pmatrix} 1 & -\frac{1}{2} & \frac{3}{2} \\ 0 & 0 & 0 \\ 0 & 0 & 0 \end{pmatrix}$$

となり，係数行列の階段標準形に対応する同次 1 次方程式は

$$x - \frac{1}{2}y + \frac{3}{2}z = 0$$

である．$y = 2r$, $z = 2s$ とおくと，解は

$$\begin{pmatrix} x \\ y \\ z \end{pmatrix} = \begin{pmatrix} r - 3s \\ 2r \\ 2s \end{pmatrix} = r\begin{pmatrix} 1 \\ 2 \\ 0 \end{pmatrix} + s\begin{pmatrix} -3 \\ 0 \\ 2 \end{pmatrix} \qquad (r, s \text{ は任意定数})$$

と表せる．よって，固有値 -1 に対する A の固有空間 $W(A; -1)$ の基底として，

$$\left\{ \begin{pmatrix} 1 \\ 2 \\ 0 \end{pmatrix}, \begin{pmatrix} -1 \\ 0 \\ 2 \end{pmatrix} \right\}$$

がとれるので，$\dim W(A; -1) = 2$ である．よって，A の 1 次独立な 3 個の固有ベクトルは存在しないので，A は対角化できない．　（解答終）

【練　習　問　題】

問 5.2.1. 次の正方行列 A を対角化し，正の整数 m に対して A^m を求めよ．

(1) $A = \begin{pmatrix} 7 & 9 \\ -6 & -8 \end{pmatrix}$　　(2) $A = \begin{pmatrix} 1 & 8 & -4 \\ 1 & 0 & 1 \\ 2 & 2 & 1 \end{pmatrix}$

問 5.2.2. 次の 3 次正方行列 A, B, C は対角化可能かどうかを判定せよ．

$$A = \begin{pmatrix} 3 & 1 & 0 \\ 0 & 3 & 1 \\ 0 & 0 & 3 \end{pmatrix}, \quad B = \begin{pmatrix} 5 & -1 & -7 \\ 0 & 2 & 4 \\ 3 & -1 & -5 \end{pmatrix}, \quad C = \begin{pmatrix} 4 & -3 & 3 \\ 12 & -8 & 6 \\ 6 & -3 & 1 \end{pmatrix}.$$

5.3 内積と直交変換

この節では，線形空間上の内積とそれに関連する概念について紹介する．1章で n 次元ユークリッド空間 $\mathbb{R}^n$ の2つのベクトル

$$\boldsymbol{a} = \begin{pmatrix} a_1 \\ a_2 \\ \vdots \\ a_n \end{pmatrix}, \qquad \boldsymbol{b} = \begin{pmatrix} b_1 \\ b_2 \\ \vdots \\ b_n \end{pmatrix}$$

に対し，$\boldsymbol{a}$ と $\boldsymbol{b}$ の内積 $(\boldsymbol{a}, \boldsymbol{b})$ を

$$(\boldsymbol{a}, \boldsymbol{b}) = {}^t\boldsymbol{a}\,\boldsymbol{b} = a_1 b_1 + a_2 b_2 + \cdots + a_n b_n \tag{5.16}$$

と定義していた．$V = \mathbb{R}^n$ とおくと，線形空間 V は次の内積の公理を満たす．

内積の公理

すべての $\boldsymbol{a}, \boldsymbol{b} \in V$ に対し，$\boldsymbol{a}$ と $\boldsymbol{b}$ の内積と呼ばれる実数 $(\boldsymbol{a}, \boldsymbol{b})$ が定まる．さらに，次のことが成り立つ．

- すべての $\boldsymbol{a} \in V$ に対し，$(\boldsymbol{a}, \boldsymbol{a}) \geqq 0$ と次の同値関係が成り立つ：
$$(\boldsymbol{a}, \boldsymbol{a}) = 0 \iff \boldsymbol{a} = \boldsymbol{0}.$$
- すべての $\boldsymbol{a}, \boldsymbol{b}, \boldsymbol{c} \in V$ と $r \in \mathbb{R}$ に対し，次の等式が成り立つ：
$$(r\boldsymbol{a}, \boldsymbol{b}) = (\boldsymbol{a}, r\boldsymbol{b}) = r(\boldsymbol{a}, \boldsymbol{b}), \qquad (\boldsymbol{a}, \boldsymbol{b}) = (\boldsymbol{b}, \boldsymbol{a}),$$
$$(\boldsymbol{a} + \boldsymbol{b}, \boldsymbol{c}) = (\boldsymbol{a}, \boldsymbol{c}) + (\boldsymbol{b}, \boldsymbol{c}), \qquad (\boldsymbol{a}, \boldsymbol{b} + \boldsymbol{c}) = (\boldsymbol{a}, \boldsymbol{b}) + (\boldsymbol{a}, \boldsymbol{c}).$$

一般に，内積の公理を満たす線形空間 V を**内積空間**という．1.1節で平面上や空間内のベクトルに対して定義した「大きさ」や「角」などの概念を一般の内積空間に拡張しよう．まず，内積空間 V のベクトル $\boldsymbol{a}$ に対し，

$$\|\boldsymbol{a}\| = \sqrt{(\boldsymbol{a}, \boldsymbol{a})}$$

で定まる $\|\boldsymbol{a}\|$ を $\boldsymbol{a}$ の**大きさ**または**長さ**という．$\mathbb{R}^n$ の場合は次のようになる：

$$\|\boldsymbol{a}\| = \sqrt{(\boldsymbol{a}, \boldsymbol{a})} = \sqrt{{a_1}^2 + {a_2}^2 + \cdots + {a_n}^2} \qquad \left(\boldsymbol{a} = \begin{pmatrix} a_1 \\ a_2 \\ \vdots \\ a_n \end{pmatrix} \in \mathbb{R}^n \right).$$

内積空間 V のベクトルの大きさが1であるとき，そのベクトルを**単位ベクトル**という．内積の公理より，$\mathbf{0}$ でないベクトル $\boldsymbol{a}$ に対して $\boldsymbol{u}=\dfrac{1}{\|\boldsymbol{a}\|}\boldsymbol{a}$ とおくと，$\boldsymbol{u}$ は単位ベクトルとなる (図 5.2)．$\boldsymbol{u}$ を $\boldsymbol{a}$ を**正規化**したベクトルという．

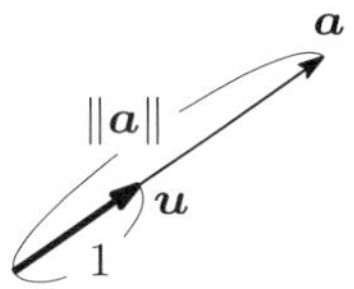

図 **5.2**

例 5.1 $\mathbb{R}^2$ のベクトル $\boldsymbol{a}=\begin{pmatrix}2\\-1\end{pmatrix}$ に対し，$\|\boldsymbol{a}\|=\sqrt{2^2+(-1)^2}=\sqrt{5}$ より，

$\boldsymbol{a}$ を正規化したベクトルは $\boldsymbol{u}=\dfrac{1}{\sqrt{5}}\begin{pmatrix}2\\-1\end{pmatrix}$ となる．

定理 5.5 (シュヴァルツの不等式)

内積空間 V の2つのベクトル $\boldsymbol{a}$, $\boldsymbol{b}$ に対し，次の不等式が成り立つ：

$$|(\boldsymbol{a},\boldsymbol{b})| \leqq \|\boldsymbol{a}\|\,\|\boldsymbol{b}\|. \tag{5.17}$$

[証明] $\boldsymbol{a}=\mathbf{0}$ または $\boldsymbol{b}=\mathbf{0}$ ならば (5.17) の両辺はともに 0 であり，(5.17) は成り立つ．$\boldsymbol{a}\neq\mathbf{0}$ かつ $\boldsymbol{b}\neq\mathbf{0}$ である場合を考える．$\boldsymbol{a},\boldsymbol{b}$ をそれぞれ正規化して，

$$\boldsymbol{u}=\frac{1}{\|\boldsymbol{a}\|}\boldsymbol{a}, \qquad \boldsymbol{v}=\frac{1}{\|\boldsymbol{b}\|}\boldsymbol{b}$$

とおくと，$(\boldsymbol{u},\boldsymbol{u})=(\boldsymbol{v},\boldsymbol{v})=1$ であるので，

$$0\leqq(\boldsymbol{u}\pm\boldsymbol{v},\boldsymbol{u}\pm\boldsymbol{v})=(\boldsymbol{u},\boldsymbol{u})\pm2(\boldsymbol{u},\boldsymbol{v})+(\boldsymbol{v},\boldsymbol{v})=2\pm2(\boldsymbol{u},\boldsymbol{v}) \quad (\text{複号同順})$$

となり，$|(\boldsymbol{u},\boldsymbol{v})|\leqq1$ が得られる．よって，$|(\boldsymbol{u},\boldsymbol{v})|=\dfrac{|(\boldsymbol{a},\boldsymbol{b})|}{\|\boldsymbol{a}\|\,\|\boldsymbol{b}\|}$ より，(5.17) が成り立つ．（証明終）

定理 5.6 (ベクトルの大きさの基本性質)

V を内積空間とするとき，次のことが成り立つ．

(1) すべての $\boldsymbol{a}\in V$ に対し，$\|\boldsymbol{a}\|\geqq0$．さらに，$\|\boldsymbol{a}\|=0 \iff \boldsymbol{a}=\mathbf{0}$.

(2) $\|r\boldsymbol{a}\|=|r|\,\|\boldsymbol{a}\| \qquad (\boldsymbol{a}\in V,\ r\in\mathbb{R})$.

(3) $\|\boldsymbol{a}+\boldsymbol{b}\|\leqq\|\boldsymbol{a}\|+\|\boldsymbol{b}\| \qquad (\boldsymbol{a},\boldsymbol{b}\in V)$.

[証明] (1) と (2) は内積の公理からただちに得られる．また，

$$(\|\boldsymbol{a}\|+\|\boldsymbol{b}\|)^2 = \|\boldsymbol{a}\|^2+2\|\boldsymbol{a}\|\,\|\boldsymbol{b}\|+\|\boldsymbol{b}\|^2,$$

$$\begin{aligned}\|\boldsymbol{a}+\boldsymbol{b}\|^2 &= (\boldsymbol{a}+\boldsymbol{b},\boldsymbol{a}+\boldsymbol{b}) = (\boldsymbol{a},\boldsymbol{a}) + 2(\boldsymbol{a},\boldsymbol{b}) + (\boldsymbol{b},\boldsymbol{b}) \\ &= \|\boldsymbol{a}\|^2 + 2(\boldsymbol{a},\boldsymbol{b}) + \|\boldsymbol{b}\|^2\end{aligned}$$

と定理 5.5 より，$\|\boldsymbol{a}+\boldsymbol{b}\|^2 \leqq (\|\boldsymbol{a}\|+\|\boldsymbol{b}\|)^2$ が成り立つ．$\|\boldsymbol{a}+\boldsymbol{b}\|$ と $\|\boldsymbol{a}\|+\|\boldsymbol{b}\|$ はともに 0 以上なので，これより (3) の不等式が得られる．　（証明終）

$\mathbb{R}^2$ や $\mathbb{R}^3$ においては，図 5.3 を見れば 2 つのベクトル $\boldsymbol{a}$ と $\boldsymbol{b}$ の大きさの和の方が $\boldsymbol{a}+\boldsymbol{b}$ の大きさよりも大きいことは明らかであり，定理 5.6 (3) の不等式が成り立つことを直感的に理解できる．この図の形から，定理 5.6 (3) の不等式は**三角不等式**と呼ばれる．

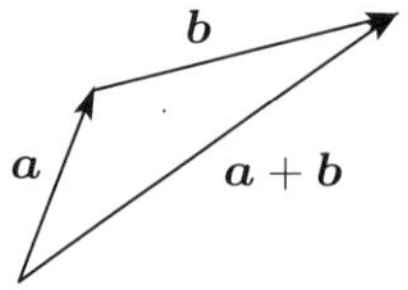

図 5.3　三角不等式

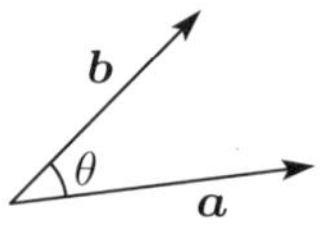

図 5.4　角

また，定理 5.5 より，内積空間 V の $\boldsymbol{0}$ でない 2 つのベクトル $\boldsymbol{a}$, $\boldsymbol{b}$ に対し，不等式 $-1 \leqq \dfrac{(\boldsymbol{a},\boldsymbol{b})}{\|\boldsymbol{a}\|\,\|\boldsymbol{b}\|} \leqq 1$ が成り立つので，$\cos\theta = \dfrac{(\boldsymbol{a},\boldsymbol{b})}{\|\boldsymbol{a}\|\,\|\boldsymbol{b}\|}$，$0 \leqq \theta \leqq \pi$ を満たす角 θ がただ 1 つ存在する．$\mathbb{R}^2$ や $\mathbb{R}^3$ の場合にちなんで，この θ を 2 つのベクトル $\boldsymbol{a}$ と $\boldsymbol{b}$ のなす**角**という (図 5.4)．特に，$\theta = \pi/2$，すなわち，$(\boldsymbol{a},\boldsymbol{b}) = 0$ となるとき，$\boldsymbol{a}$ と $\boldsymbol{b}$ は**直交する**という．

内積空間 V のベクトルの組 $\{\boldsymbol{u}_1, \boldsymbol{u}_2, \cdots, \boldsymbol{u}_m\}$ が

$$(\boldsymbol{u}_i, \boldsymbol{u}_j) = \begin{cases} 1 & (i = j) \\ 0 & (i \neq j) \end{cases} \tag{5.18}$$

を満たすとき，$\{\boldsymbol{u}_1, \boldsymbol{u}_2, \cdots, \boldsymbol{u}_m\}$ を V の**正規直交系**という．

定理 5.7

$\{\boldsymbol{u}_1, \boldsymbol{u}_2, \cdots, \boldsymbol{u}_m\}$ を内積空間 V の正規直交系とすると，$\boldsymbol{u}_1, \boldsymbol{u}_2, \cdots, \boldsymbol{u}_m$ は 1 次独立である．

[証明] 実数 r_1, r_2, $\cdots$, r_m が

$$r_1\boldsymbol{u}_1 + r_2\boldsymbol{u}_2 + \cdots + r_m\boldsymbol{u}_m = \boldsymbol{0} \tag{5.19}$$

を満たすとする．$j = 1, 2, \cdots, m$ に対し，(5.19) の両辺のそれぞれと $\boldsymbol{u}_j$ の

内積をとると，(5.18) より $r_j = 0$ を得る．よって，$\boldsymbol{u}_1, \boldsymbol{u}_2, \cdots, \boldsymbol{u}_m$ は 1 次独立である．（証明終）

系 4.4 と定理 5.7 より，n 次元内積空間 V の n 個のベクトルからなる正規直交系 $\{\boldsymbol{u}_1, \boldsymbol{u}_2, \cdots, \boldsymbol{u}_n\}$ は，V の基底となる．内積空間において，基底となる正規直交系を**正規直交基底**という．たとえば，$\mathbb{R}^n$ の標準基底 $\{\boldsymbol{e}_1, \boldsymbol{e}_2, \cdots, \boldsymbol{e}_n\}$ は $\mathbb{R}^n$ の正規直交基底である．

定理 5.8 (グラム・シュミットの直交化法)

内積空間 V の 1 次独立な m 個のベクトル $\boldsymbol{v}_1, \boldsymbol{v}_2, \cdots, \boldsymbol{v}_m$ に対し，

$$
\begin{aligned}
\boldsymbol{v}_1' &= \boldsymbol{v}_1 & \boldsymbol{u}_1 &= \frac{1}{\|\boldsymbol{v}_1'\|}\boldsymbol{v}_1', \\
\boldsymbol{v}_2' &= \boldsymbol{v}_2 - (\boldsymbol{v}_2, \boldsymbol{u}_1)\boldsymbol{u}_1, & \boldsymbol{u}_2 &= \frac{1}{\|\boldsymbol{v}_2'\|}\boldsymbol{v}_2', \\
\boldsymbol{v}_3' &= \boldsymbol{v}_3 - (\boldsymbol{v}_3, \boldsymbol{u}_1)\boldsymbol{u}_1 - (\boldsymbol{v}_3, \boldsymbol{u}_2)\boldsymbol{u}_2, & \boldsymbol{u}_3 &= \frac{1}{\|\boldsymbol{v}_3'\|}\boldsymbol{v}_3', \\
&\vdots & &\vdots \\
\boldsymbol{v}_m' &= \boldsymbol{v}_m - (\boldsymbol{v}_m, \boldsymbol{u}_1)\boldsymbol{u}_1 - \cdots - (\boldsymbol{v}_m, \boldsymbol{u}_{m-1})\boldsymbol{u}_{m-1}, & \boldsymbol{u}_m &= \frac{1}{\|\boldsymbol{v}_m'\|}\boldsymbol{v}_m'
\end{aligned}
$$

で定まる V のベクトルの組 $\{\boldsymbol{u}_1, \boldsymbol{u}_2, \cdots, \boldsymbol{u}_m\}$ は V の正規直交系となる．

[証明] m についての数学的帰納法によって定理を証明する．まず，$m = 1$ のときには，$\boldsymbol{v}_1' = \boldsymbol{v}_1 \neq \boldsymbol{0}$ より，定理の主張のように $\boldsymbol{v}_1'$ を正規化したベクトル $\boldsymbol{u}_1 = \dfrac{1}{\|\boldsymbol{v}_1'\|}\boldsymbol{v}_1'$ をとれば，$\{\boldsymbol{u}_1\}$ は正規直交系となる．

次に，$m = k$ のときに定理の主張が成り立つと仮定して，$m = k + 1$ のときにも定理の主張が成り立つことを証明する．定理の主張のように $\boldsymbol{u}_1$, $\boldsymbol{u}_2$, $\cdots$, $\boldsymbol{u}_k$ を定めると，仮定により $\{\boldsymbol{u}_1, \boldsymbol{u}_2, \cdots, \boldsymbol{u}_k\}$ は正規直交系となる．ここで，

$$
\boldsymbol{v}_{k+1}' = \boldsymbol{v}_{k+1} - (\boldsymbol{v}_{k+1}, \boldsymbol{u}_1)\boldsymbol{u}_1 - \cdots - (\boldsymbol{v}_{k+1}, \boldsymbol{u}_k)\boldsymbol{u}_k
$$

とおくと，この右辺は $\boldsymbol{v}_{k+1} - [\boldsymbol{v}_1, \cdots, \boldsymbol{v}_k$ の 1 次結合] という形に書き下せるので，$\boldsymbol{v}_1, \boldsymbol{v}_2, \cdots, \boldsymbol{v}_{k+1}$ の 1 次独立性より，$\boldsymbol{v}_{k+1}' \neq 0$ となる．さらに，$\boldsymbol{u}_1, \boldsymbol{u}_2, \cdots, \boldsymbol{u}_k$ は (5.18) を満たすので，$i = 1, 2, \cdots, k$ に対して

$$
\begin{aligned}
(\boldsymbol{v}_{k+1}', \boldsymbol{u}_i) &= (\boldsymbol{v}_{k+1}, \boldsymbol{u}_i) - (\boldsymbol{v}_{k+1}, \boldsymbol{u}_1)(\boldsymbol{u}_1, \boldsymbol{u}_i) - \cdots - (\boldsymbol{v}_{k+1}, \boldsymbol{u}_k)(\boldsymbol{u}_k, \boldsymbol{u}_i) \\
&= (\boldsymbol{v}_{k+1}, \boldsymbol{u}_i) - (\boldsymbol{v}_{k+1}, \boldsymbol{u}_i) = 0
\end{aligned}
$$

が成り立つ．よって，$\boldsymbol{v}'_{k+1}$ を正規化したベクトル $\boldsymbol{u}_{k+1} = \dfrac{1}{\|\boldsymbol{v}'_{k+1}\|}\boldsymbol{v}'_{k+1}$ は k 個のベクトル $\boldsymbol{u}_1, \boldsymbol{u}_2, \cdots, \boldsymbol{u}_k$ と直交する単位ベクトルであるので，正規直交系 $\{\boldsymbol{u}_1, \boldsymbol{u}_2, \cdots, \boldsymbol{u}_k\}$ に $\boldsymbol{u}_{k+1}$ を加えてできる集合 $\{\boldsymbol{u}_1, \boldsymbol{u}_2, \cdots, \boldsymbol{u}_k, \boldsymbol{u}_{k+1}\}$ も正規直交系となる．

以上により，数学的帰納法によって，すべての正の整数 m に対して定理の主張が成り立つことが証明された． (証明終)

n 次元内積空間 V の基底 $\{\boldsymbol{v}_1, \boldsymbol{v}_2, \cdots, \boldsymbol{v}_n\}$ にグラム・シュミットの直交化法を適用すれば，V の正規直交基底 $\{\boldsymbol{u}_1, \boldsymbol{u}_2, \cdots, \boldsymbol{u}_n\}$ を得ることができる．このことから，n 次元内積空間は必ず正規直交基底をもつことがわかる．

例題 5.5 $\mathbb{R}^3$ の基底 $\{\boldsymbol{v}_1, \boldsymbol{v}_2, \boldsymbol{v}_3\}$ を次のように定める：

$$\boldsymbol{v}_1 = \begin{pmatrix} 1 \\ 0 \\ 1 \end{pmatrix}, \qquad \boldsymbol{v}_2 = \begin{pmatrix} 0 \\ 1 \\ 1 \end{pmatrix}, \qquad \boldsymbol{v}_3 = \begin{pmatrix} 0 \\ 0 \\ 2 \end{pmatrix}.$$

このとき，$\boldsymbol{v}_1$, $\boldsymbol{v}_2$, $\boldsymbol{v}_3$ にグラム・シュミットの直交化法を適用し，$\mathbb{R}^3$ の正規直交基底 $\{\boldsymbol{u}_1, \boldsymbol{u}_2, \boldsymbol{u}_3\}$ を構成せよ．

[解答] $\|\boldsymbol{v}_1\| = \sqrt{1^2 + 0^2 + 1^2} = \sqrt{2}$ より，$\boldsymbol{v}'_1 = \boldsymbol{v}_1$ を正規化すると，

$$\boldsymbol{u}_1 = \frac{1}{\|\boldsymbol{v}_1\|}\boldsymbol{v}_1 = \frac{1}{\sqrt{2}}\begin{pmatrix} 1 \\ 0 \\ 1 \end{pmatrix}$$

となる．$(\boldsymbol{v}_2, \boldsymbol{u}_1) = \dfrac{1}{\sqrt{2}}(0 \cdot 1 + 1 \cdot 0 + 1 \cdot 1) = \dfrac{1}{\sqrt{2}}$ より，

$$\boldsymbol{v}'_2 = \boldsymbol{v}_2 - (\boldsymbol{v}_2, \boldsymbol{u}_1)\boldsymbol{u}_1 = \begin{pmatrix} 0 \\ 1 \\ 1 \end{pmatrix} - \frac{1}{2}\begin{pmatrix} 1 \\ 0 \\ 1 \end{pmatrix} = \frac{1}{2}\begin{pmatrix} -1 \\ 2 \\ 1 \end{pmatrix}$$

となる．$\|\boldsymbol{v}'_2\| = \dfrac{1}{2}\sqrt{(-1)^2 + 2^2 + 1^2} = \dfrac{\sqrt{6}}{2}$ より，$\boldsymbol{v}'_2$ を正規化すると，

$$\boldsymbol{u}_2 = \frac{1}{\|\boldsymbol{v}'_2\|}\boldsymbol{v}'_2 = \frac{1}{\sqrt{6}}\begin{pmatrix} -1 \\ 2 \\ 1 \end{pmatrix}$$

となる．$(\boldsymbol{v}_3, \boldsymbol{u}_1) = \sqrt{2}$，$(\boldsymbol{v}_3, \boldsymbol{u}_2) = \dfrac{2}{\sqrt{6}}$ より，

$$\begin{aligned}\boldsymbol{v}_3' &= \boldsymbol{v}_3 - (\boldsymbol{v}_3, \boldsymbol{u}_1)\boldsymbol{u}_1 - (\boldsymbol{v}_3, \boldsymbol{u}_2)\boldsymbol{u}_2 \\ &= \begin{pmatrix} 0 \\ 0 \\ 2 \end{pmatrix} - \begin{pmatrix} 1 \\ 0 \\ 1 \end{pmatrix} - \frac{1}{3}\begin{pmatrix} -1 \\ 2 \\ 1 \end{pmatrix} = \frac{2}{3}\begin{pmatrix} -1 \\ -1 \\ 1 \end{pmatrix}\end{aligned}$$

となる．$\|\boldsymbol{v}_3'\| = \dfrac{2\sqrt{3}}{3}$ より，$\boldsymbol{v}_3'$ を正規化すると，

$$\boldsymbol{u}_3 = \frac{1}{\|\boldsymbol{v}_3'\|}\boldsymbol{v}_3' = \frac{1}{\sqrt{3}}\begin{pmatrix} -1 \\ -1 \\ 1 \end{pmatrix}$$

となる．以上により，$\mathbb{R}^3$ の正規直交基底

$$\left\{ \frac{1}{\sqrt{2}}\begin{pmatrix} 1 \\ 0 \\ 1 \end{pmatrix}, \frac{1}{\sqrt{6}}\begin{pmatrix} -1 \\ 2 \\ 1 \end{pmatrix}, \frac{1}{\sqrt{3}}\begin{pmatrix} -1 \\ -1 \\ 1 \end{pmatrix} \right\}$$

が得られた． （解答終）

以下では，直交行列について考える．1.3 節で述べたように，正方行列 A が

$$^t\!A\,A = A\,{}^t\!A = E \qquad (\text{つまり，} A^{-1} = {}^t\!A)$$

を満たすとき，A を直交行列という．

定理 5.9

$\boldsymbol{u}_1, \boldsymbol{u}_2, \cdots, \boldsymbol{u}_n$ を n 個の n 次元列ベクトルとし，$A = (\boldsymbol{u}_1\ \boldsymbol{u}_2\ \cdots\ \boldsymbol{u}_n)$ とおく．このとき，次の同値関係が成り立つ：

$$\{\boldsymbol{u}_1, \boldsymbol{u}_2, \cdots, \boldsymbol{u}_n\} \text{ は } \mathbb{R}^n \text{ の正規直交基底} \iff A \text{ は直交行列．}$$

[証明] ${}^t\boldsymbol{x}\boldsymbol{y} = (\boldsymbol{x}, \boldsymbol{y})$ $(\boldsymbol{x}, \boldsymbol{y} \in \mathbb{R}^n)$ であるので，

$$^t\!AA = \begin{pmatrix} {}^t\boldsymbol{u}_1 \\ {}^t\boldsymbol{u}_2 \\ \vdots \\ {}^t\boldsymbol{u}_n \end{pmatrix} (\boldsymbol{u}_1\ \boldsymbol{u}_2\ \cdots\ \boldsymbol{u}_n) = \begin{pmatrix} (\boldsymbol{u}_1, \boldsymbol{u}_1) & (\boldsymbol{u}_1, \boldsymbol{u}_2) & \cdots & (\boldsymbol{u}_1, \boldsymbol{u}_n) \\ (\boldsymbol{u}_2, \boldsymbol{u}_1) & (\boldsymbol{u}_2, \boldsymbol{u}_2) & \cdots & (\boldsymbol{u}_2, \boldsymbol{u}_n) \\ \vdots & \vdots & \ddots & \vdots \\ (\boldsymbol{u}_n, \boldsymbol{u}_1) & (\boldsymbol{u}_n, \boldsymbol{u}_2) & \cdots & (\boldsymbol{u}_n, \boldsymbol{u}_n) \end{pmatrix}$$

となる．注意2.5より A が直交行列であるための必要十分条件は ${}^tA\,A = E$ が成り立つことなので，

$$A\text{ は直交行列} \iff {}^tAA = E \iff \boldsymbol{u}_1, \boldsymbol{u}_2, \cdots, \boldsymbol{u}_n \text{ は (5.18) を満たす}$$
$$\iff \{\boldsymbol{u}_1, \boldsymbol{u}_2, \cdots, \boldsymbol{u}_n\} \text{ は } \mathbb{R}^n \text{ の正規直交基底}$$

となる． （証明終）

例 5.2 例題5.5で求めた $\mathbb{R}^3$ の正規直交基底を並べてできる行列

$$A = \begin{pmatrix} \frac{1}{\sqrt{2}} & -\frac{1}{\sqrt{6}} & -\frac{1}{\sqrt{3}} \\ 0 & \frac{2}{\sqrt{6}} & -\frac{1}{\sqrt{3}} \\ \frac{1}{\sqrt{2}} & \frac{1}{\sqrt{6}} & \frac{1}{\sqrt{3}} \end{pmatrix}$$

は直交行列である．

V を内積空間とする．V 上の線形変換 f が

$$(f(\boldsymbol{x}), f(\boldsymbol{y})) = (\boldsymbol{x}, \boldsymbol{y}) \qquad (\boldsymbol{x}, \boldsymbol{y} \in V)$$

を満たすとき，f を**直交変換**という．直交変換は内積を変化させない線形変換であるので，内積から定まる大きさや角も変化させない．

定理 5.10

A を n 次正方行列とし，A を表現行列とする $\mathbb{R}^n$ 上の線形変換を f とおく．このとき，次の同値関係が成り立つ：

$$f\text{ は直交変換} \iff A\text{ は直交行列.}$$

[証明] 定理1.6より，$\boldsymbol{x}, \boldsymbol{y} \in \mathbb{R}^n$ に対し，

$$(f(\boldsymbol{x}), f(\boldsymbol{x})) = (A\boldsymbol{x}, A\boldsymbol{y}) = {}^t(A\boldsymbol{x})(A\boldsymbol{y}) = {}^t\boldsymbol{x}\,{}^tAA\,\boldsymbol{y} = (\boldsymbol{x}, {}^tAA\boldsymbol{y})$$

となる．よって，

$$f\text{ は直交変換} \iff (\boldsymbol{x}, {}^tAA\boldsymbol{y}) = (\boldsymbol{x}, \boldsymbol{y}) \quad (\boldsymbol{x}, \boldsymbol{y} \in \mathbb{R}^n)$$
$$\iff (\boldsymbol{x}, {}^tAA\boldsymbol{y}) = (\boldsymbol{x}, E\boldsymbol{y}) \quad (\boldsymbol{x}, \boldsymbol{y} \in \mathbb{R}^n)$$
$$\iff {}^tAA = E \iff A\text{ は直交行列}$$

となる．ここで，3つ目の「$\iff$」の「$\Longrightarrow$」については，$\{\boldsymbol{e}_1, \boldsymbol{e}_2, \cdots, \boldsymbol{e}_n\}$ を $\mathbb{R}^n$ の標準基底とすると，n 次正方行列 B に対し，

$$(\boldsymbol{e}_i,\, B\boldsymbol{e}_j) = (\boldsymbol{e}_i,\, [\,B \text{ の第 } j \text{ 列}\,]\,) = [\,B \text{ の } (i,j) \text{ 成分}\,]$$

となることからわかる. (証明終)

この定理により，直交変換は直交行列に対応する線形変換であることがわかる．以下では，$\mathbb{R}^2$ 上の直交変換にはどのようなものがあるかを考えよう.

定理 5.11

2 次正方行列 A に対し，次の同値関係が成り立つ：

A は直交行列である

$\Longleftrightarrow$ ある角 θ を用いて，A は

$$\begin{pmatrix} \cos\theta & -\sin\theta \\ \sin\theta & \cos\theta \end{pmatrix} \text{ または } \begin{pmatrix} \cos 2\theta & \sin 2\theta \\ \sin 2\theta & -\cos 2\theta \end{pmatrix}$$

という形に表すことができる.

[証明] この定理が主張している「$\Longleftrightarrow$」のうち,「$\Longleftarrow$」は ${}^t\!AA = E$ を直接確認して証明できる．以下では,「$\Longrightarrow$」の証明を考える.

$$A = \begin{pmatrix} a & b \\ c & d \end{pmatrix}$$

とおく．$A^{-1} = {}^t\!A$ であるので，定理 1.7 より,

$$\frac{1}{ad-bc}\begin{pmatrix} d & -b \\ -c & a \end{pmatrix} = \begin{pmatrix} a & c \\ b & d \end{pmatrix} \tag{5.20}$$

となる．また，定理 3.1，定理 3.6 と ${}^t\!AA = E$ より,

$$|A|^2 = |A|\,|A| = |{}^t\!A|\,|A| = |{}^t\!AA| = |E| = 1$$

となるので，行列式 $|A| = ad - bc$ の値は ± 1 のいずれかである.

- $|A| = ad - bc = 1$ の場合：
  (5.20) の両辺の各成分を比較すると $d = a$, $b = -c$ を得る．これを $ad - bc = 1$ に代入すると，$a^2 + c^2 = 1$ となるので，$\cos\theta = a$, $\sin\theta = c$ となる角 θ が存在する．よって,

$$A = \begin{pmatrix} a & -c \\ c & a \end{pmatrix} = \begin{pmatrix} \cos\theta & -\sin\theta \\ \sin\theta & \cos\theta \end{pmatrix}$$

と表せる.

- $|A| = ad - bc = -1$ の場合:

(5.20) の両辺の各成分を比較すると $d = -a$, $b = c$ を得る. これを $ad - bc = -1$ に代入すると, $a^2 + c^2 = 1$ という式が得られるので, $\cos 2\theta = a$, $\sin 2\theta = c$ となる角 θ が存在する. よって,

$$A = \begin{pmatrix} a & c \\ c & -a \end{pmatrix} = \begin{pmatrix} \cos 2\theta & \sin 2\theta \\ \sin 2\theta & -\cos 2\theta \end{pmatrix}$$

と表せる.

(証明終)

定理 5.11 では 2 種類の 2 次直交行列の表示を角 θ を用いて与えたが, これは対応する $\mathbb{R}^2$ 上の直交変換の幾何的な意味づけに由来する. 以下では, $\mathbb{R}^2$ のベクトルを座標平面上の位置ベクトルと見なし, これらの幾何的な意味づけについて説明する. まず, 例 4.11 で紹介したように, 角 θ に対して

$$A_1 = \begin{pmatrix} \cos\theta & -\sin\theta \\ \sin\theta & \cos\theta \end{pmatrix}$$

を表現行列とする $\mathbb{R}^2$ 上の直交変換は, 原点 O を中心として角 θ だけ回転移動する変換である (図 5.5).

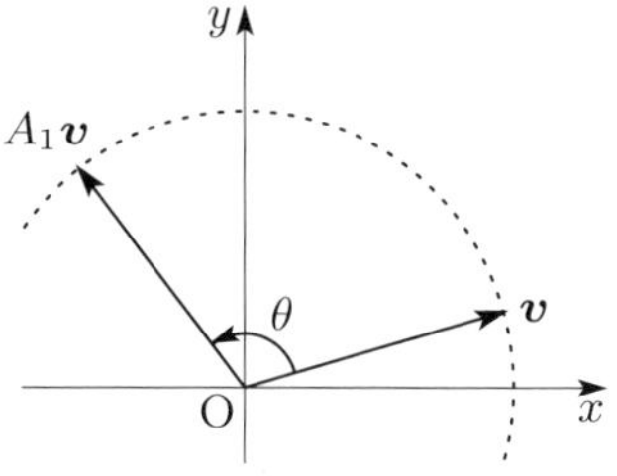

図 **5.5**

次に, 角 θ に対して

$$A_2 = \begin{pmatrix} \cos 2\theta & \sin 2\theta \\ \sin 2\theta & -\cos 2\theta \end{pmatrix}$$

を表現行列とする $\mathbb{R}^2$ 上の直交変換がどのようなものかを考えよう. この直交行列 A_2 の固有値は 1 と -1 であり,

$$\left\{ \begin{pmatrix} \cos\theta \\ \sin\theta \end{pmatrix} \right\}, \qquad \left\{ \begin{pmatrix} -\sin\theta \\ \cos\theta \end{pmatrix} \right\}$$

はそれぞれ A_2 の固有空間 $W(A_2;1)$, $W(A_2;-1)$ の基底をなす. $\mathbb{R}^2$ は A_2 について固有空間分解できて,

$$\mathbb{R}^2 = W(A_2;1) + W(A_2;-1)$$

となり，A_2 を表現行列とする直交変換は，この固有空間分解に沿って 1 倍と -1 倍というスカラー倍に分解される．よって，図 5.6 を見るとわかるように，A_2 を表現行列とする直交変換は，原点 O を通る傾き $\tan\theta$ の直線に関して対称移動する変換である．

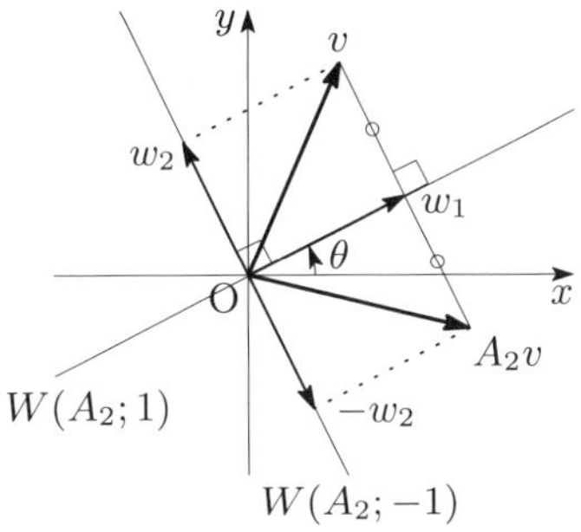

図 5.6

【練　習　問　題】

問 5.3.1. グラム・シュミットの直交化法を $\mathbb{R}^3$ の 1 次独立な 3 個のベクトル

$$\boldsymbol{v}_1 = \begin{pmatrix} 1 \\ 1 \\ 1 \end{pmatrix}, \qquad \boldsymbol{v}_2 = \begin{pmatrix} 1 \\ 1 \\ 0 \end{pmatrix}, \qquad \boldsymbol{v}_3 = \begin{pmatrix} 1 \\ 0 \\ 0 \end{pmatrix}$$

に適用し，正規直交系を構成せよ．

問 5.3.2. 次の行列が直交行列になるように a, b, c を定めよ．

$$(1) \begin{pmatrix} a & b & c \\ a & -b & c \\ 2a & 0 & -c \end{pmatrix} \qquad (2) \begin{pmatrix} a & 5a & 2a \\ 2b & 0 & -b \\ c & -c & 2c \end{pmatrix}$$

5.4 対称行列の対角化

この節では，対称行列の対角化について考える．1.3 節で述べたように，正方行列 A が ${}^tA = A$ を満たすとき，すなわち，

$$A = \begin{pmatrix} a_{11} & a_{12} & \cdots & a_{1n} \\ a_{12} & a_{22} & \cdots & a_{2n} \\ \vdots & \vdots & \ddots & \vdots \\ a_{1n} & a_{2n} & \cdots & a_{nn} \end{pmatrix}$$

という形の行列であるとき，A を対称行列という．対称行列の固有ベクトルについて，次の定理が成り立つ．

定理 5.12

対称行列の相異なる固有値に対する固有ベクトルは直交する．

[証明] λ_1, λ_2 を対称行列 A の相異なる固有値とし，$\boldsymbol{v}_1, \boldsymbol{v}_2$ をそれぞれ固有値 λ_1, λ_2 に対する A の固有ベクトルとする．このとき，

$$A\boldsymbol{v}_1 = \lambda_1\boldsymbol{v}_1, \qquad A\boldsymbol{v}_2 = \lambda_2\boldsymbol{v}_2, \qquad {}^tA = A$$

と定理 1.6 より，

$$\begin{aligned}\lambda_1(\boldsymbol{v}_1, \boldsymbol{v}_2) &= (\lambda_1\boldsymbol{v}_1, \boldsymbol{v}_2) = (A\boldsymbol{v}_1, \boldsymbol{v}_2) = {}^t(A\boldsymbol{v}_1)\boldsymbol{v}_2 = {}^t\boldsymbol{v}_1{}^tA\boldsymbol{v}_2 \\ &= (\boldsymbol{v}_1, {}^tA\boldsymbol{v}_2) = (\boldsymbol{v}_1, A\boldsymbol{v}_2) = (\boldsymbol{v}_1, \lambda_2\boldsymbol{v}_2) = \lambda_2(\boldsymbol{v}_1, \boldsymbol{v}_2)\end{aligned}$$

となるので，

$$(\lambda_1 - \lambda_2)(\boldsymbol{v}_1, \boldsymbol{v}_2) = \lambda_1(\boldsymbol{v}_1, \boldsymbol{v}_2) - \lambda_2(\boldsymbol{v}_1, \boldsymbol{v}_2) = 0$$

を得る．λ_1, λ_2 は相異なるので $\lambda_1 - \lambda_2 \neq 0$ であり，$(\boldsymbol{v}_1, \boldsymbol{v}_2) = 0$ が成り立つことがわかる．よって，$\boldsymbol{v}_1$ と $\boldsymbol{v}_2$ は直交する． （証明終）

一般の正方行列は必ずしも対角化可能であるとは限らないが，対称行列については次の定理が成り立つことが知られている．

定理 5.13

対称行列 A に対し，A を対角化する直交行列 P が存在する．

2 次対称行列 $A = \begin{pmatrix} a & b \\ b & c \end{pmatrix}$ について，定理 5.13 が成り立つことを確認しておこう．A の固有多項式は

$$\varphi_A(t) = |tE - A| = \begin{vmatrix} t-a & -b \\ -b & t-c \end{vmatrix} = t^2 - (a+c)t + ac - b^2$$

であり，固有方程式 $t^2 - (a+c)t + ac - b^2 = 0$ の判別式 D は

$$D = (a+c)^2 - 4(ac - b^2) = (a-c)^2 + 4b^2 \geqq 0$$

となるので，A は実数の範囲で固有値をもつ．

- $\underline{D=0}$ の場合： $a-c=0, b=0$ であるので，$A=\begin{pmatrix} a & 0 \\ 0 & a \end{pmatrix}$ となる．
  よって，A はもともと対角行列であるので，単位行列 E によって
  $$ {}^tEAE = A $$
  と対角化される．
- $\underline{D>0}$ の場合： A は相異なる固有値
  $$\lambda_1 = \frac{a+c+\sqrt{D}}{2}, \qquad \lambda_2 = \frac{a+c-\sqrt{D}}{2}$$
  をもつ．$\boldsymbol{v}_1, \boldsymbol{v}_2$ をそれぞれ λ_1, λ_2 に対する A の固有ベクトルとすると，定理 5.12 より $\boldsymbol{v}_1$ と $\boldsymbol{v}_2$ は直交する．よって，
  $$\boldsymbol{u}_1 = \frac{1}{\|\boldsymbol{v}_1\|}\boldsymbol{v}_1, \qquad \boldsymbol{u}_2 = \frac{1}{\|\boldsymbol{v}_2\|}\boldsymbol{v}_2$$
  と正規化すると，$\{\boldsymbol{u}_1, \boldsymbol{u}_2\}$ は $\mathbb{R}^2$ の正規直交基底になるので，定理 5.9 より $P = (\boldsymbol{u}_1\ \boldsymbol{u}_2)$ は直交行列であり，定理 5.3 (1) より A は P によって
  $$ {}^tPAP = \begin{pmatrix} \lambda_1 & 0 \\ 0 & \lambda_2 \end{pmatrix} $$
  と対角化される．

注意 5.5 対称行列 A を直交行列 P によって対角化するときは，$P^{-1} = {}^tP$ なので，対角化を表す等式の左辺を $P^{-1}AP$ ではなく ${}^tPAP$ としている．

注意 5.6 2 次対称行列 A を対角化する直交行列 $P = (\boldsymbol{u}_1\ \boldsymbol{u}_2)$ は，原点 O を中心とする回転を表す直交行列
$$\begin{pmatrix} \cos\theta & -\sin\theta \\ \sin\theta & \cos\theta \end{pmatrix}$$
になるようにとることができる．定理 5.11 の証明より，直交行列の行列式は ± 1 のいずれかであり，行列式が 1 のときは回転を表す直交行列になる．$|P| = -1$ のときは $\boldsymbol{u}_1$ を $-\boldsymbol{u}_1$ に置きかえれば $|P| = 1$ となる．

n 次の場合の定理 5.13 の証明については，本書では省略する．実際に n 次対称行列 A を直交行列によって対角化するときの手順は次のようになる．

手順 1. A の固有方程式 $\varphi_A(t)=0$ を解き，A の相異なる固有値 $\lambda_1, \lambda_2, \cdots, \lambda_k$ をすべて求める．

手順 2. 各固有値 λ_i に対し，$\boldsymbol{x}$ についての同次連立 1 次方程式

$$(\lambda_i E - A)\boldsymbol{x} = \boldsymbol{0}$$

を解き，λ_i に対する A の 1 次独立な固有ベクトルをできる限り多くとり，それらにグラム・シュミットの直交化法 (定理 5.8) を適用する．
(つまり，λ_i に対する A の固有空間 $W(A;\lambda_i)$ の正規直交基底を 1 組とる．)

手順 3. 手順 2 で正規直交化した固有ベクトルは全部で n 個あり，それらを $\boldsymbol{u}_1, \boldsymbol{u}_2, \cdots, \boldsymbol{u}_n$ とおく．定理 5.9 と定理 5.12 より $P=(\boldsymbol{u}_1\ \boldsymbol{u}_2\ \cdots\ \boldsymbol{u}_n)$ は直交行列であり，定理 5.3 (1) より A は P によって対角化される．

例題 5.6 3 次対称行列

$$A=\begin{pmatrix} -5 & 2 & 2 \\ 2 & -2 & 4 \\ 2 & 4 & -2 \end{pmatrix}$$

を対角化する直交行列を 1 つ求め，対角化せよ．

[解答] まず，A の固有値を求める．$|tE-A|$ の第 2 行と第 3 行からそれぞれ第 1 行の 2 倍を引くと，

$$\varphi_A(t)=|tE-A|=\begin{vmatrix} t+5 & -2 & -2 \\ -2 & t+2 & -4 \\ -2 & -4 & t+2 \end{vmatrix}=\begin{vmatrix} t+5 & -2 & -2 \\ -2t-12 & t+6 & 0 \\ -2t-12 & 0 & t+6 \end{vmatrix}.$$

第 2 行と第 3 行からそれぞれ $(t+6)$ をくくりだし，サラスの方法を用いると，

$$\varphi_A(t)=(t+6)^2\begin{vmatrix} t+5 & -2 & -2 \\ -2 & 1 & 0 \\ -2 & 0 & 1 \end{vmatrix}=(t+6)^2(t-3)$$

となる．よって，A の固有方程式は $(t+6)^2(t-3)=0$ であり，これを解くと A の固有値は $-6, 3$ であることがわかる．

- <u>固有値 -6 に対する固有ベクトル</u>：
  $\boldsymbol{x}$ についての同次連立 1 次方程式 $(-6E-A)\boldsymbol{x}=\boldsymbol{0}$ の解を求める．

$$\boldsymbol{x} = \begin{pmatrix} x \\ y \\ z \end{pmatrix} \text{とおくと,} \qquad \begin{pmatrix} -1 & -2 & -2 \\ -2 & -4 & -4 \\ -2 & -4 & -4 \end{pmatrix} \begin{pmatrix} x \\ y \\ z \end{pmatrix} = \begin{pmatrix} 0 \\ 0 \\ 0 \end{pmatrix}.$$

この同次連立1次方程式の係数行列に掃き出し法を適用すると,

$$\begin{pmatrix} -1 & -2 & -2 \\ -2 & -4 & -4 \\ -2 & -4 & -4 \end{pmatrix} \xrightarrow[-1\text{ を掛ける}]{\text{第 1 行に}} \begin{pmatrix} 1 & 2 & 2 \\ -2 & -4 & -4 \\ -2 & -4 & -4 \end{pmatrix} \xrightarrow[\substack{\text{第 3 行に第 1 行} \\ \text{の 2 倍を加える}}]{\substack{\text{第 2 行に第 1 行} \\ \text{の 2 倍を加える}}} \begin{pmatrix} 1 & 2 & 2 \\ 0 & 0 & 0 \\ 0 & 0 & 0 \end{pmatrix}$$

となり，係数行列の階段標準形に対応する同次1次方程式は

$$x + 2y + 2z = 0$$

である．$y = r$, $z = s$ とおくと，解は

$$\begin{pmatrix} x \\ y \\ z \end{pmatrix} = \begin{pmatrix} -2r - 2s \\ r \\ s \end{pmatrix} = r \begin{pmatrix} -2 \\ 1 \\ 0 \end{pmatrix} + s \begin{pmatrix} -2 \\ 0 \\ 1 \end{pmatrix} \qquad (r, s \text{ は任意定数})$$

と表せる．よって，固有値 -6 に対する A の1次独立な固有ベクトルとして，

$$\boldsymbol{v}_1 = \begin{pmatrix} -2 \\ 1 \\ 0 \end{pmatrix}, \qquad \boldsymbol{v}_2 = \begin{pmatrix} -2 \\ 0 \\ 1 \end{pmatrix}$$

がとれる．この $\boldsymbol{v}_1$, $\boldsymbol{v}_2$ にグラム・シュミットの直交化法を適用すると，

$$\boldsymbol{u}_1 = \frac{1}{\|\boldsymbol{v}_1\|} \boldsymbol{v}_1 = \frac{1}{\sqrt{5}} \boldsymbol{v}_1 = \frac{1}{\sqrt{5}} \begin{pmatrix} -2 \\ 1 \\ 0 \end{pmatrix},$$

$$\boldsymbol{v}_2' = \boldsymbol{v}_2 - (\boldsymbol{v}_2, \boldsymbol{u}_1)\, \boldsymbol{u}_1 = \boldsymbol{v}_2 - \frac{4}{\sqrt{5}} \boldsymbol{u}_1 = \begin{pmatrix} -2 \\ 0 \\ 1 \end{pmatrix} - \frac{4}{5} \begin{pmatrix} -2 \\ 1 \\ 0 \end{pmatrix} = \frac{1}{5} \begin{pmatrix} -2 \\ -4 \\ 5 \end{pmatrix},$$

$$\boldsymbol{u}_2 = \frac{1}{\|\boldsymbol{v}_2'\|} \boldsymbol{v}_2' = \frac{5}{3\sqrt{5}} \boldsymbol{v}_2' = \frac{1}{3\sqrt{5}} \begin{pmatrix} -2 \\ -4 \\ 5 \end{pmatrix}$$

となり，正規直交系 $\{\boldsymbol{u}_1, \boldsymbol{u}_2\}$ が得られる．

● <u>固有値 **3** に対する固有ベクトル</u>：

$\boldsymbol{x}$ についての同次連立 1 次方程式 $(3E - A)\boldsymbol{x} = \boldsymbol{0}$ の解を求める．

$$\boldsymbol{x} = \begin{pmatrix} x \\ y \\ z \end{pmatrix} \text{とおくと，} \qquad \begin{pmatrix} 8 & -2 & -2 \\ -2 & 5 & -4 \\ -2 & -4 & 5 \end{pmatrix} \begin{pmatrix} x \\ y \\ z \end{pmatrix} = \begin{pmatrix} 0 \\ 0 \\ 0 \end{pmatrix}.$$

この同次連立 1 次方程式の係数行列に掃き出し法を適用すると，

$$\begin{pmatrix} 8 & -2 & -2 \\ -2 & 5 & -4 \\ -2 & -4 & 5 \end{pmatrix} \xrightarrow{\substack{\text{第 1 行を} \\ \text{8 で割る}}} \begin{pmatrix} 1 & -\frac{1}{4} & -\frac{1}{4} \\ -2 & 5 & -4 \\ -2 & -4 & 5 \end{pmatrix} \xrightarrow[\substack{\text{第 3 行に第 1 行} \\ \text{の 2 倍を加える}}]{\substack{\text{第 2 行に第 1 行} \\ \text{の 2 倍を加える}}} \begin{pmatrix} 1 & -\frac{1}{4} & -\frac{1}{4} \\ 0 & \frac{9}{2} & -\frac{9}{2} \\ 0 & -\frac{9}{2} & \frac{9}{2} \end{pmatrix}$$

$$\xrightarrow{\substack{\text{第 2 行に} \\ \text{2/9 を掛ける}}} \begin{pmatrix} 1 & -\frac{1}{4} & -\frac{1}{4} \\ 0 & 1 & -1 \\ 0 & -\frac{9}{2} & \frac{9}{2} \end{pmatrix} \xrightarrow[\substack{\text{第 3 行に第 2 行の} \\ \text{9/2 倍を加える}}]{\substack{\text{第 1 行に第 2 行の} \\ \text{1/4 倍を加える}}} \begin{pmatrix} 1 & 0 & -\frac{1}{2} \\ 0 & 1 & -1 \\ 0 & 0 & 0 \end{pmatrix}$$

となり，係数行列の階段標準形に対応する同次連立 1 次方程式は

$$\begin{cases} x \qquad - \dfrac{1}{2} z = 0 \\ \qquad y - \quad z = 0 \end{cases}$$

である．$z = 2u$ とおくと，解は

$$\begin{pmatrix} x \\ y \\ z \end{pmatrix} = \begin{pmatrix} u \\ 2u \\ 2u \end{pmatrix} = u \begin{pmatrix} 1 \\ 2 \\ 2 \end{pmatrix} \qquad (u \text{ は任意定数})$$

と表せる．よって，固有値 3 に対する A の固有ベクトルとして，

$$\boldsymbol{v}_3 = \begin{pmatrix} 1 \\ 2 \\ 2 \end{pmatrix}$$

がとれる．$\|\boldsymbol{v}_3\| = \sqrt{1^2 + 2^2 + 2^2} = 3$ より，$\boldsymbol{v}_3$ を正規化すると，

$$\boldsymbol{u}_3 = \frac{1}{\|\boldsymbol{v}_3\|} \boldsymbol{v}_3 = \frac{1}{3} \begin{pmatrix} 1 \\ 2 \\ 2 \end{pmatrix}$$

となる．

正規直交化された A の固有ベクトル $\boldsymbol{u}_1, \boldsymbol{u}_2, \boldsymbol{u}_3$ を並べてできる直交行列

$$P = (\boldsymbol{u}_1\ \boldsymbol{u}_2\ \boldsymbol{u}_3) = \begin{pmatrix} -\frac{2}{\sqrt{5}} & -\frac{2}{3\sqrt{5}} & \frac{1}{3} \\ \frac{1}{\sqrt{5}} & -\frac{4}{3\sqrt{5}} & \frac{2}{3} \\ 0 & \frac{5}{3\sqrt{5}} & \frac{2}{3} \end{pmatrix}$$

によって A は

$${}^tPAP = \begin{pmatrix} -6 & 0 & 0 \\ 0 & -6 & 0 \\ 0 & 0 & 3 \end{pmatrix}$$

と対角化される. （解答終）

以下では，対称行列の対角化の 2 次曲線への応用を説明する．**2 次曲線**とは，2 次方程式の表す xy 平面上の曲線のことである．まず，代表的な 2 次曲線である楕円と双曲線を紹介しよう．正の定数 a, b に対し，

$$\frac{x^2}{a^2} + \frac{y^2}{b^2} = 1 \tag{5.21}$$

で表される曲線 (図 5.7) は**楕円**と呼ばれる．$a = b$ のとき，これは原点 O を中心とする半径 a の円となる．また，正の定数 a, b に対し，

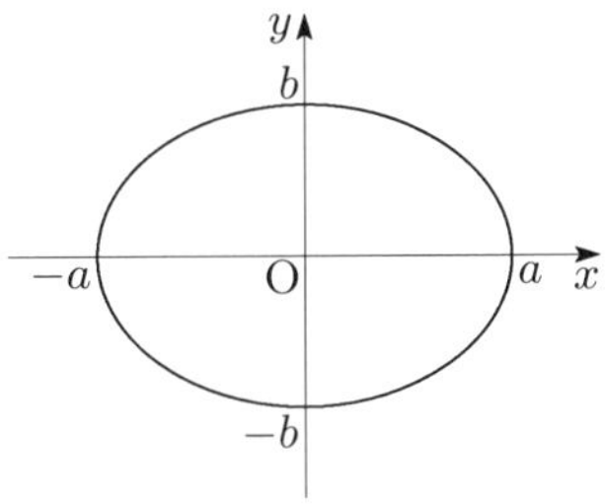

図 5.7 楕円 $\dfrac{x^2}{a^2} + \dfrac{y^2}{b^2} = 1$

$$\frac{x^2}{a^2} - \frac{y^2}{b^2} = 1 \qquad \left(\text{または}\ \frac{x^2}{a^2} - \frac{y^2}{b^2} = -1\right) \tag{5.22}$$

の表す曲線は**双曲線**と呼ばれる．図 5.8 と図 5.9 のいずれの双曲線も 2 つの直線 $y = \dfrac{b}{a}x$ と $y = -\dfrac{b}{a}x$ を漸近線としてもつ．

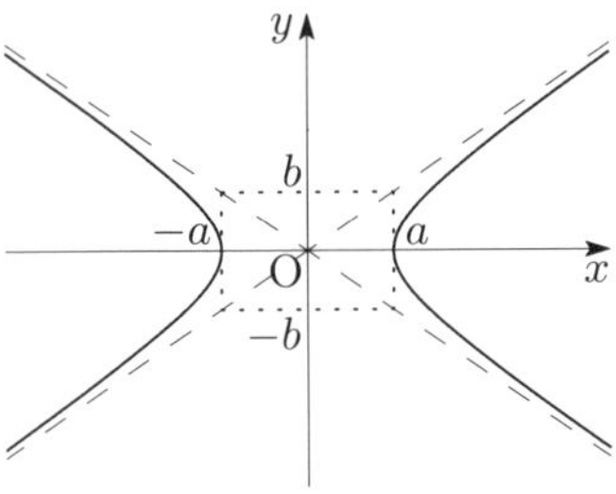

図 5.8 双曲線 $\dfrac{x^2}{a^2} - \dfrac{y^2}{b^2} = 1$

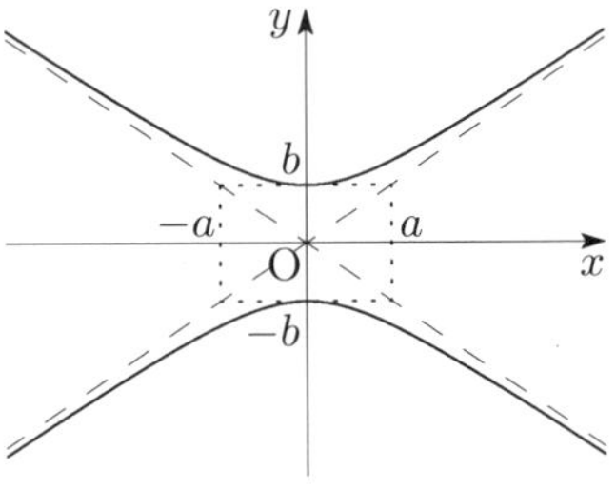

図 5.9 双曲線 $\dfrac{x^2}{a^2} - \dfrac{y^2}{b^2} = -1$

定数 a, b, c, d に対し，2 次方程式

$$ax^2 + 2bxy + cy^2 = d \qquad (a, b, c \text{ の少なくとも } 1 \text{ つは } 0 \text{ でない})$$

の表す曲線を考えよう．

$$\begin{aligned}(x\ \ y)\begin{pmatrix} a & b \\ b & c \end{pmatrix}\begin{pmatrix} x \\ y \end{pmatrix} &= (x\ \ y)\begin{pmatrix} ax+by \\ bx+cy \end{pmatrix} \\ &= x(ax+by) + y(bx+cy) = ax^2 + 2bxy + cy^2\end{aligned}$$

より，2 次方程式 $ax^2 + 2bxy + cy^2 = d$ は，

$$A = \begin{pmatrix} a & b \\ b & c \end{pmatrix},\ \ \boldsymbol{x} = \begin{pmatrix} x \\ y \end{pmatrix} \text{とおくと，} \qquad {}^t\boldsymbol{x}A\boldsymbol{x} = d$$

と表せる．A は 2 次対称行列なので，定理 5.13 と注意 5.6 より，原点 O を中心とする回転を表す直交行列 $P = \begin{pmatrix} \cos\theta & -\sin\theta \\ \sin\theta & \cos\theta \end{pmatrix}$ を用いて，

$${}^tPAP = \begin{pmatrix} \lambda_1 & 0 \\ 0 & \lambda_2 \end{pmatrix} \qquad (\lambda_1,\ \lambda_2 \text{ は } A \text{ の固有値})$$

と対角化される．ここで，$\boldsymbol{x} = P\boldsymbol{X}$ で定まる $\boldsymbol{X} = \begin{pmatrix} X \\ Y \end{pmatrix}$ をとると，

$$\begin{aligned}{}^t\boldsymbol{x}A\boldsymbol{x} &= {}^t(P\boldsymbol{X})A(P\boldsymbol{X}) = {}^t\boldsymbol{X}{}^tPAP\boldsymbol{X} \\ &= (X\ \ Y)\begin{pmatrix} \lambda_1 & 0 \\ 0 & \lambda_2 \end{pmatrix}\begin{pmatrix} X \\ Y \end{pmatrix} = \lambda_1 X^2 + \lambda_2 Y^2\end{aligned}$$

となるので，2 次方程式 $ax^2 + 2bxy + cy^2 = d$ は

$$\lambda_1 X^2 + \lambda_2 Y^2 = d$$

と表せる．これを 2 次曲線 $ax^2 + 2bxy + cy^2 = d$ の**標準形**という．ここまでの方程式の変形から，xy 平面上の点 (x_0, y_0) が曲線 $ax^2 + 2bxy + cy^2 = d$ 上にあるための必要十分条件は，

$$\begin{pmatrix} x_0 \\ y_0 \end{pmatrix} = P\begin{pmatrix} X_0 \\ Y_0 \end{pmatrix} = \begin{pmatrix} \cos\theta & -\sin\theta \\ \sin\theta & \cos\theta \end{pmatrix}\begin{pmatrix} X_0 \\ Y_0 \end{pmatrix} \tag{5.23}$$

で定まる点 (X_0, Y_0) が曲線 $\lambda_1 x^2 + \lambda_2 y^2 = d$ 上にあることだとわかる．(5.23) は点 (X_0, Y_0) を原点 O を中心として角 θ だけ回転移動すると点 (x_0, y_0) にな

ることを意味するので，曲線 $\lambda_1 x^2+\lambda_2 y^2=d$ を原点 O を中心として角 θ だけ回転移動したものが曲線 $ax^2+2bxy+cy^2=d$ になる (図 5.10)．よって，曲線 $\lambda_1 x^2+\lambda_2 y^2=d$ の概形がわかれば，それを回転させることで曲線 $ax^2+2bxy+cy^2=d$ の概形が得られる．

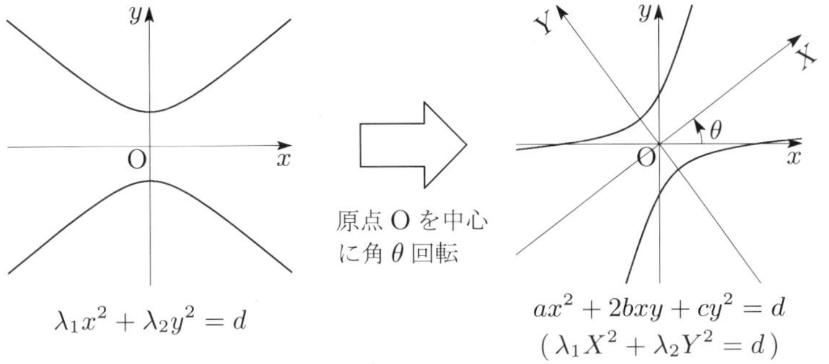

図 5.10　2 次曲線の概形

例題 5.7　2 次曲線 $5x^2+6xy+5y^2=8$ を C とおく．

(1) $\boldsymbol{x}=\begin{pmatrix} x \\ y \end{pmatrix}$ とおくとき，${}^t\boldsymbol{x}A\boldsymbol{x}=8$ が 2 次曲線 C の方程式を表すように，2 次対称行列 A を定めよ．

(2) 回転を表す直交行列 P によって，(1) の対称行列 A を対角化せよ．

(3) 2 次曲線 C の標準形を求め，曲線の概形を描け．

[解答] (1) $5x^2+6xy+5y^2=(x\ y)\begin{pmatrix} 5 & 3 \\ 3 & 5 \end{pmatrix}\begin{pmatrix} x \\ y \end{pmatrix}$ より，$A=\begin{pmatrix} 5 & 3 \\ 3 & 5 \end{pmatrix}$．

(2) まず，A の固有値を求める．A の固有多項式は

$$\varphi_A(t)=|tE-A|=\begin{vmatrix} t-5 & -3 \\ -3 & t-5 \end{vmatrix}=(t-5)^2-9$$

$$=t^2-10t+16=(t-8)(t-2)$$

となる．よって，A の固有方程式は $(t-8)(t-2)=0$ であり，これを解くと A の固有値は 8, 2 であることがわかる．

- 固有値 **8** に対する固有ベクトル：
  $\boldsymbol{x}$ についての同次連立 1 次方程式 $(8E-A)\boldsymbol{x}=\boldsymbol{0}$ の解を求める．

$$\boldsymbol{x} = \begin{pmatrix} x \\ y \end{pmatrix} \text{とおくと,} \qquad \begin{pmatrix} 3 & -3 \\ -3 & 3 \end{pmatrix} \begin{pmatrix} x \\ y \end{pmatrix} = \begin{pmatrix} 0 \\ 0 \end{pmatrix}.$$

この同次連立 1 次方程式の係数行列に掃き出し法を適用すると,

$$\begin{pmatrix} 3 & -3 \\ -3 & 3 \end{pmatrix} \xrightarrow[\text{3 で割る}]{\text{第 1 行を}} \begin{pmatrix} 1 & -1 \\ -3 & 3 \end{pmatrix} \xrightarrow[\text{の 3 倍を加える}]{\text{第 2 行に第 1 行}} \begin{pmatrix} 1 & -1 \\ 0 & 0 \end{pmatrix}$$

となり，係数行列の階段標準形に対応する同次 1 次方程式は

$$x - y = 0$$

である．$y = r$ とおくと，解は

$$\begin{pmatrix} x \\ y \end{pmatrix} = \begin{pmatrix} r \\ r \end{pmatrix} = r \begin{pmatrix} 1 \\ 1 \end{pmatrix} \qquad (r \text{ は任意定数})$$

と表せる．よって，固有値 8 に対する A の固有ベクトルとして，$\boldsymbol{v}_1 = \begin{pmatrix} 1 \\ 1 \end{pmatrix}$ がとれる．$\boldsymbol{v}_1$ を正規化すると,

$$\boldsymbol{u}_1 = \frac{1}{\|\boldsymbol{v}_1\|}\boldsymbol{v}_1 = \frac{1}{\sqrt{2}}\boldsymbol{v}_1 = \frac{1}{\sqrt{2}} \begin{pmatrix} 1 \\ 1 \end{pmatrix}$$

となる．

- <u>固有値 **2** に対する固有ベクトル</u>：
  $\boldsymbol{x}$ についての同次連立 1 次方程式 $(2E - A)\boldsymbol{x} = \boldsymbol{0}$ の解を求める．

$$\boldsymbol{x} = \begin{pmatrix} x \\ y \end{pmatrix} \text{とおくと,} \qquad \begin{pmatrix} -3 & -3 \\ -3 & -3 \end{pmatrix} \begin{pmatrix} x \\ y \end{pmatrix} = \begin{pmatrix} 0 \\ 0 \end{pmatrix}.$$

この同次連立 1 次方程式の係数行列に掃き出し法を適用すると,

$$\begin{pmatrix} -3 & -3 \\ -3 & -3 \end{pmatrix} \xrightarrow[\text{-3 で割る}]{\text{第 1 行を}} \begin{pmatrix} 1 & 1 \\ -3 & -3 \end{pmatrix} \xrightarrow[\text{の 3 倍を加える}]{\text{第 2 行に第 1 行}} \begin{pmatrix} 1 & 1 \\ 0 & 0 \end{pmatrix}$$

となり，係数行列の階段標準形に対応する同次 1 次方程式は

$$x + y = 0$$

である．$y = s$ とおくと，解は

$$\begin{pmatrix} x \\ y \end{pmatrix} = \begin{pmatrix} -s \\ s \end{pmatrix} = s\begin{pmatrix} -1 \\ 1 \end{pmatrix} \qquad (s \text{ は任意定数})$$

と表せる．よって，固有値 2 に対する A の固有ベクトルとして，$\boldsymbol{v}_2 = \begin{pmatrix} -1 \\ 1 \end{pmatrix}$ がとれる．$\boldsymbol{v}_2$ を正規化すると，

$$\boldsymbol{u}_2 = \frac{1}{\|\boldsymbol{v}_2\|}\boldsymbol{v}_2 = \frac{1}{\sqrt{2}}\boldsymbol{v}_2 = \frac{1}{\sqrt{2}}\begin{pmatrix} -1 \\ 1 \end{pmatrix}$$

となる．

正規直交化された A の固有ベクトル $\boldsymbol{u}_1, \boldsymbol{u}_2$ を並べてできる直交行列

$$P = (\boldsymbol{u}_1\ \boldsymbol{u}_2) = \frac{1}{\sqrt{2}}\begin{pmatrix} 1 & -1 \\ 1 & 1 \end{pmatrix} = \begin{pmatrix} \cos\frac{\pi}{4} & -\sin\frac{\pi}{4} \\ \sin\frac{\pi}{4} & \cos\frac{\pi}{4} \end{pmatrix}$$

は，原点 O を中心として角 $\pi/4$ だけ回転移動する変換の表現行列であり，

$${}^tPAP = \begin{pmatrix} 8 & 0 \\ 0 & 2 \end{pmatrix}$$

という対称行列 A の対角化が得られる．

(3) 2 次方程式 ${}^t\boldsymbol{x}A\boldsymbol{x} = 8$ において，$\boldsymbol{x} = P\boldsymbol{X}$ で定まる $\boldsymbol{X} = \begin{pmatrix} X \\ Y \end{pmatrix}$ をとると，

$$\begin{aligned} {}^t\boldsymbol{x}A\boldsymbol{x} &= {}^t(P\boldsymbol{X})A(P\boldsymbol{X}) = {}^t\boldsymbol{X}({}^tPAP)\boldsymbol{X} \\ &= (X\ \ Y)\begin{pmatrix} 8 & 0 \\ 0 & 2 \end{pmatrix}\begin{pmatrix} X \\ Y \end{pmatrix} = 8X^2 + 2Y^2 \end{aligned}$$

となるので，2 次曲線 $5x^2 + 6xy + 5y^2 = 8$ の標準形

$$8X^2 + 2Y^2 = 8, \qquad \text{すなわち，}\quad X^2 + \frac{Y^2}{4} = 1$$

が得られる．よって，2 次曲線 $5x^2 + 6xy + 5y^2 = 8$ は，楕円 $x^2 + \dfrac{y^2}{4} = 1$ を原点 O を中心として角 $\pi/4$ だけ回転移動したものになるので，その概形は図 5.11 のようになる．

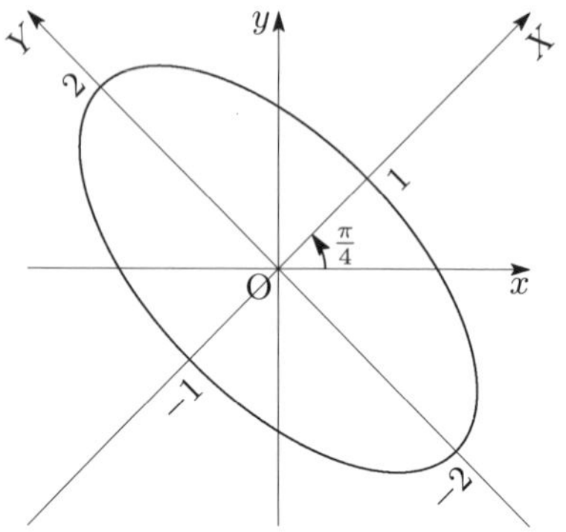

図 **5.11** 2 次曲線 $5x^2+6xy+5y^2=8$

（解答終）

注意 5.7 $a,\ b,\ c$ の少なくとも 1 つが 0 でないとき，一般の 2 次方程式

$$ax^2+2bxy+cy^2+dx+ey+f=0 \qquad (a,\ b,\ c,\ d,\ e,\ f\ \text{は定数})$$

の表す曲線は，楕円，双曲線，放物線，交わる 2 直線，平行な 2 直線，直線，点，空集合の 8 種類のいずれかになることが知られている．

【練 習 問 題】

問 5.4.1. 次の対称行列を対角化する直交行列を 1 つ求め，対角化せよ．

(1) $\begin{pmatrix} 5 & 3 \\ 3 & -3 \end{pmatrix}$ (2) $\begin{pmatrix} 2 & 4 & -2 \\ 4 & 2 & 2 \\ -2 & 2 & 5 \end{pmatrix}$ (3) $\begin{pmatrix} -1 & 2 & -2 \\ 2 & 2 & 5 \\ -2 & 5 & 2 \end{pmatrix}$

問 5.4.2. 次の 2 次曲線の標準形を求め，曲線の概形を描け．

(1) $3x^2+10xy+3y^2=8$ (2) $5x^2+2\sqrt{3}xy+7y^2=8$

第5章　章末問題

問題 1. 次の正方行列が対角化可能かどうかを判定せよ．また，対角化できる場合は，対角化する正則行列を1つ求め，対角化せよ．

$$(1)\begin{pmatrix} 4 & -1 & 6 \\ -6 & 3 & -12 \\ -3 & 1 & -5 \end{pmatrix} \quad (2)\begin{pmatrix} -2 & -2 & -2 \\ 0 & 2 & 4 \\ 15 & 7 & 5 \end{pmatrix} \quad (3)\begin{pmatrix} 2 & 6 & -8 \\ 2 & 2 & -4 \\ 3 & 5 & -8 \end{pmatrix}$$

$$(4)\begin{pmatrix} -1 & -3 & 0 & 0 \\ 0 & 2 & 0 & 0 \\ -8 & -4 & 1 & 6 \\ 1 & -3 & 0 & -2 \end{pmatrix} \qquad (5)\begin{pmatrix} -5 & 4 & 8 & 8 \\ -2 & 1 & 4 & 4 \\ -6 & 4 & 9 & 8 \\ 4 & -2 & -6 & -5 \end{pmatrix}$$

問題 2. 次の漸化式によって定まる数列 $\{a_n\}$ をフィボナッチ数列という：

$$a_1 = a_2 = 1, \qquad a_{n+2} = a_{n+1} + a_n \quad (n\text{ は正の整数}).$$

このフィボナッチ数列 $\{a_n\}$ に対し，

$$\begin{pmatrix} a_{n+2} \\ a_{n+1} \end{pmatrix} = A \begin{pmatrix} a_{n+1} \\ a_n \end{pmatrix} \qquad (n\text{ を正の整数})$$

となるような2次正方行列 A を考える．

(1) 2次正方行列 A を求めよ．

(2) A を対角化する正則行列 P を1つ求め，対角行列 $P^{-1}AP$ を求めよ．

(3) フィボナッチ数列の一般項 a_n を求めよ．

問題 3. グラム・シュミットの直交化法を $\mathbb{R}^4$ の1次独立な3個のベクトル

$$\boldsymbol{v}_1 = \begin{pmatrix} 3 \\ -1 \\ -1 \\ -1 \end{pmatrix}, \qquad \boldsymbol{v}_2 = \begin{pmatrix} -1 \\ 3 \\ -1 \\ -1 \end{pmatrix}, \qquad \boldsymbol{v}_3 = \begin{pmatrix} -1 \\ -1 \\ 3 \\ -1 \end{pmatrix}$$

に適用し，正規直交系を構成せよ．

問題 4. 次の対称行列を対角化する直交行列を 1 つ求め，対角化せよ．

$$(1)\ \begin{pmatrix} 3 & 1 & -1 \\ 1 & 2 & -2 \\ -1 & -2 & 2 \end{pmatrix} \quad (2)\ \begin{pmatrix} 3 & 2 & -1 \\ 2 & 0 & 2 \\ -1 & 2 & 3 \end{pmatrix} \quad (3)\ \begin{pmatrix} 1 & 3 & 0 \\ 3 & 1 & -4 \\ 0 & -4 & 1 \end{pmatrix}$$

問題 5. 次の 2 次曲線の概形を描け.

(1) $5x^2 - 4xy + 2y^2 = 24$ (2) $2x^2 - 6xy - 6y^2 = 21$

(3) $4x^2 + 12xy + 9y^2 + 6x - 4y = 0$

（ヒント：(3) も (1), (2) と同じように，

$$4x^2 + 12xy + 9y^2 = (x\ \ y)\begin{pmatrix} 4 & 6 \\ 6 & 9 \end{pmatrix}\begin{pmatrix} x \\ y \end{pmatrix}$$

を踏まえて，$\begin{pmatrix} 4 & 6 \\ 6 & 9 \end{pmatrix}$ を対角化する変数変換をしよう．）

付録：多変量解析への応用

A.1　最小2乗法による直線回帰

ここでは，線形代数の多変量解析 (統計学) への応用を紹介する．2つの量的変数 x, y についての n 組のデータ (x_1, y_1), (x_2, y_2), $\cdots$, (x_n, y_n) が与えられているとする．これらのデータを xy 平面上の n 個の点として図示したものを**散布図**という．この節では，2変数 x, y についてのデータが図 A.1 の散布図のように直線的に分布している場合に，それを適当な1次式で

$$y = a + bx$$

と表現し，y を x で説明および予測することを考える．このとき，説明する方の変数 x を**説明変数**といい，説明される方の変数 y を**目的変数**という．また，このようにデータに最適な近似直線をあてはめることを**直線回帰**という．

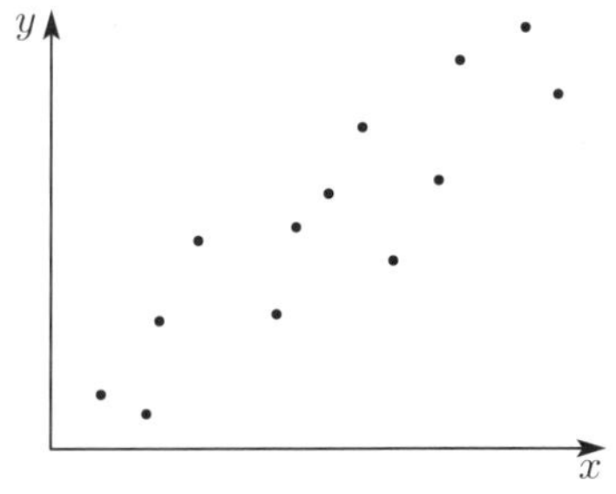

図 **A.1**　散布図

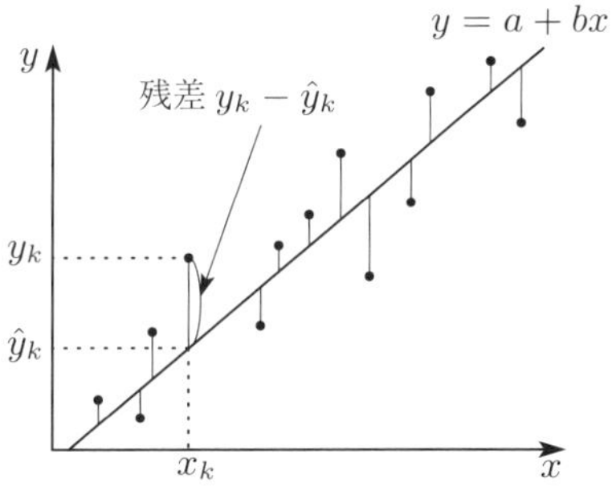

図 **A.2**　回帰直線

直線回帰において，あてはめる近似直線 $y = a + bx$ を**回帰直線**といい，a, b を**回帰係数**という．また，各データ (x_k, y_k) において，実際のデータ y_k と $x = x_k$ に対する予測値 $\hat{y}_k = a + bx_k$ の差 $y_k - \hat{y}_k$ を**残差**という (図 A.2)．残差がなるべく小さくなることが望まれるので，残差平方和

$$S = \sum_{k=1}^{n} (y_k - \hat{y}_k)^2 = \sum_{k=1}^{n} (a + bx_k - y_k)^2$$

が最小になるように回帰係数 a, b を定める．このようにして回帰係数 a, b を決定する方法を**最小 2 乗法**という．

与えられたデータ x_k, y_k は定数であるので，S は a, b を変数とする 2 変数関数と見なせる．よって，微分積分学を用いて，S が最小値をとるときの a, b の値を求めることができる．S の a に関する偏導関数 (b を定数と見なし，a について微分したもの) を $\dfrac{\partial S}{\partial a}$ で表し，S の b に関する偏導関数を $\dfrac{\partial S}{\partial b}$ で表すと，

$$\frac{\partial S}{\partial a} = 2\sum_{k=1}^{n}(a + bx_k - y_k), \qquad \frac{\partial S}{\partial b} = 2\sum_{k=1}^{n}x_k(a + bx_k - y_k)$$

となる．S が最小値をとる a, b の値に対し，偏導関数 $\dfrac{\partial S}{\partial a}$, $\dfrac{\partial S}{\partial b}$ の値はともに 0 となることが知られており，$\dfrac{\partial S}{\partial a} = 0$, $\dfrac{\partial S}{\partial b} = 0$ が成り立つ．これらの等式をそれぞれ整理すると，

$$na + \left(\sum_{k=1}^{n} x_k\right) b = \sum_{k=1}^{n} y_k, \tag{A.1}$$

$$\left(\sum_{k=1}^{n} x_k\right) a + \left(\sum_{k=1}^{n} {x_k}^2\right) b = \sum_{k=1}^{n} x_k y_k \tag{A.2}$$

を得る．この a, b についての連立 1 次方程式を解くと，S を最小にする a, b の値が求められる．(A.1) の両辺をそれぞれ n で割ると，

$$a + b\overline{x} = \overline{y} \tag{A.3}$$

となる．ここで，$\overline{x}, \overline{y}$ はそれぞれ x, y についての平均を表す．すなわち，

$$\overline{x} = \frac{1}{n}\sum_{k=1}^{n} x_k, \qquad \overline{y} = \frac{1}{n}\sum_{k=1}^{n} y_k \tag{A.4}$$

とする．(A.3) より，回帰直線 $y = a + bx$ は点 $(\overline{x}, \overline{y})$ を通ることがわかる．(A.3), (A.4) より，

$$a = \overline{y} - b\overline{x}, \qquad \sum_{k=1}^{n} x_k = n\overline{x}$$

となるので，これらを (A.2) に代入して整理すると，

$$b = \frac{\sum_{k=1}^{n} x_k y_k - n\overline{x}\,\overline{y}}{\sum_{k=1}^{n} {x_k}^2 - n\overline{x}^2} \tag{A.5}$$

を得る．この b の値を $a = \overline{y} - b\overline{x}$ に代入すれば a の値も得ることができる．

各データと平均の差 $x_k - \overline{x}$, $y_k - \overline{y}$ をそれぞれ x, y についての**偏差**という．x, y についての偏差平方和 (変動) をそれぞれ S_x, S_y で表し，x, y についての偏差積和 (共変動) を S_{xy} で表す．すなわち，

$$S_x = \sum_{k=1}^{n} (x_k - \overline{x})^2 = \sum_{k=1}^{n} {x_k}^2 - n\overline{x}^2,$$

$$S_y = \sum_{k=1}^{n} (y_k - \overline{y})^2 = \sum_{k=1}^{n} {y_k}^2 - n\overline{y}^2,$$

$$S_{xy} = \sum_{k=1}^{n} (x_k - \overline{x})(y_k - \overline{y}) = \sum_{k=1}^{n} x_k y_k - n\overline{x}\,\overline{y}$$

とする．これらを用いると，(A.5) は $b = \dfrac{S_{xy}}{S_x}$ とも表せる．また，

$$r_{xy} = \frac{S_{xy}}{\sqrt{S_x S_y}} \tag{A.6}$$

で定義される r_{xy} は x と y についての**相関係数**と呼ばれ，その値は x, y の単位に関係なく定まる．ここで，

$$\boldsymbol{x} = \begin{pmatrix} x_1 - \overline{x} \\ x_2 - \overline{x} \\ \vdots \\ x_n - \overline{x} \end{pmatrix}, \quad \boldsymbol{y} = \begin{pmatrix} y_1 - \overline{y} \\ y_2 - \overline{y} \\ \vdots \\ y_n - \overline{y} \end{pmatrix} \quad \text{とおくと，} \quad r_{xy} = \frac{(\boldsymbol{x}, \boldsymbol{y})}{\|\boldsymbol{x}\|\,\|\boldsymbol{y}\|}$$

と表せるので，定理 5.5 より $|r_{xy}| \leqq 1$ となる．さらに $|r_{xy}| = 1$ ならば，定理 5.5 の証明より $\dfrac{1}{\|\boldsymbol{x}\|}\boldsymbol{x} = \dfrac{1}{\|\boldsymbol{y}\|}\boldsymbol{y}$ または $\dfrac{1}{\|\boldsymbol{x}\|}\boldsymbol{x} = -\dfrac{1}{\|\boldsymbol{y}\|}\boldsymbol{y}$ が成り立つので，すべてのデータ $(x_1, y_1), (x_2, y_2), \cdots, (x_n, y_n)$ は 1 直線上にあることがわかる．相関係数 r_{xy} は 2 変数 x, y についてのデータの分布がどのくらい直線的かをはかる尺度であり，r_{xy} の絶対値が 1 に近いほど直線的な傾向は強く，r_{xy} が 0 に近いほど直線的な傾向は弱い．

A.2 重回帰分析

一般に，目的変数を1つまたは複数の説明変数で説明や予測をすることを**回帰**といい，前節で扱った直線回帰のように説明変数が1つの場合は**単回帰**，説明変数が2つ以上の場合は**重回帰**という．この節では，p 個の説明変数 x_1, x_2, $\cdots$, x_p と目的変数 y についての n 組のデータ

$$(x_{1k}, x_{2k}, \cdots, x_{pk}, y_k) \qquad (k = 1, 2, \cdots, n)$$

が与えられているとし，これらのデータに最適な1次式

$$y = b_0 + b_1 x_1 + b_2 x_2 + \cdots + b_p x_p \tag{A.7}$$

をあてはめる重回帰について考える．このとき，b_0, b_1, b_2, $\cdots$, b_p を**偏回帰係数**といい，(A.7) を**重回帰式**という．直線回帰の場合と同様に，実際のデータ y_k と (A.7) による予測値 $\hat{y}_k = b_0 + b_1 x_{1k} + b_2 x_{2k} + \cdots + b_p x_{pk}$ の残差 $y_k - \hat{y}_k$ が小さくなることが望まれるので，残差平方和

$$S = \sum_{k=1}^{n} (y_k - \hat{y}_k)^2 = \sum_{k=1}^{n} (b_0 + b_1 x_{1k} + b_2 x_{2k} + \cdots + b_p x_{pk} - y_k)^2$$

が最小になるように b_0, b_1, b_2, $\cdots$, b_p を定める．S を偏回帰係数を変数とする多変数関数と見なすと，S が最小値をとる b_0, b_1, b_2, $\cdots$, b_p の値に対し，

$$\frac{\partial S}{\partial b_0} = 0, \qquad \frac{\partial S}{\partial b_1} = 0, \qquad \cdots, \qquad \frac{\partial S}{\partial b_p} = 0$$

が成り立つ．これらの等式をそれぞれ整理すると，偏回帰係数 b_0, b_1, b_2, $\cdots$, b_p についての連立1次方程式

$$nb_0 + \left(\sum_{k=1}^{n} x_{1k}\right) b_1 + \cdots + \left(\sum_{k=1}^{n} x_{pk}\right) b_p = \sum_{k=1}^{n} y_k, \tag{A.8}$$

$$\left(\sum_{k=1}^{n} x_{1k}\right) b_0 + \left(\sum_{k=1}^{n} {x_{1k}}^2\right) b_1 + \cdots + \left(\sum_{k=1}^{n} x_{1k} x_{pk}\right) b_p = \sum_{k=1}^{n} x_{1k} y_k, \tag{A.9}$$

$$\vdots$$

$$\left(\sum_{k=1}^{n} x_{pk}\right) b_0 + \left(\sum_{k=1}^{n} x_{1k} x_{pk}\right) b_1 + \cdots + \left(\sum_{k=1}^{n} {x_{pk}}^2\right) b_p = \sum_{k=1}^{n} x_{pk} y_k \tag{A.10}$$

が得られる．この連立1次方程式を解くことによって，b_0, b_1, b_2, $\cdots$, b_p の値を求めることができる．ここで，相異なる2つの説明変数 x_l, x_m の間に強い

相関がある (相関係数の絶対値が 1 に近い) 場合，この連立 1 次方程式の係数行列の列は 1 次従属に近い関係をもつ．このような場合，解が近似的には無数に存在することになるので，個々の偏回帰係数 b_k の値への信頼性が低くなってしまう．この問題を説明変数間の**多重共線性**の問題という．この問題を避けるために，2 つの説明変数間の相関が強いときには，説明しやすい方の変数を残し，もう一方の変数をとり除く．また，

$$\overline{y} = \frac{1}{n}\sum_{k=1}^{n} y_k, \qquad \overline{x}_i = \frac{1}{n}\sum_{k=1}^{n} x_{ik} \qquad (i = 1, 2, \cdots, p)$$

として，(A.8) の両辺を n で割ると，

$$b_0 + b_1\overline{x}_1 + b_2\overline{x}_2 + \cdots + b_p\overline{x}_p = \overline{y} \tag{A.11}$$

となる．これより，予測値 $\hat{y}_k = b_0 + b_1x_{1k} + b_2x_{2k} + \cdots + b_px_{pk}$ の平均は

$$\frac{1}{n}\sum_{k=1}^{n}\hat{y}_k = \frac{1}{n}\sum_{k=1}^{n}(b_0 + b_1x_{1k} + b_2x_{2k} + \cdots + b_px_{pk}) = \overline{y}$$

となり，実際のデータ y_k の平均 $\overline{y}$ と一致することがわかる．(A.11) より，

$$b_0 = \overline{y} - b_1\overline{x}_1 - b_2\overline{x}_2 - \cdots - b_p\overline{x}_p \tag{A.12}$$

となるので，これを (A.9)～(A.10) に代入して整理すると，

$$A\boldsymbol{b} = \boldsymbol{a}_y \tag{A.13}$$

という変数ベクトル $\boldsymbol{b}$ についての連立 1 次方程式が得られる．ここで，

$$A = \begin{pmatrix} a_{11} & a_{12} & \cdots & a_{1p} \\ a_{21} & a_{22} & \cdots & a_{2p} \\ \vdots & \vdots & \ddots & \vdots \\ a_{p1} & a_{p2} & \cdots & a_{pp} \end{pmatrix}, \quad \boldsymbol{b} = \begin{pmatrix} b_1 \\ b_2 \\ \vdots \\ b_p \end{pmatrix}, \quad \boldsymbol{a}_y = \begin{pmatrix} a_{1y} \\ a_{2y} \\ \vdots \\ a_{py} \end{pmatrix}$$

とし，p 次正方行列 A の成分 a_{ij} を x_i, x_j についての偏差積和，p 次元列ベクトル $\boldsymbol{a}_y$ の成分 a_{iy} を x_i, y についての偏差積和とする．すなわち，

$$a_{ij} = \sum_{k=1}^{n}(x_{ik} - \overline{x}_i)(x_{jk} - \overline{x}_j) = \sum_{k=1}^{n} x_{ik}x_{jk} - n\overline{x}_i\overline{x}_j, \tag{A.14}$$

$$a_{iy} = \sum_{k=1}^{n}(x_{ik} - \overline{x}_i)(y_k - \overline{y}) = \sum_{k=1}^{n} x_{ik}y_k - n\overline{x}_i\overline{y} \tag{A.15}$$

とする．A が正則行列ならば，

$$\boldsymbol{b} = A^{-1}\boldsymbol{a}_y \tag{A.16}$$

となるので，この右辺を計算することによって，b_1, b_2, $\cdots$, b_p の値が得られる．また，それらを (A.12) に代入すれば b_0 の値も得られる．

実際のデータ y_k と重回帰式による予測値 $\hat{y}_k$ の相関係数 R を**重相関係数**という．y_k と $\hat{y}_k$ の平均はともに $\overline{y}$ であるので，定義式 (A.6) より，

$$R = \frac{\displaystyle\sum_{k=1}^{n}(y_k - \overline{y})(\hat{y}_k - \overline{y})}{\sqrt{\displaystyle\sum_{k=1}^{n}(y_k - \overline{y})^2 \sum_{k=1}^{n}(\hat{y}_k - \overline{y})^2}}$$

となる．この 2 乗 R^2 は**決定係数**と呼ばれる．y についての全変動 a_{yy}，回帰による変動 RV，残差による変動 EV を

$$a_{yy} = \sum_{k=1}^{n}(y_k - \overline{y})^2 = \sum_{k=1}^{n} {y_k}^2 - n\overline{y}^2, \tag{A.17}$$

$$RV = \sum_{k=1}^{n}(\hat{y}_k - \overline{y})^2 = \sum_{k=1}^{n} {\hat{y}_k}^2 - n\overline{y}^2, \tag{A.18}$$

$$EV = \sum_{k=1}^{n}(y_k - \hat{y}_k)^2 = \sum_{k=1}^{n} y_k\hat{y}_k - n\overline{y}^2 \tag{A.19}$$

と定義する (a_{yy} は y についての偏差平方和，EV は残差平方和 S である)．このとき，a_{yy}, RV, EV, R^2 について，

$$a_{yy} = RV + EV, \qquad R^2 = \frac{RV}{a_{yy}} \tag{A.20}$$

が成り立つ．これらの等式より，決定係数 R^2 は，全変動 a_{yy} のうち重回帰式 (A.7) が説明している変動はどの程度かを表しているといえる．ただし，決定係数の値は説明変数の個数を増やせば大きくなることが知られており，説明変数の個数が異なる場合のモデルの比較には利用できない．そのため，一般には自由度調整済み決定係数というものを考えるが，ここでは線形代数の応用例として重回帰分析を説明しているので，説明は省略する．

A.3 数量化理論 I 類

数量化理論は林知己夫氏が提唱した統計解析の手法であり，質的なデータを量的なデータに変換して変数間の関係を分析するときに用いられる．有名なものとして，数量化理論 I 類，II 類，III 類，IV 類がある．ここでは，量的な目的変数を質的な説明変数によって説明するときに用いられる数量化理論 I 類について紹介する．数量化理論 I 類では，質的な説明変数を 0 と 1 の**ダミー変数**と呼ばれるパターンデータに変換して重回帰分析をする．説明変数とする各項目を**アイテム**，各アイテムの中身になり得るものを**カテゴリ**という．

ここからは，例を用いて説明する．ある月平均使用量 y とそれに強く関連すると思われる事柄の関係を調べるために，2 つの質問 (1), (2) についてアンケートをとり，表 A.1 の結果を得たとする．ここで，質問 (1) の選択肢は「A. 好き」,「B. 嫌い」,「C. どちらでもない」の 3 種類であり，質問 (2) の選択肢は「D. はい」,「E. いいえ」の 2 種類であるとする．

表 A.1 アンケート結果と月平均使用量

No.	1	2	3	4	5	6	7	8
(1) の回答 x_1	B	B	C	C	A	C	C	A
(2) の回答 x_2	E	D	D	E	E	D	E	D
月平均使用量 y	166	180	24	12	238	47	79	229

月平均使用量 y は (1) の回答 x_1 と (2) の回答 x_2 によって説明することができるかどうかを考える．このとき，目的変数は月平均使用量 y であり，アイテムとカテゴリは表 A.2 のようになる．

表 A.2 アイテムとカテゴリ

アイテム	カテゴリ	ダミー変数の値
(1) の回答 x_1	A. 好き	$x_{11} = 1,\ x_{12} = 0,\ x_{13} = 0$
	B. 嫌い	$x_{11} = 0,\ x_{12} = 1,\ x_{13} = 0$
	C. どちらでもない	$x_{11} = 0,\ x_{12} = 0,\ x_{13} = 1$
(2) の回答 x_2	D. はい	$x_{21} = 1,\ x_{22} = 0$
	E. いいえ	$x_{21} = 0,\ x_{22} = 1$

表 A.2 において，x_{11}, x_{12}, x_{13} はそれぞれ (1) の回答 x_1 のカテゴリ「A. 好き」,「B. 嫌い」,「C. どちらでもない」に対応するダミー変数であり，x_{21}, x_{22}

はそれぞれ (2) の回答 x_2 のカテゴリ「D. はい」,「E. いいえ」に対応するダミー変数である．これらのダミー変数は，対応するカテゴリがアイテムの中身であるときは値 1，そうでないときは値 0 をとる．ダミー変数を用いて表 A.1 の結果を表すと，表 A.3 のようになる．

表 A.3 ダミー変数による表示 1

No.		1	2	3	4	5	6	7	8
(1) の回答 x_1	x_{11}	0	0	0	0	1	0	0	1
	x_{12}	1	1	0	0	0	0	0	0
	x_{13}	0	0	1	1	0	1	1	0
(2) の回答 x_2	x_{21}	0	1	1	0	0	1	0	1
	x_{22}	1	0	0	1	1	0	1	0
月平均使用量 y		166	180	24	12	238	47	79	229

各アイテムにおいて，アイテムの中身に対応する 1 つのダミー変数だけが値 1 をとり，その他のダミー変数の値はすべて 0 になるので，

$$x_{11} + x_{12} + x_{13} = 1, \qquad x_{21} + x_{22} = 1$$

が成り立つ．この制約条件により，各アイテムの 1 つのカテゴリのダミー変数は残りのカテゴリのダミー変数 ((1) の回答 x_1 では 2 つ，(2) の回答 x_2 では 1 つ) から値が決まり，多重共線性の問題が生じてしまうので，最小 2 乗法で偏回帰係数を決定することができない．そこで，各アイテムごとに 1 つのカテゴリのダミー変数をとり除く．どのカテゴリのダミー変数をとり除いてもよいが，ここでは各アイテムの最初のカテゴリに対応する x_{11}, x_{21} をとり除くことにして，$z_1 = x_{12}$, $z_2 = x_{13}$, $z_3 = x_{22}$ とおく．この z_1, z_2, z_3 を説明変数として重回帰分析をするのが，数量化理論 I 類の手法である．

例題 A.1 表 A.3 のデータを用いて，重回帰式

$$y = b_0 + b_1 z_1 + b_2 z_2 + b_3 z_3$$

と決定係数 R^2 を求めよ．

[解答] 表 A.3 から各アイテムの最初のカテゴリに対応するダミー変数をとり除いて，説明変数 z_1, z_2, z_3 について表をつくると，表 A.4 が得られる．

表 **A.4**　ダミー変数による表示 2

No.	1	2	3	4	5	6	7	8	平均
z_1	1	1	0	0	0	0	0	0	$\overline{z}_1 = 0.25$
z_2	0	0	1	1	0	1	1	0	$\overline{z}_2 = 0.5$
z_3	1	0	0	1	1	0	1	0	$\overline{z}_3 = 0.5$
y	166	180	24	12	238	47	79	229	$\overline{y} = 121.875$

(A.14) より，z_i, z_j についての偏差積和 a_{ij} $(i, j = 1, 2, 3)$ は

$$a_{11} = 1.5, \qquad a_{22} = 2, \qquad a_{33} = 2,$$
$$a_{12} = a_{21} = -1, \qquad a_{13} = a_{31} = 0, \qquad a_{23} = a_{32} = 0$$

であるので，(A.13) の正方行列 A とその逆行列は

$$A = \begin{pmatrix} 1.5 & -1 & 0 \\ -1 & 2 & 0 \\ 0 & 0 & 2 \end{pmatrix}, \qquad A^{-1} = \begin{pmatrix} 1 & 0.5 & 0 \\ 0.5 & 0.75 & 0 \\ 0 & 0 & 0.5 \end{pmatrix}$$

となる．また，(A.15) より，z_i, y についての偏差積和 a_{iy} は

$$a_{1y} = 102.25, \qquad a_{2y} = -325.5, \qquad a_{3y} = 7.5$$

であるので，(A.16) より，

$$\begin{pmatrix} b_1 \\ b_2 \\ b_3 \end{pmatrix} = \begin{pmatrix} 1 & 0.5 & 0 \\ 0.5 & 0.75 & 0 \\ 0 & 0 & 0.5 \end{pmatrix} \begin{pmatrix} 102.25 \\ -325.5 \\ 7.5 \end{pmatrix} = \begin{pmatrix} -60.5 \\ -193 \\ 3.75 \end{pmatrix}$$

を得る．さらに，これらの値と (A.12) より，

$$b_0 = \overline{y} - b_1\overline{z}_1 - b_2\overline{z}_2 - b_3\overline{z}_3 = 231.6$$

を得る．以上により，重回帰式は

$$y = 231.6 - 60.5z_1 - 193z_2 + 3.75z_3$$

である．また，(A.17)〜(A.20) より，全変動 a_{yy}，回帰による変動 RV，残差による変動 EV，決定係数 R^2 の値はそれぞれ

$$a_{yy} = 59382.9, \qquad RV = 56663.5, \qquad EV = 2719.4, \qquad R^2 = 0.954$$

であるので，月平均使用量は 2 つの質問 (1), (2) により，だいたい説明できることがわかる．

(解答終)

A.4 主成分分析

最後に，多変数についてのデータを少ない個数の変数についてのデータに，なるべく情報を損なわずに縮約する方法である**主成分分析**を紹介する．

p 個の変数 $x_1, x_2, \cdots, x_p$ についての n 組のデータ $(x_{1k}, x_{2k}, \cdots, x_{pk})$ $(k=1, 2, \cdots, n)$ が与えられているとする．$j = 1, 2, \cdots, p$ に対し，

$$z_j = u_{1j}x_1 + u_{2j}x_2 + \cdots + u_{pj}x_p \qquad (u_{ij}\text{は定数}) \tag{A.21}$$

とおき，データ $(x_{1k}, x_{2k}, \cdots, x_{pk})$ から定まる z_j の値を z_{jk} とおく．この式(A.21) は重回帰式に似ているが，z_j は目的変数ではなく新しい変数である．また，p 次正方行列 $U = (u_{ij})$ が正則ならば，$x_1, x_2, \cdots, x_p$ についてのデータは $z_1, z_2, \cdots, z_p$ についてのデータから復元可能である．

$A = (a_{ij})$ と $B = (b_{ij})$ をそれぞれ (i, j) 成分が x_i, x_j についての偏差積和と z_i, z_j についての偏差積和である p 次正方行列とする．すなわち，

$$a_{ij} = \sum_{k=1}^{n}(x_{ik} - \overline{x}_i)(x_{jk} - \overline{x}_j), \qquad b_{ij} = \sum_{k=1}^{n}(z_{ik} - \overline{z}_i)(z_{jk} - \overline{z}_j)$$

とする ($\overline{x}_i, \overline{z}_i$ はそれぞれ x_i, z_i についての平均を表す)．このとき，$B = {}^tUAU$ が成り立つことを直接計算で示せる．A は対称行列なので，定理 5.13 より，

$$B = {}^tUAU = \begin{pmatrix} \lambda_1 & 0 & \cdots & 0 \\ 0 & \lambda_2 & \ddots & \vdots \\ \vdots & \ddots & \ddots & 0 \\ 0 & \cdots & 0 & \lambda_p \end{pmatrix}, \qquad \lambda_1 \geqq \lambda_2 \geqq \cdots \geqq \lambda_p \ (\geqq 0)$$

を満たす直交行列 U が存在する．このような $U = (u_{ij})$ をとったとき，z_j を第 j **主成分**という．このとき，$i \neq j$ ならば，z_i, z_j についての偏差積和は $b_{ij} = 0$ であり，z_i と z_j の間に相関はない．さらに，j が小さいほど，主成分 z_j についての偏差平方和 $b_{jj} = \lambda_j$ は大きく，多くの情報を集約している．ここで，

$$\frac{\lambda_1 + \lambda_2 + \cdots + \lambda_m}{\lambda_1 + \lambda_2 + \cdots + \lambda_m + \cdots + \lambda_p} \geqq 0.8 \qquad (\text{左辺を}\textbf{累積寄与率}\text{という})$$

を満たす最小の m をとれば，$z_{m+1}, \cdots, z_p$ を除いても情報の損失は少なく，ほとんどの情報は $z_1, z_2, \cdots, z_m$ についてのデータに縮約されたことになる．

各変数の測定単位やばらつきの違いの影響を避けたい場合は，A, B として相関係数を成分とする行列を用いるのだが，その場合については省略する．

練習問題と章末問題の略解

証明問題については，証明の方針のみを紹介している．また，ここで紹介するのは解答の一例であり，他の形の解答があり得る場合もある．

【第 1 章　練習問題】

問 1.1.1. $\boldsymbol{a}+\boldsymbol{b}=\begin{pmatrix}6\\2\\2\end{pmatrix}$,　$\boldsymbol{a}-2\boldsymbol{b}=\begin{pmatrix}0\\-7\\5\end{pmatrix}$,

$(\boldsymbol{a},\boldsymbol{b})=2$,　$(\boldsymbol{a}+\boldsymbol{b},\boldsymbol{a}-2\boldsymbol{b})=-4$

問 1.1.2. $\dfrac{\pi}{4}$

問 1.1.3. $\boldsymbol{c}=\dfrac{1}{\sqrt{13}}\begin{pmatrix}2\\3\end{pmatrix}$,　$\boldsymbol{d}=\dfrac{5}{\sqrt{13}}\begin{pmatrix}2\\3\end{pmatrix}$

問 1.2.1. (1) $\begin{pmatrix}10&7\\9&1\end{pmatrix}$　(2) $\begin{pmatrix}0&-6\\-12&-8\end{pmatrix}$　(3) $\begin{pmatrix}-2&1\\3&3\end{pmatrix}$

問 1.2.2. (1) $\begin{pmatrix}-1&-8\end{pmatrix}$　(2) $\begin{pmatrix}2&4&2\\2&-1&-3\end{pmatrix}$

(3) $\begin{pmatrix}-1&-5\\2&4\\9&-3\end{pmatrix}$　(4) $\begin{pmatrix}-15&8&-4\\11&13&5\\18&0&12\end{pmatrix}$

問 1.2.3. $BC=CB=\begin{pmatrix}41&39\\13&15\end{pmatrix}$ より，B と C は可換である．

問 1.3.1. (1) $A+{}^tA=\begin{pmatrix}6&3\\3&4\end{pmatrix}$,　$A-{}^tA=\begin{pmatrix}0&-1\\1&0\end{pmatrix}$

(2) $A+{}^tA=\begin{pmatrix}4&2&2\\2&-2&5\\2&5&6\end{pmatrix},\quad A-{}^tA=\begin{pmatrix}0&0&-2\\0&0&-1\\2&1&0\end{pmatrix}$

問 1.3.2. (1) 正則である，逆行列：$\dfrac{1}{2}\begin{pmatrix}3&-2\\5&-4\end{pmatrix}$

(2) 正則ではない　　(3) 正則である，逆行列：$\begin{pmatrix}\frac{1}{2}&0&0\\0&\frac{1}{4}&0\\0&0&\frac{1}{6}\end{pmatrix}$

問 1.3.3. $(A-B)^2=\begin{pmatrix}3&3\\6&6\end{pmatrix},\quad A^2-2AB+B^2=\begin{pmatrix}3&2\\8&6\end{pmatrix}$

《第1章　章末問題》

問題 1. $BA=\begin{pmatrix}-1\\7\end{pmatrix},\ BC=\begin{pmatrix}1&5&-5\\8&5&5\end{pmatrix},\ CD=\begin{pmatrix}-4&6&-3\\15&4&11\end{pmatrix}$

問題 2. $a=-2,\ b=1,\ c=2,\quad BA=\begin{pmatrix}6&-3\\12&-6\end{pmatrix}$

問題 3. $A^{-1}=\dfrac{1}{2}\begin{pmatrix}-4&2\\3&-1\end{pmatrix},\quad B^{-1}=\dfrac{1}{3}\begin{pmatrix}6&-3\\-3&2\end{pmatrix},$

$(AB)^{-1}=\dfrac{1}{6}\begin{pmatrix}-33&15\\18&-8\end{pmatrix},\quad ({}^tA)^{-1}=\dfrac{1}{2}\begin{pmatrix}-4&3\\2&-1\end{pmatrix}$

問題 4. (1) 左辺を計算して，行列の各成分が 0 になることを確かめればよい．

(2) $ad-bc=0$ のとき，(1) より $A^2=(a+d)A$ が成り立つ．この等式を用いれば，n に関する数学的帰納法で証明できる．

(3) $B^5=\begin{pmatrix}4&-1\\4&7\end{pmatrix}$

問題 5. n に関する数学的帰納法によって証明できる．

問題 6. $\begin{pmatrix}\frac{1}{2}&\frac{\sqrt{3}}{2}\\-\frac{\sqrt{3}}{2}&\frac{1}{2}\end{pmatrix},\ \begin{pmatrix}\frac{1}{3}&\frac{2\sqrt{2}}{3}\\\frac{2\sqrt{2}}{3}&-\frac{1}{3}\end{pmatrix},\ \begin{pmatrix}0&1&0\\0&0&1\\1&0&0\end{pmatrix}$

問題 7. $a=\dfrac{4}{5},\ b=\dfrac{3}{5}$, または $a=-\dfrac{4}{5},\ b=-\dfrac{3}{5}$ である.

問題 8. (1) 定理 1.6 より,

$$ {}^tS={}^t(A+{}^tA)={}^tA+{}^t({}^tA)={}^tA+A=A+{}^tA=S, $$
$$ {}^tT={}^t(A-{}^tA)={}^tA-{}^t({}^tA)={}^tA-A=-(A-{}^tA)=-T $$

となるので, S は対称行列であり, T は交代行列である.

(2) $S+T=(A+{}^tA)+(A-{}^tA)=2A$ より, $A=\dfrac{1}{2}S+\dfrac{1}{2}T$ と表せる.
この A の表示の右辺は, (1) より対称行列と交代行列の和である.

【第 2 章　練習問題】

問 2.1.1.

(1) $\left(\begin{array}{cccc|c} -2 & -9 & -3 & 4 & -3 \\ 3 & 1 & 0 & -7 & 2 \end{array}\right)$　(2) $\left(\begin{array}{cccc|c} 7 & 0 & 6 & -5 & 9 \\ -3 & 1 & -2 & 0 & 0 \\ 0 & -4 & 0 & -1 & 2 \end{array}\right)$

問 2.1.2. (1) $\begin{cases} -2x+5y = -7 \\ 3x+y+4z=5 \\ 4x-5y+6z=0 \end{cases}$　(2) $\begin{cases} x+6y-3z=2 \\ y+9z=3 \end{cases}$

問 2.1.3. (1) $\begin{pmatrix} x \\ y \\ z \end{pmatrix}=\begin{pmatrix} 3 \\ 0 \\ -2 \end{pmatrix}$　(2) $\begin{pmatrix} x \\ y \\ z \end{pmatrix}=\begin{pmatrix} -\frac{25}{2} \\ -8 \\ -\frac{11}{2} \end{pmatrix}$

問 2.2.1. 2 つの行列 A, B の階段標準形はそれぞれ

$$ \begin{pmatrix} 1 & 2 & 1 \\ 0 & 0 & 0 \\ 0 & 0 & 0 \end{pmatrix}, \qquad \begin{pmatrix} 1 & 0 & 1 & 0 \\ 0 & 1 & 2 & 0 \\ 0 & 0 & 0 & 1 \end{pmatrix} $$

であり, $\operatorname{rank} A=1$, $\operatorname{rank} B=3$ となる.

問 2.2.2. (1) $\begin{pmatrix} x \\ y \\ z \end{pmatrix}=\begin{pmatrix} 7 \\ 0 \\ -3 \end{pmatrix}+r\begin{pmatrix} -3 \\ 1 \\ 0 \end{pmatrix}$　(r は任意定数)

(2) $\begin{pmatrix} x \\ y \\ z \end{pmatrix} = \begin{pmatrix} -1 \\ 0 \\ 0 \end{pmatrix} + r\begin{pmatrix} 2 \\ 1 \\ 0 \end{pmatrix} + s\begin{pmatrix} -4 \\ 0 \\ 1 \end{pmatrix}$ (r, s は任意定数)

(3) 解なし (4) $\begin{pmatrix} x \\ y \\ z \end{pmatrix} = \begin{pmatrix} 3 \\ -8 \\ 5 \end{pmatrix}$

問 2.2.3. (1) $\begin{pmatrix} x \\ y \\ z \end{pmatrix} = \begin{pmatrix} 0 \\ 0 \\ 0 \end{pmatrix}$ (2) $\begin{pmatrix} x \\ y \\ z \end{pmatrix} = r\begin{pmatrix} 4 \\ -3 \\ 2 \end{pmatrix}$ (r は任意定数)

問 2.3.1. (1) A の階段標準形：$\begin{pmatrix} 1 & 0 & -3 \\ 0 & 1 & 2 \end{pmatrix}$, $P = \begin{pmatrix} 3 & -5 \\ -1 & 2 \end{pmatrix}$

(2) A の階段標準形：$\begin{pmatrix} 1 & 0 & 3 & 0 \\ 0 & 1 & -1 & 0 \\ 0 & 0 & 0 & 1 \end{pmatrix}$, $P = \begin{pmatrix} 0 & 0 & 1 \\ 1 & 0 & 0 \\ 0 & 1 & -2 \end{pmatrix}$

問 2.3.2.

(1) $\begin{pmatrix} -5 & -3 \\ 3 & 2 \end{pmatrix}$ (2) $\begin{pmatrix} -6 & 1 & 14 \\ 7 & -1 & -16 \\ -7 & 1 & 17 \end{pmatrix}$ (3) $\begin{pmatrix} -2 & 2 & 3 \\ -\frac{7}{2} & 3 & 5 \\ -\frac{1}{2} & 0 & 1 \end{pmatrix}$

《第 2 章　章末問題》

問題 1. 行列 A, B の階段標準形はそれぞれ

$$\begin{pmatrix} 1 & 0 & -1 & -2 \\ 0 & 1 & 2 & 3 \\ 0 & 0 & 0 & 0 \end{pmatrix}, \qquad \begin{pmatrix} 1 & 0 & 0 & -1 \\ 0 & 1 & 0 & -1 \\ 0 & 0 & 1 & -1 \\ 0 & 0 & 0 & 0 \end{pmatrix}$$

であり，$\operatorname{rank} A = 2$, $\operatorname{rank} B = 3$ となる.

問題 2. (1) $\begin{pmatrix} x \\ y \\ z \end{pmatrix} = \begin{pmatrix} \frac{1}{2} \\ -\frac{1}{3} \\ \frac{5}{6} \end{pmatrix}$ (2) $\begin{pmatrix} x \\ y \\ z \end{pmatrix} = \begin{pmatrix} \frac{1}{2} \\ \frac{3}{2} \\ 0 \end{pmatrix} + r\begin{pmatrix} -5 \\ 1 \\ 2 \end{pmatrix}$ (r は任意定数)

問題 3. (1) $\begin{pmatrix} x \\ y \\ z \\ w \end{pmatrix} = \begin{pmatrix} 3 \\ 2 \\ 0 \\ 0 \end{pmatrix} + r\begin{pmatrix} -2 \\ 0 \\ 1 \\ 0 \end{pmatrix} + s\begin{pmatrix} 0 \\ 1 \\ 0 \\ 1 \end{pmatrix}$ (r, s は任意定数)

(2) 解なし

問題 4. (1) $\begin{pmatrix} x \\ y \\ z \\ w \end{pmatrix} = \begin{pmatrix} 0 \\ 0 \\ 0 \\ 0 \end{pmatrix}$ (2) $\begin{pmatrix} x \\ y \\ z \\ w \end{pmatrix} = r\begin{pmatrix} 2 \\ -4 \\ -1 \\ 3 \end{pmatrix}$ (r は任意定数)

問題 5. (1) $\begin{pmatrix} 11 & -3 & -3 & -1 \\ 1 & -1 & 2 & -1 \\ -3 & 1 & 1 & 0 \\ -2 & 1 & -1 & 1 \end{pmatrix}$ (2) $\begin{pmatrix} \frac{1}{3} & \frac{28}{3} & 15 & -18 \\ -\frac{1}{3} & -\frac{7}{3} & -4 & 5 \\ -\frac{1}{3} & -\frac{34}{3} & -18 & 22 \\ 0 & -3 & -5 & 6 \end{pmatrix}$

問題 6. $A^{-1} = \begin{pmatrix} 2 & -1 & 0 & 0 \\ -1 & 2 & -1 & 0 \\ 0 & -1 & 2 & -1 \\ 0 & 0 & -1 & 1 \end{pmatrix}$, $X = \begin{pmatrix} 8 & -3 & 0 & 0 \\ -4 & 6 & -2 & 0 \\ 0 & -3 & 4 & -1 \\ 0 & 0 & -2 & 1 \end{pmatrix}$

問題 7. $a = \dfrac{1}{7}$, $b = -\dfrac{3}{7}$,

解：$\begin{pmatrix} x \\ y \\ z \\ w \end{pmatrix} = \begin{pmatrix} \frac{16}{7} \\ -\frac{3}{7} \\ 0 \\ 0 \end{pmatrix} + r\begin{pmatrix} -11 \\ 3 \\ 1 \\ 0 \end{pmatrix} + s\begin{pmatrix} 7 \\ -2 \\ 0 \\ 1 \end{pmatrix}$ (r, s は任意定数)

【第 3 章　練習問題】

問 3.1.1. $\sigma = (1,7,3,5,2)(4,6) = (1,2)(1,5)(1,3)(1,7)(4,6)$,

$\tau = (1,3,2)(4,5,8,7,6) = (1,2)(1,3)(4,6)(4,7)(4,8)(4,5)$,

$\mathrm{sgn}(\sigma) = -1, \quad \mathrm{sgn}(\tau) = 1$

問 3.1.2. (1) $\begin{pmatrix} 1 & 2 & 3 & 4 & 5 \\ 5 & 4 & 2 & 3 & 1 \end{pmatrix}$ (2) $\begin{pmatrix} 1 & 2 & 3 & 4 & 5 \\ 5 & 3 & 2 & 1 & 4 \end{pmatrix}$

問 3.1.3. (1) -2 (2) $ac-b^2$ (3) 17 (4) -8
(5) 10 (6) $3abc-a^3-b^3-c^3$ (7) 30

問 3.1.4. 互換 τ に対して $\tau\tau=e$ であるので，互換 $\tau_1, \tau_2, \cdots, \tau_m$ によって置換 σ が $\sigma=\tau_1\tau_2\cdots\tau_m$ と表されるとき，$\sigma^{-1}=\tau_m\cdots\tau_2\tau_1$ が成り立つ．これより，$\mathrm{sgn}(\sigma^{-1})=\mathrm{sgn}(\sigma)$ となる．

問 3.1.5. 巡回置換の積 $(i_1,\, i_k)(i_1,\, i_2,\, \cdots,\, i_{k-1})$ によって，

$$\begin{array}{cccccc} i_1 & i_2 & \cdots & i_{k-2} & i_{k-1} & i_k \\ \downarrow & \downarrow & & \downarrow & \downarrow & \downarrow \ (i_1,\, i_2,\, \cdots,\, i_{k-1}) \\ i_2 & i_3 & \cdots & i_{k-1} & i_1 & i_k \\ \downarrow & \downarrow & & \downarrow & \downarrow & \downarrow \ (i_1,\, i_k) \\ i_2 & i_3 & \cdots & i_{k-1} & i_k & i_1 \end{array}$$

と $i_1, i_2, \cdots, i_{k-1}, i_k$ は動かされ，その他の文字は動かされないので，

$$(i_1,\, i_k)(i_1,\, i_2,\, \cdots,\, i_{k-1})=(i_1,\, i_2,\, \cdots,\, i_{k-1},\, i_k)$$

が成り立つ．この等式を用いれば，k に関する数学的帰納法で証明できる．

問 3.2.1. (1) 102 (2) -80 (3) $-2e^{6t}$ (4) -161 (5) 2 (6) -232

問 3.2.2. (1) $abc(a-b)(b-c)(c-a)$ (2) $(a+2b)(a-b)^2$
(3) $(a-b)(b-c)(a-c)(a+b+c)$

問 3.3.1. $1-9x-5x^2+x^3$

問 3.3.2. (1) 正則である，$A^{-1}=-\dfrac{1}{6}\begin{pmatrix} 11 & -9 & 5 \\ -10 & 6 & -4 \\ 9 & -9 & 3 \end{pmatrix}$

(2) 正則ではない (3) 正則である，$C^{-1}=\dfrac{1}{3}\begin{pmatrix} -1 & -2 & 4 \\ -1 & -5 & 7 \\ 1 & -1 & 2 \end{pmatrix}$

(4) 正則である，$D^{-1}=\dfrac{1}{2}\begin{pmatrix} -2 & 0 & 0 & 2 \\ -1 & -1 & -2 & 1 \\ -1 & -1 & 0 & 1 \\ 4 & 0 & 0 & -2 \end{pmatrix}$

問 3.4.1. (1) $\begin{pmatrix} x \\ y \end{pmatrix} = \dfrac{1}{38}\begin{pmatrix} 16 \\ -7 \end{pmatrix}$ (2) $\begin{pmatrix} x \\ y \end{pmatrix} = \dfrac{1}{4}\begin{pmatrix} 6 \\ -19 \end{pmatrix}$

(3) $\begin{pmatrix} x \\ y \\ z \end{pmatrix} = -\dfrac{1}{35}\begin{pmatrix} 7 \\ 10 \\ 8 \end{pmatrix}$ (4) $\begin{pmatrix} x \\ y \\ z \end{pmatrix} = \begin{pmatrix} 3 \\ 1 \\ -1 \end{pmatrix}$

問 3.4.2. (1) $\begin{cases} \lambda = -2, \quad \text{解：} \begin{pmatrix} x \\ y \end{pmatrix} = r\begin{pmatrix} -1 \\ 2 \end{pmatrix} \ (r \text{ は任意定数}) \\ \lambda = 3, \quad \text{解：} \begin{pmatrix} x \\ y \end{pmatrix} = s\begin{pmatrix} 2 \\ 1 \end{pmatrix} \ (s \text{ は任意定数}) \end{cases}$

(2) $\begin{cases} \lambda = -4, \quad \text{解：} \begin{pmatrix} x \\ y \\ z \end{pmatrix} = r\begin{pmatrix} -1 \\ 1 \\ 1 \end{pmatrix} \ (r \text{ は任意定数}) \\ \lambda = 2, \quad \text{解：} \begin{pmatrix} x \\ y \\ z \end{pmatrix} = s\begin{pmatrix} 1 \\ 1 \\ 0 \end{pmatrix} + u\begin{pmatrix} 1 \\ 0 \\ 1 \end{pmatrix} \ (s,\ u \text{ は任意定数}) \end{cases}$

《第 3 章　章末問題》

問題 1. (1) -33 (2) 63 (3) $-\dfrac{23}{144}$ (4) 148 (5) 306 (6) -206

問題 2. (1) $(a+b+c)(a-b)(b-c)(c-a)$ (2) $abc(a-b)(b-c)(c-a)$
(3) $(a-b)^3 b$ (4) $-(x-a)(x-b)(x-c)$

問題 3. (1) 正則である，逆行列：$\dfrac{1}{8}\begin{pmatrix} 1 & -6 & -3 \\ 1 & 2 & -3 \\ 2 & 4 & 2 \end{pmatrix}$

(2) 正則である，逆行列：$\dfrac{1}{3}\begin{pmatrix} 0 & -3 & -3 \\ 1 & 4 & 3 \\ 1 & -5 & -3 \end{pmatrix}$

(3) 正則ではない (4) 正則ではない

(5) 正則である， 逆行列： $-\dfrac{1}{2}\begin{pmatrix} -2 & 6 & -4 & 4 \\ 1 & 1 & -1 & 1 \\ 1 & -3 & 1 & -3 \\ -1 & 1 & -1 & -1 \end{pmatrix}$

問題 4. (1) $\begin{pmatrix} x \\ y \\ z \end{pmatrix} = \dfrac{1}{2}\begin{pmatrix} 2 \\ 1 \\ 3 \end{pmatrix}$ (2) $\begin{pmatrix} x \\ y \\ z \\ w \end{pmatrix} = \dfrac{1}{2}\begin{pmatrix} 1 \\ 1 \\ 3 \\ -1 \end{pmatrix}$

問題 5. (1) $\begin{cases} a = 3,\ \text{解：} \begin{pmatrix} x \\ y \\ z \end{pmatrix} = r\begin{pmatrix} -2 \\ 1 \\ 0 \end{pmatrix} + s\begin{pmatrix} 2 \\ 0 \\ 1 \end{pmatrix} & (r,\ s \text{ は任意定数}) \\ a = -6,\ \text{解：} \begin{pmatrix} x \\ y \\ z \end{pmatrix} = u\begin{pmatrix} -1 \\ -2 \\ 2 \end{pmatrix} & (u \text{ は任意定数}) \end{cases}$

(2) $\begin{cases} a = 3,\quad \text{解：} \begin{pmatrix} x \\ y \\ z \\ w \end{pmatrix} = r\begin{pmatrix} -26 \\ 7 \\ 2 \\ 3 \end{pmatrix} & (r \text{ は任意定数}) \\ a = -4,\ \text{解：} \begin{pmatrix} x \\ y \\ z \\ w \end{pmatrix} = s\begin{pmatrix} 13 \\ -7 \\ -1 \\ 2 \end{pmatrix} & (s \text{ は任意定数}) \end{cases}$

問題 6. $x_1, x_2, \cdots, x_n$ についてのヴァンデルモンドの行列式に対し，

操作 1： $i = n, n-1, \cdots, 3, 2$ の順に，第 i 行に第 $(i-1)$ 行の $-x_1$ 倍を加えるという基本変形をする，

操作 2： 定理 3.2 を適用して，$(n-1)$ 次の行列式にする，

操作 3： 第 1 列，第 2 列，$\cdots$，第 $(n-1)$ 列からそれぞれ $(x_2 - x_1)$, $(x_3 - x_1), \cdots, (x_n - x_1)$ をくくりだす，

という操作を順に施すと，

$$[\,x_1,\,x_2,\,\cdots,\,x_n \text{ についてのヴァンデルモンドの行列式}\,]$$
$$= (x_2 - x_1)(x_3 - x_1)\cdots(x_n - x_1)$$
$$\times\,[\,x_2,\,\cdots,\,x_n \text{ についてのヴァンデルモンドの行列式}\,]$$

となる．この等式を用いれば，n に関する数学的帰納法で証明できる．

【第 4 章　練習問題】

問 4.1.1. (1) $\mathbb{R}^3$ の部分空間である．　(2) $\mathbb{R}^3$ の部分空間ではない．
(3) $\mathbb{R}^3$ の部分空間ではない (部分空間の条件 (2) を満たさない)．
(4) $\mathbb{R}^3$ の部分空間である ($W = \{\mathbf{0}\}$ であることに注意する)．

問 4.2.1. (1) 1 次独立 (2) 1 次従属 (3) 1 次独立 (4) 1 次従属 (5) 1 次従属

問 4.2.2. (1) $|\boldsymbol{a}_1\ \boldsymbol{a}_2\ \boldsymbol{a}_3| = -25$ と系 4.1 より，$\boldsymbol{a}_1, \boldsymbol{a}_2, \boldsymbol{a}_3$ は 1 次独立である．
(2) $\boldsymbol{b} = 3\boldsymbol{a}_1 - 5\boldsymbol{a}_2 - 4\boldsymbol{a}_3$

問 4.3.1. (1) 基底：$\left\{\begin{pmatrix} 3 \\ -2 \\ 1 \end{pmatrix}\right\}$,　次元：$\dim W_A = 1$

(2) 基底：$\left\{\begin{pmatrix} 3 \\ 1 \\ 0 \end{pmatrix}, \begin{pmatrix} -1 \\ 0 \\ 1 \end{pmatrix}\right\}$,　次元：$\dim W_B = 2$

問 4.3.2. (1) $|\,\boldsymbol{a}\ \boldsymbol{b}\ \boldsymbol{c}\,| = 7 \neq 0$ より，$\boldsymbol{a}, \boldsymbol{b}, \boldsymbol{c}$ は $\mathbb{R}^3$ の 1 次独立な 3 つのベクトルである．よって，$\dim \mathbb{R}^3 = 3$ より，$\{\boldsymbol{a}, \boldsymbol{b}, \boldsymbol{c}\}$ は $\mathbb{R}^3$ の基底である．
(2) $-3r\boldsymbol{a} + 2r\boldsymbol{c} + r\boldsymbol{d} = \mathbf{0}$　(r は任意定数)
(3) 基底：$\{\boldsymbol{a}, \boldsymbol{c}\}$,　次元：$\dim\langle \boldsymbol{a}, \boldsymbol{c}, \boldsymbol{d} \rangle = 2$

問 4.4.1. (1) $f(\boldsymbol{e}_1) = \begin{pmatrix} 2 \\ 3 \end{pmatrix}$,　$f(\boldsymbol{e}_2) = \begin{pmatrix} 1 \\ 2 \end{pmatrix}$,　$f(\boldsymbol{e}_3) = \begin{pmatrix} 3 \\ 2 \end{pmatrix}$

(2) f の表現行列：$\begin{pmatrix} 2 & 1 & 3 \\ 3 & 2 & 2 \end{pmatrix}$,　g の表現行列：$\begin{pmatrix} 1 & -2 & 2 \\ -2 & 1 & -2 \\ 3 & -2 & 3 \end{pmatrix}$

(3) $\begin{pmatrix} 9 & -9 & 11 \\ 5 & -8 & 8 \end{pmatrix}$　(4) $\begin{pmatrix} -1 & 2 & 2 \\ 0 & -3 & -2 \\ 1 & -4 & -3 \end{pmatrix}$

問 4.4.2. (1) 基底： $\left\{ \begin{pmatrix} -2 \\ 1 \\ 0 \end{pmatrix}, \begin{pmatrix} -4 \\ 0 \\ 1 \end{pmatrix} \right\}$,　次元： $\dim \mathrm{Ker}(f) = 2$

(2) 基底： $\left\{ \begin{pmatrix} 1 \\ 2 \end{pmatrix} \right\}$,　次元： $\dim \mathrm{Im}(f) = 1$

問 4.4.3. (1) 見なせる．表現行列： $\begin{pmatrix} 0 & 1 \\ 1 & 0 \end{pmatrix}$.　(2) 見なせない．

(3) 見なせる．表現行列： $\begin{pmatrix} \frac{\sqrt{3}}{2} & \frac{1}{2} \\ \frac{1}{2} & -\frac{\sqrt{3}}{2} \end{pmatrix}$.

《第 4 章　章末問題》

問題 1. (1) 1 次従属　(2) 1 次独立　(3) 1 次従属　(4) 1 次独立　(5) 1 次従属

問題 2. (1) r, s, u を実数とし，$r(\boldsymbol{a}+\boldsymbol{b}) + s(\boldsymbol{a}+\boldsymbol{c}) + u(\boldsymbol{b}+\boldsymbol{c}) = \boldsymbol{0}$ が成り立つとすると，

$$r(\boldsymbol{a}+\boldsymbol{b}) + s(\boldsymbol{a}+\boldsymbol{c}) + u(\boldsymbol{b}+\boldsymbol{c}) = (r+s)\boldsymbol{a} + (r+u)\boldsymbol{b} + (s+u)\boldsymbol{c}$$

と $\boldsymbol{a}, \boldsymbol{b}, \boldsymbol{c}$ の 1 次独立性より，3 つの等式

$$r+s=0, \qquad r+u=0, \qquad s+u=0$$

が成り立つ．この 3 つの等式を満たす実数 r, s, u は $r=s=u=0$ 以外に存在しないので，$\boldsymbol{a}+\boldsymbol{b}, \boldsymbol{a}+\boldsymbol{c}, \boldsymbol{b}+\boldsymbol{c}$ は 1 次独立である．

(2) $(\boldsymbol{a}-\boldsymbol{b}) - (\boldsymbol{a}-\boldsymbol{c}) + (\boldsymbol{b}-\boldsymbol{c}) = \boldsymbol{0}$ より，$\boldsymbol{a}-\boldsymbol{b}, \boldsymbol{a}-\boldsymbol{c}, \boldsymbol{b}-\boldsymbol{c}$ は 1 次従属である．

問題 3. (1) 基底： $\left\{ \begin{pmatrix} 3 \\ 1 \\ 0 \\ 0 \end{pmatrix}, \begin{pmatrix} -1 \\ 0 \\ 1 \\ 0 \end{pmatrix}, \begin{pmatrix} 2 \\ 0 \\ 0 \\ 1 \end{pmatrix} \right\}$,　次元： $\dim W_A = 3$

(2) 基底： $\left\{\begin{pmatrix}2\\1\\0\\0\end{pmatrix}, \begin{pmatrix}5\\0\\-6\\1\end{pmatrix}\right\}$, 　　次元： $\dim W_B = 2$

問題 4. (1) $8r\boldsymbol{a} - 9r\boldsymbol{b} - r\boldsymbol{c} + 0\boldsymbol{d} = \boldsymbol{0}$ 　　(r は任意定数)

(2) 基底： $\{\boldsymbol{a}, \boldsymbol{b}, \boldsymbol{d}\}$, 　　次元： $\dim\langle \boldsymbol{a}, \boldsymbol{b}, \boldsymbol{c}, \boldsymbol{d}\rangle = 3$

問題 5. $(1 + 2\sqrt{3},\ \sqrt{3} - 2)$

問題 6. (1) $A = \begin{pmatrix}1 & -3\\3 & 2\end{pmatrix}\begin{pmatrix}1 & -4\\2 & -7\end{pmatrix}^{-1} = \begin{pmatrix}-1 & 1\\-25 & 14\end{pmatrix}$

(2) $B = \begin{pmatrix}1 & 0 & 1\\1 & 1 & 0\\0 & 1 & 1\end{pmatrix}\begin{pmatrix}2 & 0 & 1\\0 & 1 & 1\\1 & 3 & 3\end{pmatrix}^{-1} = \begin{pmatrix}1 & 3 & -1\\-1 & -8 & 3\\0 & 1 & 0\end{pmatrix}$

【第 5 章　練習問題】

問 5.1.1.

正方行列	A		B	C
固有値	3	2	2	-1
重複度	1	1	2	3
固有ベクトル	$r\begin{pmatrix}2\\1\end{pmatrix}$ $(r \neq 0)$	$r\begin{pmatrix}3\\2\end{pmatrix}$ $(r \neq 0)$	$r\begin{pmatrix}3\\1\end{pmatrix}$ $(r \neq 0)$	$r\begin{pmatrix}-2\\0\\1\end{pmatrix} + s\begin{pmatrix}0\\1\\0\end{pmatrix}$ ($r \neq 0$ または $s \neq 0$)

問 5.2.1. (1) $P = \begin{pmatrix}3 & -1\\-2 & 1\end{pmatrix}$, 　$P^{-1}AP = \begin{pmatrix}1 & 0\\0 & -2\end{pmatrix}$,

$$A^m = \begin{pmatrix}3 - 2(-2)^m & 3 - 3(-2)^m\\-2 + 2(-2)^m & -2 + 3(-2)^m\end{pmatrix}$$

(2) $P = \begin{pmatrix}0 & -1 & -2\\1 & 1 & 1\\2 & 2 & 1\end{pmatrix}$, 　$P^{-1}AP = \begin{pmatrix}2 & 0 & 0\\0 & 1 & 0\\0 & 0 & -1\end{pmatrix}$,

$$A^m = \begin{pmatrix} 1 & -4(-1)^m + 4 & 2(-1)^m - 2 \\ 2^m - 1 & 3 \cdot 2^m + 2(-1)^m - 4 & -2^m - (-1)^m + 2 \\ 2^{m+1} - 2 & 3 \cdot 2^{m+1} + 2(-1)^m - 8 & -2^{m+1} - (-1)^m + 4 \end{pmatrix}$$

問 5.2.2. C は対角化可能であり，A と B は対角化可能ではない．(各行列のすべての固有空間の次元の和を求めて，定理 5.4 で判定すればよい．A の固有値は 3 のみであり，$\dim W(A;3) = 1$ である．B の固有値は 0 と 2 であり，$\dim W(B;0) + \dim W(B;2) = 1 + 1 = 2$ である．C の固有値は -2 と 1 であり，$\dim W(C;-2) + \dim W(C;1) = 2 + 1 = 3$ である．)

問 5.3.1. $\left\{ \frac{1}{\sqrt{3}}\begin{pmatrix} 1 \\ 1 \\ 1 \end{pmatrix}, \frac{1}{\sqrt{6}}\begin{pmatrix} 1 \\ 1 \\ -2 \end{pmatrix}, \frac{1}{\sqrt{2}}\begin{pmatrix} 1 \\ -1 \\ 0 \end{pmatrix} \right\}$

問 5.3.2. (1) $a = \pm\frac{1}{\sqrt{6}},\ b = \pm\frac{1}{\sqrt{2}},\ \ c = \pm\frac{1}{\sqrt{3}}$ (複号任意)

(2) $a = \pm\frac{1}{\sqrt{30}},\ b = \pm\frac{1}{\sqrt{5}},\ \ c = \pm\frac{1}{\sqrt{6}}$ (複号任意)

問 5.4.1. 問題文の対称行列を A で表し，A を対角化する直交行列を P で表す．

(1) $P = \frac{1}{\sqrt{10}}\begin{pmatrix} 1 & 3 \\ -3 & 1 \end{pmatrix},\quad {}^tPAP = \begin{pmatrix} -4 & 0 \\ 0 & 6 \end{pmatrix}$

(2) $P = \frac{1}{3\sqrt{5}}\begin{pmatrix} 2\sqrt{5} & 3 & 4 \\ -2\sqrt{5} & 0 & 5 \\ \sqrt{5} & -6 & 2 \end{pmatrix},\quad {}^tPAP = \begin{pmatrix} -3 & 0 & 0 \\ 0 & 6 & 0 \\ 0 & 0 & 6 \end{pmatrix}$

(3) $P = \frac{1}{\sqrt{6}}\begin{pmatrix} \sqrt{2} & -2 & 0 \\ -\sqrt{2} & -1 & \sqrt{3} \\ \sqrt{2} & 1 & \sqrt{3} \end{pmatrix},\quad {}^tPAP = \begin{pmatrix} -5 & 0 & 0 \\ 0 & 1 & 0 \\ 0 & 0 & 7 \end{pmatrix}$

問 5.4.2.

(1) $\begin{pmatrix} x \\ y \end{pmatrix} = \begin{pmatrix} \cos\frac{\pi}{4} & -\sin\frac{\pi}{4} \\ \sin\frac{\pi}{4} & \cos\frac{\pi}{4} \end{pmatrix}\begin{pmatrix} X \\ Y \end{pmatrix}$ とおくと，標準形 $X^2 - \frac{Y^2}{4} = 1$ が得られる．よって，この 2 次曲線は図 1 のような双曲線になる．

(2) $\begin{pmatrix} x \\ y \end{pmatrix} = \begin{pmatrix} \cos\frac{\pi}{3} & -\sin\frac{\pi}{3} \\ \sin\frac{\pi}{3} & \cos\frac{\pi}{3} \end{pmatrix}\begin{pmatrix} X \\ Y \end{pmatrix}$ とおくと，標準形 $X^2 + \frac{Y^2}{2} = 1$

が得られる．よって，この 2 次曲線は図 2 のような楕円になる．

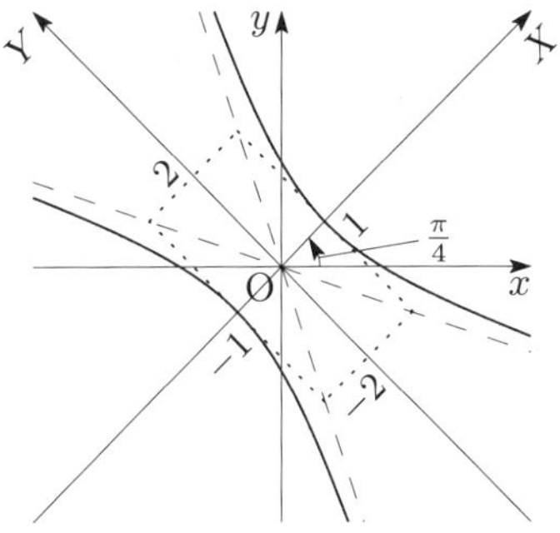

図 1

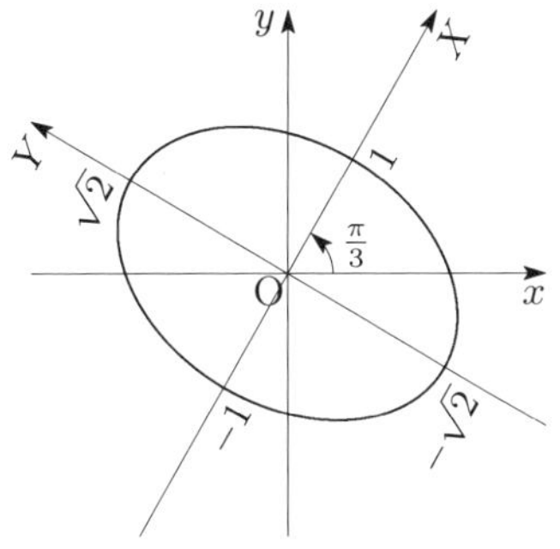

図 2

《第 5 章　章末問題》

問題 1. 問題文の正方行列を A で表し，A が対角化可能なときは A を対角化する正則行列を P で表す．

(1) $P = \begin{pmatrix} -2 & 1 & -1 \\ 0 & 3 & 2 \\ 1 & 0 & 1 \end{pmatrix}, \quad P^{-1}AP = \begin{pmatrix} 1 & 0 & 0 \\ 0 & 1 & 0 \\ 0 & 0 & 0 \end{pmatrix}$

(2) $P = \begin{pmatrix} -1 & -2 & 0 \\ 2 & 4 & -1 \\ 1 & 1 & 1 \end{pmatrix}, \quad P^{-1}AP = \begin{pmatrix} 4 & 0 & 0 \\ 0 & 3 & 0 \\ 0 & 0 & -2 \end{pmatrix}$

(3) 対角化可能ではない．

(4) $P = \begin{pmatrix} 1 & 0 & 1 & 0 \\ -1 & 0 & 0 & 0 \\ 2 & 1 & 1 & -2 \\ 1 & 0 & 1 & 1 \end{pmatrix}, \quad P^{-1}AP = \begin{pmatrix} 2 & 0 & 0 & 0 \\ 0 & 1 & 0 & 0 \\ 0 & 0 & -1 & 0 \\ 0 & 0 & 0 & -2 \end{pmatrix}$

(5) $P = \begin{pmatrix} 2 & 2 & 0 & 1 \\ 1 & 1 & -2 & -1 \\ 0 & 1 & 0 & 1 \\ 1 & 0 & 1 & 0 \end{pmatrix}, \quad P^{-1}AP = \begin{pmatrix} 1 & 0 & 0 & 0 \\ 0 & 1 & 0 & 0 \\ 0 & 0 & -1 & 0 \\ 0 & 0 & 0 & -1 \end{pmatrix}$

問題 2. (1) $A = \begin{pmatrix} 1 & 1 \\ 1 & 0 \end{pmatrix}$

(2) $P = \begin{pmatrix} \frac{1+\sqrt{5}}{2} & \frac{1-\sqrt{5}}{2} \\ 1 & 1 \end{pmatrix}, \qquad P^{-1}AP = \begin{pmatrix} \frac{1+\sqrt{5}}{2} & 0 \\ 0 & \frac{1-\sqrt{5}}{2} \end{pmatrix}$

(3) $a_n = \dfrac{1}{\sqrt{5}}\left\{ \left(\dfrac{1+\sqrt{5}}{2}\right)^n - \left(\dfrac{1-\sqrt{5}}{2}\right)^n \right\}$

問題 3. $\left\{ \dfrac{1}{2\sqrt{3}}\begin{pmatrix} 3 \\ -1 \\ -1 \\ -1 \end{pmatrix}, \dfrac{1}{\sqrt{6}}\begin{pmatrix} 0 \\ 2 \\ -1 \\ -1 \end{pmatrix}, \dfrac{1}{\sqrt{2}}\begin{pmatrix} 0 \\ 0 \\ 1 \\ -1 \end{pmatrix} \right\}$

問題 4. 問題文の対称行列を A で表し，A を対角化する直交行列を P で表す.

(1) $P = \dfrac{1}{\sqrt{6}}\begin{pmatrix} 0 & 2 & -\sqrt{2} \\ \sqrt{3} & -1 & -\sqrt{2} \\ \sqrt{3} & 1 & \sqrt{2} \end{pmatrix}, \quad {}^tPAP = \begin{pmatrix} 0 & 0 & 0 \\ 0 & 2 & 0 \\ 0 & 0 & 5 \end{pmatrix}$

(2) $P = \dfrac{1}{\sqrt{30}}\begin{pmatrix} \sqrt{5} & 2\sqrt{6} & -1 \\ -2\sqrt{5} & \sqrt{6} & 2 \\ \sqrt{5} & 0 & 5 \end{pmatrix}, \quad {}^tPAP = \begin{pmatrix} -2 & 0 & 0 \\ 0 & 4 & 0 \\ 0 & 0 & 4 \end{pmatrix}$

(3) $P = \dfrac{1}{5\sqrt{2}}\begin{pmatrix} -3 & 4\sqrt{2} & -3 \\ 5 & 0 & -5 \\ 4 & 3\sqrt{2} & 4 \end{pmatrix}, \quad {}^tPAP = \begin{pmatrix} -4 & 0 & 0 \\ 0 & 1 & 0 \\ 0 & 0 & 6 \end{pmatrix}$

問題 5. (1) $\cos\theta = \dfrac{1}{\sqrt{5}}, \sin\theta = \dfrac{2}{\sqrt{5}}$ となる角 θ をとり，

$\begin{pmatrix} x \\ y \end{pmatrix} = \begin{pmatrix} \cos\theta & -\sin\theta \\ \sin\theta & \cos\theta \end{pmatrix}\begin{pmatrix} X \\ Y \end{pmatrix}$ とおくと，標準形 $\dfrac{X^2}{24} + \dfrac{Y^2}{4} = 1$

が得られる．よって，この 2 次曲線は図 3 のような楕円になる.
(X 軸の傾きは $\tan\theta = 2$ となることに注意しよう．)

(2) $\cos\theta = \dfrac{3}{\sqrt{10}}, \sin\theta = \dfrac{-1}{\sqrt{10}}$ となる角 θ をとり，

$$\begin{pmatrix} x \\ y \end{pmatrix} = \begin{pmatrix} \cos\theta & -\sin\theta \\ \sin\theta & \cos\theta \end{pmatrix} \begin{pmatrix} X \\ Y \end{pmatrix}$$ とおくと，標準形 $\dfrac{X^2}{7} - \dfrac{Y^2}{3} = 1$

が得られる．よって，この 2 次曲線は図 4 のような双曲線になる．
(X 軸の傾きは $\tan\theta = -1/3$ となることに注意しよう．)

(3) $\cos\theta = \dfrac{2}{\sqrt{13}}$, $\sin\theta = \dfrac{3}{\sqrt{13}}$ となる角 θ をとり，

$$\begin{pmatrix} x \\ y \end{pmatrix} = \begin{pmatrix} \cos\theta & -\sin\theta \\ \sin\theta & \cos\theta \end{pmatrix} \begin{pmatrix} X \\ Y \end{pmatrix}$$ とおくと，$Y = \dfrac{\sqrt{13}}{2}X^2$ となる．

よって，この 2 次曲線は図 5 のような放物線になる．
(X 軸の傾きは $\tan\theta = 3/2$ となることに注意しよう．)

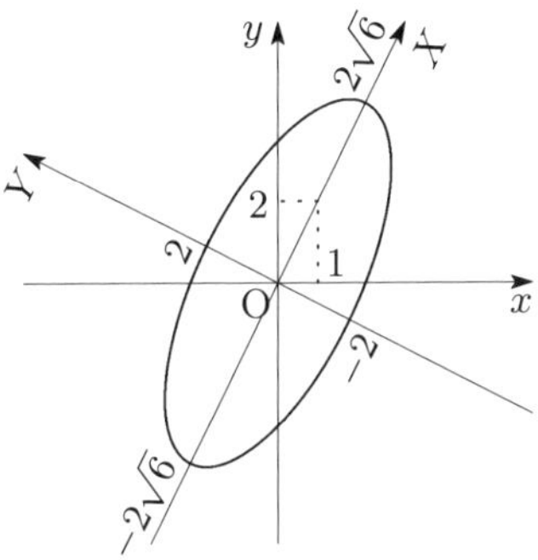

図 3

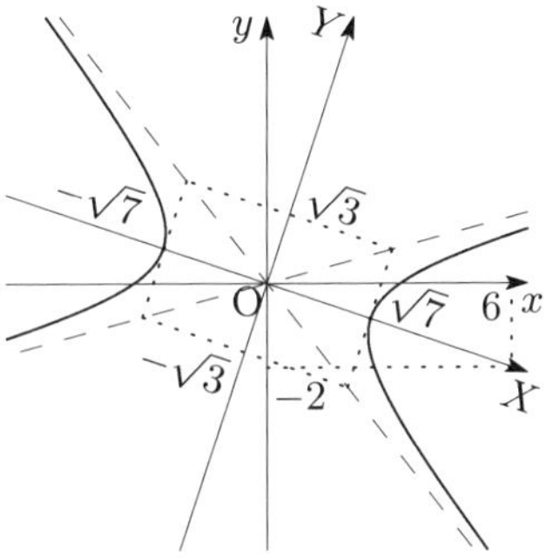

図 4

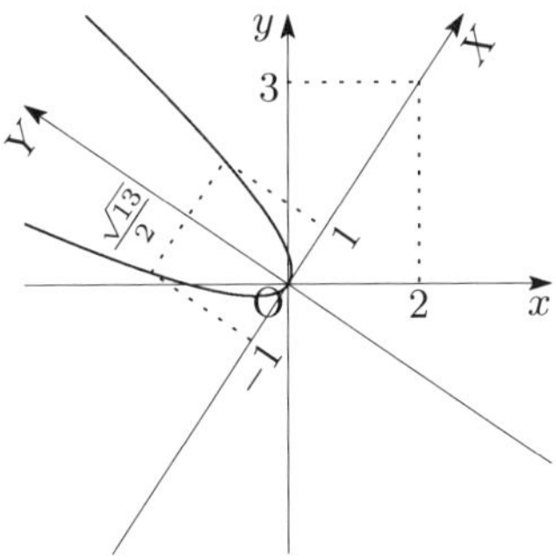

図 5

参考文献

[1] 石村園子，やさしく学べる線形代数，共立出版 (2000).

[2] 大原仁 (著)・二宮正夫 (監修)，カラーテキスト線形代数，講談社 (2013).

[3] 河口至商，多変量解析入門 I，森北出版 (1973).

[4] 川原雄作・藪康彦・木村哲三・亀田真澄，線形代数の基礎，共立出版 (1994).

[5] 斎藤正彦，線型代数入門，東京大学出版会 (1966).

[6] 永田靖・棟近雅彦，多変量解析法入門，サイエンス社 (2001).

[7] 三宅敏恒，入門線形代数，培風館 (1991).

[8] 松坂和夫，線型代数入門，岩波書店 (1980).

索　引

あ 行

か 行

さ　行

著者略歴

宮﨑 直
（みやざき ただし）

2007年 東京大学大学院数理科学研究科
修士課程修了
2010年 東京大学大学院数理科学研究科
博士課程修了
現 在 北里大学准教授
博士（数理科学）

勝野 恵子
（かつの けいこ）

1974年 お茶の水女子大学大学院理学研
究科修士課程修了
1979年 ロンドン大学（QEC）大学院博士
課程修了
現 在 神奈川大学非常勤講師
Ph. D（ロンドン大学）

酒井 祐貴子
（さかい ゆきこ）

2007年 東北大学大学院理学研究科博士
前期課程修了
2010年 早稲田大学大学院基幹理工学研
究科博士後期課程修了
現 在 北里大学准教授
博士（理学）

Ⓒ 宮﨑直・勝野恵子・酒井祐貴子 2017

2017年10月2日 初 版 発 行
2023年3月31日 初版第4刷発行

初めて学ぶ 線形代数

著 者 宮﨑 直
勝野恵子
酒井祐貴子
発行者 山本 格

発行所 株式会社 培風館

東京都千代田区九段南 4-3-12・郵便番号 102-8260
電 話 (03) 3262-5256(代表)・振 替 00140-7-44725

印刷・製本 三美印刷

PRINTED IN JAPAN

ISBN 978-4-563-01211-3 C3041